计算机系列教材

鲍春波 林芳 谢丽聪 编著

问题求解与程序设计习题解答和实验指导

清华大学出版社
北京

内 容 简 介

本书是与主教材《问题求解与程序设计》配套使用的习题解答和实验指导，包括5个部分。第一部分是教材各章的概念填空题目和全部在线评测题目的参考答案，每个在线评测题目的求解均与教材的风格一致，按照分析设计实现的框架展开。第二部分是实验指导，详细介绍了程序设计的命令行环境、集成环境的搭建方法，以及vi编辑器、Emacs编辑器的使用方法。特别介绍了如何用gcc编译器和grx图形库（与Turbo C图形库兼容）进行图形程序设计。第三部分是实验，包括精心设计的10个实验，每个实验对应主教材的一章。第四部分是实验解答，包括每个实验中程序基础练习的答案、程序改错题目的错误原因分析。第五部分是课程设计的具体要求和内容安排，因材施教，有针对性地安排了两种课程设计方案。

本书封面贴有清华大学出版社防伪标签，无标签者不得销售。
版权所有，侵权必究。举报：010-62782989，beiqinquan@tup.tsinghua.edu.cn。

图书在版编目（CIP）数据

问题求解与程序设计习题解答和实验指导/鲍春波，林芳，谢丽聪编著. --北京：清华大学出版社，2015（2024.8重印）
计算机系列教材
ISBN 978-7-302-40266-4

Ⅰ. ①问… Ⅱ. ①鲍… ②林… ③谢… Ⅲ. ①C语言－程序设计－高等学校－教学参考资料 Ⅳ. ①TP312

中国版本图书馆 CIP 数据核字（2015）第 106466 号

责任编辑：袁勤勇　李晔
封面设计：常雪影
责任校对：白　蕾
责任印制：丛怀宇

出版发行：清华大学出版社
　　　　网　　址：https://www.tup.com.cn, https://www.wqxuetang.com
　　　　地　　址：北京清华大学学研大厦A座　　　　邮　　编：100084
　　　　社 总 机：010-83470000　　　　　　　　　　邮　　购：010-62786544
　　　　投稿与读者服务：010-62776969, c-service@tup.tsinghua.edu.cn
　　　　质量反馈：010-62772015, zhiliang@tup.tsinghua.edu.cn
　　　　课件下载：https://www.tup.com.cn, 010-83470236
印 装 者：北京建宏印刷有限公司
经　　销：全国新华书店
开　　本：185mm×260mm　　　印　张：21.25　　　字　数：484千字
版　　次：2015年9月第1版　　　　　　　　　　　印　次：2024年8月第5次印刷
定　　价：59.00元

产品编号：064622-03

《问题求解与程序设计习题解答和实验指导》 前言

　　本书是与主教材《问题求解与程序设计》配套使用的习题解答和实验指导。

　　问题求解的过程应该是一个分析设计的过程,只有清楚了要做什么、怎么做,才能用计算机语言实现它。《问题求解与程序设计习题解答和实验指导》和对应的主教材始终贯彻这样一种分析设计的思想。

　　值得说明的是,同一个问题可能有不同的求解方法,有不同的程序设计和实现。因此本书习题解答部分仅仅是参考答案,读者可能给出另外同样正确的求解方案。问题求解与程序设计是实践性很强的一门专业基础课,初学者必须经过大量的练习和实践,才能真正理解问题求解与程序设计的基本思想。《问题求解与程序设计》主教材的每一章,不仅配备了比较丰富的、具有 ACM 风格的在线评测题目,还精心设计了相应的实验任务,帮助学生消化理解理论课的主要知识点。

　　本书分为五部分,第一部分是教材各章习题的参考答案,包括各章填空题的答案和在线评测题目的参考答案。而且,每个在线评测习题的解答均按照问题描述、输入和输出样例、问题分析、算法设计、程序实现几个部分给以描述的。一些题目还给出了几种不同的求解方法。

　　因为教材的习题都是按照 ACM 在线评测的风格设计的,因此教师最好在上课之前先搭建一个具有在线评测能力的平台。可以直接使用 ACM 在线评测系统,但最好按照本书的附录部分的"moodle 简介",搭建具有在线评测插件的 moodle 自主学习平台,因为这个平台更适合于教学,它可以使教师和学生互动。然后教师把这些题目按照教学计划和进度布置在平台上,同时添加一组测试用例,涵盖问题的各种可能输入和对应的输出结果,以便学生在线提交作业时在线评测。学生提交的程序只有通过了所有的测试用例才能得满分,才认为是完全正确的。如果只通过了部分测试用例,也会得到不同比例的分数。作者搭建的自主学习平台(http://cms.fjut.edu.cn)也可以为不具备条件的老师和学生服务,有需要者可以与作者联系。当然,学生也可以不用在线评测系统完成这些习题,但应该自己设计各种可能的测试用例自己进行评测。

　　第二部分是实验指导,这一部分介绍了用计算机问题求解所需要的环境是如何搭建的。从编译器、编辑器到调试器,从命令行环境到集成环境分别给以介绍。命令行环境主要介绍跨平台的 gcc/g++ 编译器的命令行使用方法,并介绍了著名的编辑器 vim/gvim 和 Emacs 的使用方法,命令行环境必须要与好用的编辑器相结合才能体现它的魅力。集成环境以 Code::Blocks 为主,Code::Blocks 集成了 gcc、g++ 编译器和 gdb 调试器,此外还介绍了目前比较流行的其他几种集成环境。

　　程序的测试和调试是程序设计或软件开发的重要环节,程序测试和调试的能力也是每

前言 《问题求解与程序设计习题解答和实验指导》

个从业人员应该具备的。因此,实验指导的第 4 章,系统地介绍了关于测试和调试相关的问题。

大家可能知道,如果选择 Turbo C 编译器学习程序设计,可以进行比较漂亮的图形程序设计,因为它拥有一个很丰富的图形库。但由于 Turbo C 仅仅适用于 DOS 操作系统,所以随着窗口操作系统的快速发展,它已经渐渐被人们忘记了,这使初学者用 C 语言画图成了比较困难的事情。本实验指导第 5 章介绍了一个专门为解决这个问题而创建的图形库 GRX,它使初学者在 Windows 环境下也能比较容易地进行图形程序设计,而且还能在 Windows 环境下继续使用那些 Turbo C 图形库设计的程序。

第三部分是实验,包括与教材各章对应的实验内容(最后一章除外)。每个实验基本上分为三个小节。第一小节是程序基础练习,主要做一些阅读程序练习和修改程序练习,通过练习使学生理解相关的基本概念。第二小节是通过调试有语法错误或逻辑错误的程序,训练学生程序调试的能力。程序调试的过程是在程序中找出错误,改错,直到编译成功,并进一步得到想要的结果,这个过程一般是要反复进行的。第三小节是完整的问题求解,针对问题描述,给出完整的程序设计解决方案。

第四部分是实验解答,包括每个实验的部分参考答案。限于篇幅,只对每个实验中程序基础练习部分给出了参考答案,对程序改错部分的每个改错题目归纳出了几个知识点,分析了出错的原因。

第五部分是课程设计,包括课程设计的目的要求,课程设计的题目和评分标准,以及课程设计报告的书写格式。课程设计的题目分为 A、B 两档,把学生按"高级语言程序设计"课程的成绩分成两组。即课程设计的内容因学生层次不同有所不同,有针对性的提出了两个课程设计方案。这样做的目的就是想争取让每个同学都能通过课程设计得到比较充分的锻炼和提高。

由于作者水平有限,书中难免存在错误,恳请读者批评指正。作者的 E-mail 是 baochunbo@fjut.edu.cn 和 26865614@qq.com,欢迎大家与作者交流。

鲍春波
2015 年 6 月

第一部分 习题解答

概念填空 /3
    1 计算机与程序设计 /3
    2 程序设计入门 /3
    3 选择程序设计 /3
    4 循环程序设计 /3
    5 模块化程序设计 /4
    6 数组程序设计 /4
    7 指针程序设计 /4
    8 结构程序设计 /4
    9 文件程序设计 /4
    10 低级程序设计 /4

在线评测 /5
    1 计算机与程序设计 /5
    2 程序设计入门 /5
        2.1 Hello /5
        2.2 输出图案 /5
        2.3 简单的整数运算 /6
        2.4 计算二次多项式的值 /7
        2.5 硬币兑换问题 /8
        2.6 分离3位整数的每一位 /9
        2.7 简单的浮点运算 /10
        2.8 存款利息计算 /10
        2.9 平均成绩计算 /11
        2.10 二进制数转换为十进制数 /12
    3 选择程序设计 /13
        3.1 奇偶判断 /13
        3.2 求两个整数的最大值 /13
        3.3 比较两个整数的大小 /14
        3.4 分段函数求值 /15
        3.5 回文判断 /16

3.6 字符判断 /16
3.7 计算一个整数的位数 /18
3.8 选择时间段 /19
3.9 求三个整数的最大值 /20
3.10 三个整数排序 /21
4 循环程序设计 /22
4.1 求 10 个整数的最大值和最小值 /22
4.2 求任意多个整数的最大值和最小值 /23
4.3 求奇数自然数之和 /24
4.4 计算 a＋aa＋aaa＋…的值 /25
4.5 求任意多个正整数之和 /26
4.6 近似计算 /27
4.7 打印上三角的 99 乘法表 /28
4.8 打印菱形图案 /29
4.9 求最大公约数 /30
4.10 求水仙花数 /31
4.11 求 π 的近似值 /32
4.12 列出完数 /33
4.13 猴子吃桃问题 /34
5 模块化程序设计 /35
5.1 求和函数 /35
5.2 阶乘计算函数 /37
5.3 温度转换函数 /38
5.4 数字字符判断函数 /39
5.5 判断两个实数是否相等的函数 /40
5.6 自定义的输出格式函数 /41
5.7 牛顿法求一个数的平方根函数 /42
5.8 计算两个整数的最大公约数函数 /43
5.9 递归计算两个数的最大公约数函数 /44
5.10 递归计算正整数 n 的 k 次幂函数 /45
5.11 用递归把一个整数转换为字符串 /47
6 数组程序设计 /48
6.1 把一组数据逆序 /48

《问题求解与程序设计习题解答和实验指导》 目录

  6.2 求一组数据的最大值 /49
  6.3 一组数据的逆序函数 /50
  6.4 一组数据的最大值函数 /51
  6.5 向一组数据首插入一个数据 /52
  6.6 插入排序 /53
  6.7 比赛评分 /54
  6.8 递归倒置一个字符串 /55
  6.9 统计单词数 /58
  6.10 单词排序 /59
  6.11 杨辉三角（二维数组） /61
  6.12 矩阵加法 /62
  6.13 把一个字符串的字符之间插入空格 /64
  6.14 字符串连接函数 /65
7 指针程序设计 /66
  7.1 用指针间接访问变量 /66
  7.2 用指针访问一维数组 /67
  7.3 用指针访问字符串 /68
  7.4 用列指针访问二维数组 /69
  7.5 用行指针访问二维数组 /70
  7.6 用指针调用函数 /71
  7.7 用指针作为函数的参数 /73
  7.8 用指向二维数组的列指针作为函数的参数 /75
  7.9 用指向二维数组的行指针作为函数的参数 /76
  7.10 字符串逆置函数的指针版（非递归） /78
  7.11 动态创建一维数组——求最大值索引的函数 /79
  7.12 动态创建二维数组——矩阵转置函数 /80
  7.13 字符串比较 /82
  7.14 学生姓名排序 /85
8 结构程序设计 /87
  8.1 计算平面上的点之间的距离 /87

8.2 计算任意多个平面上的点之间的距离 /88
8.3 平面上的点静态链接 /90
8.4 平面上的点动态链接 /91
8.5 约瑟夫环 /94
8.6 比赛报名管理 /97
8.7 个人财务管理 /100
8.8 通讯录管理 /103
8.9 复数运算 /108
8.10 输出某一天是星期几 /110

9 文件程序设计 /112
9.1 文件版的平面上点之间的距离 /112
9.2 文件版的最大最小值 /114
9.3 文件版的求学生成绩平均值 /115
9.4 二进制数据文件的建立和加载 /117
9.5 结构数据文件的建立和加载 /119
9.6 文件记录的修改和更新 /121
9.7 在文件中查找某个记录信息 /123
9.8 在文件中插入一条记录 /126
9.9 删除文件中的某一条记录 /128
9.10 把文件中的数据记录排序 /130

10 低级程序设计 /134
10.1 按位打印无符号整数 /134
10.2 判断给定的整数是不是 2 的整数次幂 /135
10.3 把字符包装到无符号整型变量中 /136
10.4 把包装到无符号整型变量中的字符解包装 /138
10.5 用位段表示扑克牌信息 /141

第二部分 实验指导

1 命令行实验环境的建立 /147
  1.1 软件下载与安装 /147
    1.1.1 MinGW /147

《问题求解与程序设计习题解答和实验指导》 目 录

    1.1.2 TDM-G++ /148
  1.2 在命令行使用 gcc 编译器 /148
    1.2.1 分步生成 hello.exe /148
    1.2.2 一步生成 hello.exe /149
  1.3 make 命令和 makefile 文件 /150
2 集成开发环境的建立 /152
  2.1 Code::Blocks /152
    2.1.1 Code::Blocks 的基本用法 /153
    2.1.2 建立一个工程 /153
    2.1.3 构造自己的库 /155
  2.2 其他集成环境 /160
    2.2.1 Dev-C++ /160
    2.2.2 RHIDE /161
    2.2.3 Turbo C/C++ 和 Win-TC /161
    2.2.4 Visual C++ /162
    2.2.5 Eclipse CDT /163
3 编辑器 /165
  3.1 vi 编辑器 /165
    3.1.1 vim 的启动和退出 /165
    3.1.2 在 vim/gvim 中移动光标 /167
    3.1.3 开始编辑 /168
    3.1.4 使用 ex 模式的命令行 /168
    3.1.5 在 vim 中执行外部命令 /171
    3.1.6 可视模式 /171
  3.2 Emacs 编辑器 /171
    3.2.1 Emacs 简介 /171
    3.2.2 Emacs 软件下载和安装 /172
    3.2.3 Emacs 配置 /172
    3.2.4 Emacs 的基本用法 /174
4 程序测试与调试 /176
  4.1 程序的错误类型 /176
    4.1.1 编译链接错误 /176

            4.1.2 运行错误 /176
            4.1.3 逻辑错误 /177
        4.2 程序排错 /177
            4.2.1 使用调试器调试 /178
            4.2.2 不使用调试器调试 /182
        4.3 程序测试 /183
    5 GRX 图形库介绍 /185
        5.1 生成 GRX 图形库 /185
        5.2 GRX 图形程序设计 /187
            5.2.1 GRX 的 Hello World! /187
            5.2.2 编译运行 GRX Hello 程序 /188
            5.2.3 GRX 基本绘图函数 /189
            5.2.4 用 GRX 库编译 Turbo C 图形程序 /207

第三部分 实 验

1 实验准备 /219
    1.1 实验目的 /219
    1.2 实验内容 /219
        1.2.1 熟悉课程网站 /219
        1.2.2 英文打字练习 /219
        1.2.3 命令练习 /219
        1.2.4 编辑练习 /220
        1.2.5 编译练习 /220
2 程序设计入门实验 /223
    2.1 实验目的 /223
    2.2 实验内容 /223
        2.2.1 程序基础练习 /223
        2.2.2 程序改错 /224
        2.2.3 问题求解 /225
3 选择程序设计实验 /226
    3.1 实验目的 /226

《问题求解与程序设计习题解答和实验指导》目录

    3.2 实验内容 /226
        3.2.1 程序基础练习 /226
        3.2.2 程序改错 /227
        3.2.3 问题求解 /228

4 循环程序设计实验 /230
    4.1 实验目的 /230
    4.2 实验内容 /230
        4.2.1 程序基础练习 /230
        4.2.2 程序改错 /233
        4.2.3 问题求解 /234

5 函数程序设计实验 /236
    5.1 实验目的 /236
    5.2 实验内容 /236
        5.2.1 程序基础练习 /236
        5.2.2 程序改错 /238
        5.2.3 问题求解 /240

6 数组程序设计实验 /242
    6.1 实验目的 /242
    6.2 实验内容 /242
        6.2.1 程序基础练习 /242
        6.2.2 程序改错 /244
        6.2.3 问题求解 /246

7 指针程序设计实验 /247
    7.1 实验目的 /247
    7.2 实验内容 /247
        7.2.1 程序基础练习 /247
        7.2.2 程序改错 /249
        7.2.3 问题求解 /251

8 结构程序设计实验 /252
    8.1 实验目的 /252
    8.2 实验内容 /252

　　　　8.2.1　程序基础练习　/252
　　　　8.2.2　程序改错　/254
　　　　8.2.3　问题求解　/255

9　文件程序设计实验　/257
　9.1　实验目的　/257
　9.2　实验内容　/257
　　　　9.2.1　程序基础练习　/257
　　　　9.2.2　程序改错　/258
　　　　9.2.3　问题求解　/259

10　低级程序设计实验　/261
　10.1　实验目的　/261
　10.2　实验内容　/261
　　　　10.2.1　程序基础练习　/261
　　　　10.2.2　程序改错　/262
　　　　10.2.3　问题求解　/264

第四部分　实验解答

1　实验准备　/267

2　程序设计入门实验　/268
　2.1　程序基础练习　/268
　2.2　程序改错　/268

3　选择程序设计实验　/271
　3.1　程序基础练习　/271
　3.2　程序改错　/271

4　循环程序设计实验　/274
　4.1　程序基础练习　/274
　4.2　程序改错　/276

5　函数程序设计实验　/280
　5.1　程序基础练习　/280
　5.2　程序改错　/281

6 数组程序设计实验 /285
6.1 程序基础练习 /285
6.2 程序改错 /287

7 指针程序设计实验 /290
7.1 程序基础练习 /290
7.2 程序改错 /291

8 结构程序设计实验 /294
8.1 程序基础练习 /294
8.2 程序改错 /297

9 文件程序设计实验 /300
9.1 程序基础练习 /300
9.2 程序改错 /300

10 低级程序设计实验 /304
10.1 程序基础练习 /304
10.2 程序改错 /305

关于实验报告 /307

第五部分 课程设计

1 课程设计的目的 /311

2 课程设计的基本要求 /312

3 课程设计的基本内容 /314
3.1 A组题目 /314
3.2 B组题目 /315

4 课程设计报告格式 /318

5 学时安排 /320

6 考核方式与评分标准 /321

附录 /322
    Online Judge 简介 /322
    Moodle 简介 /323

第一部分
习题解答

第一部分

习题解答

概念填空

1　计算机与程序设计

（1）计算,逻辑判断　　　　　　（2）0 和 1
（3）线性序列,字节,二进制位　　（4）地址　　　　　（5）读,写
（6）易失性　　　（7）文件　　　（8）裸机　　　　　（9）机器指令
（10）算法,算法设计　　　　　　（11）编译,解释

2　程序设计入门

（1）编辑器,文件,cpp　　　　　（2）main
（3）printf,scanf,头文件　　　（4）预处理,预处理器
（5）类型　　　　　　　　　　　（6）隐式,显式
（7）变量,存储单元　　　　　　（8）声明/定义,使用
（9）读,写　　　（10）分号　　　（11）注释
（12）回车换行,占位符,转换说明　（13）{,}
（14）赋值　　　（15）初始化　　（16）左边　　　　（17）精度
（18）替换　　　（19）括号,返回值　（20）流程图

3　选择程序设计

（1）选择结构,单分支选择结构,双分支选择结构,多分支选择结构。
（2）>,>=,!=,==　　　　　　　（3）&&,||,!
（4）逻辑真1,逻辑假0　　　　　（5）逻辑真,逻辑假
（6）三目　　　　　　　　　　　（7）整型表达式,case
（8）缩进,左对齐　　（9）ASCII 码　　（10）逻辑值或逻辑常量,短路性
（11）{,}　　　（12）堆叠,嵌套

4　循环程序设计

（1）循环结构　　（2）初始化　　（3）无限循环　　（4）计数控制的循环
（5）逐渐增加,逐渐减少　　　　　（6）整型　　　　（7）最后
（8）判断,执行　　（9）缩进　　　（10）continue　　（11）break
（12）堆叠,嵌套

5 模块化程序设计

(1) 函数　　　　　(2) 调用　　　　　(3) 返回类型,函数名
(4) 常量,变量　　(5) 参数,类型,顺序　(6) 原型
(7) 传值　　　　　(8) 测试　　　　　(9) 存储类别　　　(10) 应用程序自身
(11) 位置　　　　(12) 文件,文件或模块　　　　　(13) 基本情况,递归调用
(14) 返回地址,局部变量　　　(15) 崩溃

6 数组程序设计

(1) 同类型　　　(2) 连续　　　(3) 下标　　　(4) 整型,0
(5) 差 1　　　　(6) 循环　　　(7) 首地址　　(8) 相邻
(9) 临时,轮换　(10) 线性/顺序　(11) 折半　　(12) const
(13) 地址　　　(14) '\0'　　　(15) 字符数组

7 指针程序设计

(1) 指针类型　　(2) 初始化　　(3) 同类型　　(4) 值
(5) 第一个元素　(6) 位移　　　(7) 类型,行指针　(8) 线性
(9) 第一个元素　(10) 常字符串　(11) void　　(12) 释放

8 结构程序设计

(1) struct,结构名　(2) typedef　(3) 点,指向　(4) 赋值
(5) 嵌套　　　　　(6) 申请空间　(7) 头　　　　(8) 共享
(9) 符号常量,字符串　　　　(10) 指向结构类型的指针

9 文件程序设计

(1) 打开,关闭　(2) 非 NULL　(3) ..,.　　(4) stdin
(5) 字符数　　(6) 初始化

10 低级程序设计

(1) 整型和字符型　(2) 2 倍　　(3) 2 倍　　(4) 掩码
(5) 不变

在 线 评 测

1 计算机与程序设计

无"在线评测"内容。

2 程序设计入门

2.1 Hello

问题描述：

在屏幕上输出信息"Hello,World!"，并换行。

输入样例： 输出样例：

无 Hello,World!

问题分析：

C语言把屏幕称为标准输出，并提供了标准输出函数 printf，它可用于输出各种文字信息，只需把要输出的信息用双引号括起来，传给 printf 函数即可。printf 函数在引号中除了接收文字信息之外，还接收各种控制信息，如控制换行的信息转义字符'\n'。

算法设计：

① 用"Hello,World!\n"作为函数 printf 的参数，调用 printf 函数。

程序实现：

```
#001 #include<stdio.h>
#002 int main(void){
#004     printf("Hello,World!\n");
#005     return 0;
#006 }
```

2.2 输出图案

问题描述：

在屏幕上输出一个每行8个"＊"号的平行四边形图案。

输入样例： 输出样例：

无
```
    ********
   ********
  ********
 ********
```

问题分析：

这个问题也是输出信息，因此同上一个问题一样，也要使用 printf 函数。要输出的信息表面看来是用"*"字符排列的平行四边图案，但注意到 printf 输出信息时是按行进行的，每行从第一列开始，所以这个输出的每一行还包含了若干个空格字符，第 1 行 3 个，第 2 行 2 个，第 3 行 1 个，第 4 行 0 个。所以使用 printf 时要注意到输出的是空格字符和星号字符组成的图案。这个问题的解决方案显然不止一种，可以使用一次 printf 函数，把所有的信息作为一个整体传给 printf 函数。也可以使用多次 printf 函数，把信息分成几部分分别传给 printf 函数，每次调用 printf 函数输出多少信息可以自由掌握。

算法设计：

把所有的信息作为一个整体传给 printf 函数，调用一次 printf 函数。

程序实现：

```
#001 #include<stdio.h>
#002 int main(void){
#004    printf("   ********\n  ********\n ********\n********\n");
#005    return 0;
#006 }
```

注意：算法可以分成两步。

(1) 把第 1、2 行信息作为一个整体传给 printf 函数，调用 printf 函数。

(2) 把第 3、4 行信息作为一个整体传给 printf 函数，调用 printf 函数。

这样#004 行就对应了下列两行：

```
printf("   ********\n  ********\n");
printf(" ********\n********\n");
```

2.3 简单的整数运算

问题描述：

键盘输入 a,b,c,d 的整数值，计算下列算式的值，输出计算结果。

$$[2(a+b)+3(c-d)]\div 2$$

输入样例：　　　　　　　　　　　　**输出样例：**

5 8 6 4　　　　　　　　　　　　　　　16

问题分析：

C 语言把键盘称为标准输入，并提供了标准输入函数 scanf，如果需要从键盘输入数据，调用这个函数即可。但在使用 scanf 函数的时候要注意它的格式，函数的第一部分是双引号括起来的输入格式，第二部分是逗号隔开的输入列表，列表的每一项是一个能够接收输入数据的变量。输入整数需要使用%d，这里有 4 个整数要输入，同 printf 类似，可以调用一次 scanf 实现输入 4 个整数，也可以调用多次，分别实现。两个数据之间用空格隔开对应的格式可以是"%d %d"(注意%d 之间有一个空格)或"%d%d"。另外数学上的运算符和括号与 C 语言的不同。

算法设计：
① 键盘输入四个整数。
② 计算表达式(2*(a+b)+3*(c-d))/2的值,结果存在某个变量中。
③ 输出计算结果。

程序实现：

```
#001  #include <stdio.h>
#002  int main(void){
#004      int a, b, c, d, answer;
#005      scanf("%d %d %d %d", &a, &b, &c, &d);        //①
#006      answer=(2*(a+b)+3*(c-d))/2;                   //②
#007      printf("%d\n", answer);                       //③
#008      return 0;
#009  }
```

注意：#005 行可以用多行替代。

```
scanf("%d",&a);
scanf("%d%d",&b,&c);
scanf("%d",&d);
```

2.4 计算二次多项式的值

问题描述：
对于任意一个 x 的 2 次多项式,假设各项的系数 a、b、c 和 x 的值均取整数,写一个程序,读取用户从键盘输入的一组系数 a、b、c 和 x 的值之后,计算对应的二次多项式的值,并输出计算结果。

输入样例：　　　　　　　　　输出样例：

1,2,3　　　　　　　　　　　6
1

问题分析：
x 的二次多项式的一般形式为 ax^2+bx+c,这里 x 的平方用 x*x 实现即可,注意输入样例的格式是逗号隔开的数据,在 scanf 函数中输入的格式也要用逗号隔开。

算法设计：
① 键盘输入 2 次多项式的系数和 x 的值。
② 计算表达式 a*x*x+b*x+c 的值,结果存在某个变量中。
③ 输出计算结果。

程序实现：

```
#001  #include<stdio.h>
#002  int main(void){
#004      int a, b, c, x, y;
#005      scanf("%d,%d,%d", &a, &b, &c);
```

```
#006        scanf("%d", &x);
#007        y=a*x*x+b*x+c;
#008        printf("%d\n", y);
#009        return 0;
#010    }
```

2.5 硬币兑换问题

问题描述：

请你给银行的柜员机写一个硬币兑换计算程序，当顾客把一些壹元、伍角、壹角的硬币投入柜员机的入币口之后，柜员机就执行你写的程序计算出应该兑换的拾元纸币的数量和剩余硬币的数量，并在屏幕上显示计算结果，单击 ok 按钮之后，柜员机的出币口会把拾元纸币及不足拾元的硬币返回给顾客。这里把硬币投入简化成顾客按顺序输入各种硬币的数量，输入的顺序是 1 元数、5 角数、1 角数。输出的结果为 10 元数、元数和角数，出币口出币的环节可以忽略。

输入样例：

15 23 106

输出样例：

3 7 1

问题分析：

问题中的各种硬币投入简化为硬币的数量，输入之后，程序要进行一个简单的计算，把顾客投入的硬币转换为元，再除以 10 求得拾元的纸币数，对不足 10 元的元数贡献的包括两部分，一部分是原始的元数不足 10 元的元数，另一部分是原始的角数换算成元后不足 10 元的元数，二者求和之后用 10 求余。还可能有不足 1 元的角数，它只能由伍角和壹角的硬币转换成元产生的余数产生。

算法设计：

① 输入各种硬币的数量 a,b,c。
② 求得拾元的数量 r2←(a+(b*5+c)/10)/10。
③ 求得剩余的角数 r0←(b*5+c)%10。
④ 求得剩余的元数 r1←(a+(b*5+c)/10)%10。
⑤ 输出 r2、r1、r0 的结果。

程序实现：

```
#include<stdio.h>
#001 int main(void){
#003        int a,b,c;
#004        int r0,r1,r2;
#005        scanf("%d%d%d",&a,&b,&c);
#006        r2= (a+ (b*5+c)/10)/10;           //兑换的 10 元数
#007        r0= (b*5+c)%10;                    //剩余角数
#008        r1= (a+ (b*5+c)/10)%10;            //剩余元数
#009        printf("%d %d %d\n", r2,r1,r0);
#010        return 0;
```

#011 }

2.6 分离3位整数的每一位

问题描述：

对任意一个键盘输入的3位整数，求出它的个位、十位和百位，并按下面格式输出结果："integer %d:\nunit digit %d, tens place %d and hundreds place %d\n"。提示，分离出一个整数的某一位可以用除法和求余运算相结合的方法。

输入样例：

123

输出样例：

integer 123:
unit digit 3, tens place 2 and hundreds place 1

问题分析：

问题求解的关键是如何把一个3位的整数的个位、十位、百位分离开来。一个3位的整数是作为一个数据从键盘输入的，不能把个位、十位、百位分开输入，如果那样输入，输入的就是3个整数。要通过计算求得个位、十位、百位。计算的方法很简单，只需充分使用整数除法和求余运算，例如，123/100 得到百位，123％100 就得到 23。

算法设计：

① 输入一个3位整数 a。
② 给它做一个备份即复制到某个变量 tmp 中。
③ a/100 求得百位 d2，a 用余数更新。
④ a/10 求得十位 d1，a％10 求得个位。
⑤ 输出原始数据 tmp 和分离的结果 d0、d1、d2。

程序实现：

```
#001  #include<stdio.h>
#002  int main(void){
#004      int tmp,a,d0,d1,d2;
#005      scanf("%d",&a);
#006      tmp=a;
#007      d2=a/100;
#008      a=a%100;
#009      d1=a/10;
#010      d0=a%10;
#011      printf("integer %d:\nunit digit %d, tens place %d and, hundreds
#012  place %d\n",tmp,d0,d1,d2);
#013      return 0;
#014  }
```

注意：分离一个整数的每一位还有其他方法，例如，分离 a=123 的每一位，百位 d2＝a/100，十位 d1＝(a − d2 * 100)/10，个位 d0 ＝ a％10。

2.7 简单的浮点运算

问题描述:

对于键盘输入的实数 x,y,z,计算(x+y+z)/2 的值,结果精确到一位小数。

输入样例:

26.5 88.2 23.98

输出样例:

138.7

问题分析:

键盘输入实数同样要使用 scanf 函数。在 scanf 函数中可以使用%f 输入单精度实数,或者使用%lf 输入双精度实数。程序的输出是精确到 1 位小数的实数,在 printf 函数中使用%.1f 即可。

算法设计:

① 键盘输入 3 个实数 x、y、z。
② 计算(x+y+z)/2 的值 result。
③ 输出 result。

程序实现:

```
#001  #include<stdio.h>
#002  int main(void){
#004     float x,y,z,result;
#005     scanf("%f%f%f",&x,&y,&z);
#006     result=(x+y+z)/2;
#007     printf("%.1f\n",result);
#008     return 0;
#009  }
```

2.8 存款利息计算

问题描述:

对键盘输入的存款数 deposit,年利率 rate 和存款年数 n,计算 n 年后的本利和 amount。本利和计算公式为 amount=deposit(1+rate)^n。注意:输入利率是一个小数,通常是一个百分数,如 3.2%,但为了简便,输入时只输 3.2 即可,输入之后再除以 100。提示:一个数的 n 次幂可以使用 C/C++ 标准数学库中的函数 pow,但要在 main 函数的前面增加一行预处理指令 #include<math.h>,函数 pow 的调用方法为 pow(a,b),其中 a 是底,b 是指数,pow 调用的结果是 a 的 b 次幂。

输入样例:

10000 3.2 1

输出样例:

10320.00

问题分析:

这个问题要求用户输入 3 个数,第一个是存款数,可设为整型,第二个数是利率(程序中要除以 100),必须是 float 或 double 类型,第三个数是年数,应该为整型。计算本利和是一个幂运算,可以直接调用幂计算函数 pow。

算法设计:

① 输入存款数 deposit、利率 rate 和年数 n。

② 利率更新为真正的利率 rate=rate/100。

③ 计算本利和 amount=deposit * pow(1+rate, n)。

④ 输出结果。

程序实现:

```
#001 #include<stdio.h>
#002 #include<math.h>
#003 int main(void){
#005     int deposit,n;
#006     float rate,amount;
#007     scanf("%d %f %d",&deposit,&rate,&n);
#008     rate=rate/100;
#009     amount=deposit * pow(1+rate,n);
#010     printf("%.2f\n",amount);
#011     return 0;
#012 }
```

2.9 平均成绩计算

问题描述:

计算一个学生的数学、语文、计算机 3 门课程的平均成绩,并输出结果,结果精确到小数 1 位。

输入样例:	输出样例:
80,90,100	90.0

问题分析:

这里假设学生原始成绩是整数,但平均值结果是精确到 1 位小数的实数。整数求和运算的结果仍为整数,如果除以整数 3 求平均值的话,平均值仍为整数。为了得到正确的结果,必须在计算的时候对类型进行适当的转换,使运算在实数范围内运算。类型转换有隐式转换和显式转化之分。这里只需把求和结果与 3.0 相除,运算的时候就会把求和的整数结果提升到实数类型与 3.0 相除。

算法设计:

① 输入 3 门课的成绩。

② 计算平均值。

③ 输出计算结果。

程序实现:

```
#001 #include<stdio.h>
#002 int main(void){
#004     int math,chinese,computer;
```

```
#005      float average;
#006      scanf("%d,%d,%d",&math,&chinese,&computer);
#007      average= (math+chinese+computer)/3.0;
#008      printf("%.1f\n",average);
#009      return 0;
#010 }
```

2.10 二进制数转换为十进制数

问题描述：

键盘输入一个任意 4 位二进制数，计算出它对应的十进制数。提示：二进制数的每一位从低到高是 1 位（也是个位）、2 位、4 位、8 位，1、2、4、8 分别称为该位的基数或权。对于给定的二进制数可以按权展开，如 $(1110)_2 = 1×8 + 1×4+1×2+0×1=(14)_{10}$，求出对应的十进制数是 14。

输入样例：

1110

输出样例：

14

问题分析：

C/C++ 没有直接提供二进制数的输入格式，只能用十进制格式接收它。输入的时候只输入 0 或 1，如 1110。输入之后把它看成是十进制数进行分离，先分离出每一位的 0 或 1，再用按权展开的方法计算出它真正的十进制数。

算法设计：

① 输入一个二进制数。
② 分离每一位得 b3、b2、b1、b0。
③ 计算对应的十进制数。
④ 输出计算结果。

程序实现：

```
#001 #include<stdio.h>
#002 int main(void){
#004      int a,result,b0,b1,b2,b3;
#005      scanf("%d",&a);
#006      b3=a/1000;
#007      a=a%1000;
#008      b2=a/100;
#009      a=a%100;
#010      b1=a/10;
#011      b0=a%10;
#012      result=b3 * 8+b2 * 4+b1 * 2+b0;
#013      printf("%d\n",result);
#014      return 0;
#015 }
```

3 选择程序设计

3.1 奇偶判断

问题描述：

键盘输入一个整数,判断它是奇数还是偶数,如果是奇数输出 1,否则输出 0。

输入样例： **输出样例：**

5 1

问题分析：

判断问题求解的关键是确定判断条件。一个数 n 是奇数还是偶数的判断条件是 n％2 是否等于 0。这有两种形式,一种形式是判断 n％2＝＝0,另一种形式是判断 n％2！＝0。无论是哪种形式,条件为真时是奇数或偶数,否则就是偶数或奇数,因此这里可以用 if-else 双分支选择结构。

算法设计：

① 键盘输入一个整数 n。
② 如果 n％2 不等于 0 输出 1,否则输出 0(或者如果 n％2 等于 0 输出 0,否则输出 1)。

程序实现：

```
#001 #include<stdio.h>
#002 int main(void){
#004     int n;
#005     scanf("%d",&n);
#006     if(n%2!=0)
#007         printf("1\n");
#008     else
#009         printf("0\n")
#010     return 0;
#011 }
```

3.2 求两个整数的最大值

问题描述：

键盘输入两个整数,求它们的最大值。

输入样例： **输出样例：**

2 3 3

问题分析：

这个问题的判断条件是对输入的两个数 a、b 直接进行比较,如果 a＞b,则输出 a,否则输出 b。

算法设计：

① 输入两个整数 a、b。
② 如果 a>b，则输出 a，否则输出 b。

程序实现：

```
#001 #include<stdio.h>
#002 int main(void){
#004     int a,b;
#005     scanf("%d%d",&a,&b);
#006     if(a>b)
#007         printf("%d\n",a);
#008     else
#009         printf("%d\n",b);
#010     return 0;
#011 }
```

3.3 比较两个整数的大小

问题描述：

键盘输入两个整数，判断它们的大小，给出它们的所有可能的大小关系。

输入样例：

2 3

输出样例：

2<3
2<=3
2!=3

问题分析：

两个整数比较大小有多种可能。两个整数关系可能是大于、小于、大于等于、小于等于、不等于或等于，因此程序中要有各种情况对应的判断，不能遗漏。对于给定的一组 a 和 b，它可能同时有几个关系成立，因此这里要使用单分支的选择结构，把多个单分支选择结构顺序执行才能覆盖各种关系。

算法设计：

① 输入两个正数 a 和 b。
② 如果 a>b 输出>关系。
③ 如果 a<b 输出<关系。
④ 如果 a>=b 输出>=关系。
⑤ 如果 a<=b 输出<=关系。
⑥ 如果 a==b 输出==关系。
⑦ 如果 a!=b 输出!=关系。

程序实现：

```
#001 #include<stdio.h>
#002 int main(void){
#004     int a,b;
#005     scanf("%d%d",&a,&b);
```

```
#007        if(a>b)
#008            printf("%d>%d\n",a,b);
#009        if(a<b)
#010            printf("%d<%d\n",a,b);
#011        if(a>=b)
#012            printf("%d>=%d\n",a,b);
#013        if(a<=b)
#014            printf("%d<=%d\n",a,b);
#015        if(a==b)
#016            printf("%d==%d\n",a,b);
#017        if(a!=b)
#018            printf("%d!=%d\n",a,b);
#020        return 0;
#021 }
```

3.4 分段函数求值

问题描述：

设有一个分段函数，x＞0 时，y＝1－x；x＝0 时，y＝2；x＜0 时，y＝(1－x)的平方。写一个程序，对任意 x 的值求函数 y 的值。

输入样例：　　　　　　　　　　　　　　输出样例：

1　　　　　　　　　　　　　　　　　　0

问题分析：

分段函数 y＝f(x)含有多个函数求值公式，是根据 x 的范围选择不同的计算公式。本题分为三段，x＞0、x＝＝0 和 x＜0，对于给定的 x 属于哪一段由 x 的正负还是 0 决定的。x 给定之后，它只能符合某一段的条件从而走某一个计算分支，不可能符合多个条件走两个以上的计算分支，这样的特征可以用 if-else 双分支选择结构给以实现。

算法设计：

① 键盘输入一个整数 x(假设是整数)。
② 如果 x＞0，则 y＝1－x，否则如果 x＝＝0，则 y＝2，再否则 y＝(1－x)的平方。
③ 输出计算结果 y。

程序实现：

```
#001 #include<stdio.h>
#002 int main(void){
#004     int x,y;
#005     scanf("%d",&x);
#007     if(x>0)
#008         y=1-x;
#009     else if(x==0)
#010         y=2;
#011     else
#012         y=(1-x)*(1-x);
```

```
#013        printf("%d\n",y);
#015        return 0;
#016    }
```

3.5 回文判断

问题描述：

键盘输入一个 5 位整数,判断它的各位是否构成回文,如 12321 构成回文,12345 不构成回文。如果构成回文输出 1,否则输出 0。

输入样例：   **输出样例：**

12321   1

问题分析：

5 位整数的各位是否形成回文判断的条件万位与个位相等并且千位与十位相等,有一对不等就不能形成回文。两个逻辑条件"并且"关系可以用嵌套的 if 或 if-else 实现。

算法设计：

① 键盘输入一个 5 位整数 x。
② 分离成 5 个独立的数字 d4、d3、d2、d1、d0。
③ 如果 d4==d0 且 d3==d1,则输出 1,否则输出 0。

程序实现：

```
#001 #include<stdio.h>
#002 int main(void){
#004     int x,d4,d3,d2,d1,d0;
#005     scanf("%d",&x);
#007     d4=x/10000; x=x%10000;
#008     d3=x/1000;  x=x%1000;
#009     d2=x/100;   x=x%100;
#010     d1=x/10;    d0=x%10;
#011     // printf("%d %d %d %d %d\n",d4,d3,d2,d1,d0);
#012     if(d4==d0)
#013         if(d3==d1)
#014             printf("1\n");
#015         else
#016             printf("0\n");
#017     else
#018         printf("0\n");
#020     return 0;
#021 }
```

3.6 字符判断

题目描述：

键盘输入一个字符,判断它是数字字符还是大写英文字符或小写英文字符或是空格或者其他字符,如果是数字字符输出 N,如果是大写英文字符输出 U,如果是小写英文字符输出 L,空格输出 S,其他字符输出 O。提示字符属于哪一类可以直接比较,也可以用字符的 ASCII 码判断,例如大写字符是介于'A'和'Z'之间,或者是介于 65 和 90 之间,仔细查看字符的 ASCII 码表。

输入样例:　　　　　　　　　　　　　**输出样例:**

5　　　　　　　　　　　　　　　　　　N

问题分析:

判断一个输入字符是哪类字符的依据是字符的 ASCII 码,26 个大写英文字符的 ASCII 码范围是 65～90,26 个小写英文字符的 ASCII 码在 97～102 之间,数字字符的 ASCII 码位于 48～57 之间等,ASCII 码大的字符大于 ASCII 码小的字符。介于某个范围之间的逻辑判断是逻辑与,因此可以使用逻辑运算形成复杂的判断条件,例如判断是否是大写字母可以用条件('A'<=c && c<='Z')也可以写成(65<=c && c<=90),比较的时候字符都是使用 ASCII 码参与运算。实现"逻辑与"的判断结构当然也可以像前面那样使用 if 或 if-else 的嵌套形式。

算法设计:

① 输入一个字符到 c 中。
② 如果 c>='A'且 c<='Z' 输出信息"U"。
③ 否则如果 c>='a'且 c<='z' 输出信息"L"。
④ 否则如果 c>='0'且 c<='9' 输出信息"N"。
⑤ 否则如果 c==' ' 输出信息"S"。
⑥ 否则输出信息"O"。

程序实现:

```
#001  #include<stdio.h>
#002  int main(void){
#004      int c;
#005      scanf("%c",&c);
#007      if('A'<=c && c<='Z')
#008          printf("U\n");
#009      else if('a'<=c && c<='z')
#010          printf("L\n");
#011      else if('0'<=c && c<='9')
#012          printf("N\n");
#013      else if(c==' ')
#014          printf("S\n");
#015      else
#016          printf("O\n");
#018      return 0;
#019  }
```

3.7 计算一个整数的位数

题目描述：

从键盘输入一个不超过 4 位数的正整数，计算它是几位数的整数。

输入样例：

32

输出样例：

2

问题分析：

如果输入的数介于 0 到 9 之间，则位数为 1；如果输入的数介于 10 到 99 之间，则位数为 2，以此类推，所以这个问题的求解方案应该是一个多分支选择结构。

算法设计：

① 键盘输入一个不超过 4 位的正整数 x。
② 如果 x<0 或 x>9999 提示输入错误，退出程序。
③ 如果 x<10，结果为 1。
④ 否则如果 x<100，结果为 2。
⑤ 否则如果 x<1000，结果为 3。
⑥ 否则如果 x<10000，结果为 4。
⑦ 输出结果。

程序实现：

```
#001 #include<stdio.h>
#002 #include<stdlib.h>    //for exit()
#003 int main(void){
#005     int x, result;
#006     scanf("%d", &x);
#007     if( x<0 || x>9999){
#008         printf("input err!\n");
#009         exit(1);
#010     }
#011     if (x<10)
#012         result=1;
#013     else if(x<100)
#014         result=2;
#015     else if(x<1000)
#016         result=3;
#017     else if(x<10000)
#018         result=4;
#019     printf("%d\n", result);
#020     return 0;
#021 }
```

3.8 选择时间段

问题描述：

设有如下的时间表：

```
** Time table **
1 morning
2 afternoon
3 night
********
```

如果用户输入 1，则显示"Good morning!"，输入 2，则显示"Good afternoon!"，输入 3 则显示"Good night!"，如果输入了非 1、2、3，则显示"Selection error!"。提示：先用输出函数输出时间表，再从键盘读用户的输入，根据输入的值不同，用 switch case 语句输出不同的反馈信息。

输入样例：

1

输出样例：

```
** Time table **
1 morning
2 afternoon
3 night
********
Good morning!
```

问题分析：

这个问题显示一个菜单供用户选择，如果用户输入了 1 则显示信息"Good morning!"，输入 2 则显示信息"Good afternoon!"，输入 3 则显示"Good night!"，显示什么信息是根据用户输入的值来决定的。用户输入的值是一个整型常量，进入到哪个菜单项是根据整型常量的值来确定的。这样的结构显然也是一个多分枝选择结构，但这个多分支选择结构的判断条件是整型常量的值，整型常量值是几就进入第几个分支，这就是典型的 switch-case 结构的特征，整型常量的值就相当于一个开关，不同的开关对应不同的分支。

从输出样例可以看出，没有显示用户的输入结果，用 getch( ) 函数可以实现输入的字符无回显的效果。因此我们可以把用户输入的 1、2、3 等用一个字符型变量去读，虽然把 1、2、3 看成了字符，但由于其内部表示是 ASCII 码，因此实质还是整型常量。

算法设计：

① 显示给定的时间表。
② 等待用户输入 1 或 2 或 3 或其他，不回显。
③ 如果输入的是 1 显示"Good morning!"。
④ 如果输入的是 2 显示"Good afternoon!"。
⑤ 如果输入的是 3 显示"Good night!"。
⑥ 否则输出"Selection err!"。

程序实现：

```
#001 #include<stdio.h>
#002 int main(void){
#004     char choose;
#005     printf("** Time table **\n");
#006     printf("1 morning\n");
#007     printf("2 afternoon\n");
#008     printf("3 night\n");
#009     printf("********\n");
#010     choose=getchar(); //no display
#011     switch(choose)
#012     {
#013         case '1':
#014             printf("Good morning!\n");
#015             break;
#016         case '2':
#017             printf("Good afternoon!\n");
#018             break;
#019         case '3':
#020             printf("Good night!\n");
#021             break;
#022         default:
#023             printf("Selection error!\n");
#024             break;
#025     }
#026     return 0;
#027 }
```

3.9 求三个整数的最大值

问题描述：

键盘输入 3 个整数，求它们的最大值，输出结果。

输入样例：　　　　　　　　　　　　**输出样例：**

1 2 3　　　　　　　　　　　　　　　3

问题分析：

3 个整数 a、b、c 求最大值不像两个整数 a、b 求最大值那么容易判断。为了方便，可以定义一个最大值变量 max，用于存放在比较过程中产生的最大值。可以先认为 a 是最大值，即 max 初始化为 a，然后 max 依次与 b、c 比较，如果 b 比 max 大，则 max 由 b 取代，否则 max 保持不变，这时 max 里的值是 a 和 b 的最大值，最后 max 再与 c 比较，如果 c 比 max 还大，则 max 就有 c 取代，否则 max 保持不变。使用这种思想，可以求更多整数的最大值。这个比较判断取代的过程就像打擂台一样，胜者占据擂台，最后留在擂台之上的就是最终获胜者。

算法设计:

① 输入三个整数 a、b、c。
② 最大值 max 初始化为 a。
③ 如果 max<b,则 max=b。
④ 如果 max<c,则 max=c。
⑤ 输出最大值 max。

程序实现:

```
#001  #include<stdio.h>
#002  int main(void){
#004      int a,b,c,max;
#005      scanf("%d%d%d",&a,&b,&c);
#006      max=a;
#007      if(max<b)
#008          max=b;
#009      if(max<c)
#010          max=c;
#011      printf("%d\n",max);
#012      return 0;
#013  }
```

3.10 三个整数排序

问题描述:

键盘输入 3 个整数,把它们按照从小到大的顺序打印出来。

输入样例: 输出样例:

3 1 2   1 2 3

问题分析:

这个问题包含几个子问题,第一个就是要求出最小值,并且要知道 3 个数 a、b、c 中哪个是最小值,然后在剩下的 2 个数中再求最小值,同样要知道哪个不是最小值。如果采用前面 3 个数求最小值的方法,求完之后也不知道哪个最小,哪些是剩下的数。我们采用一种交换的思想,交换之后让 a 中的值最小,让 b 中的值次小,c 中自然就是最大值了。a 与 b 比较如果 b 比 a 小,a 就与 b 交换,a 中是 a 与 b 中较小的,然后 a 与 c 比较,如果 c 比 a 小,a 与 c 交换,这样下来 a 中就是最小的了。同理 b 与 c 比较,如果 c 比 b 小,c 与 b 交换。经过这样的比较交换之后,a、b、c 中的值就是从小到大了。最后依次打印出来即可。

算法设计:

① 输入 3 个整数到 a、b、c 中。
② 如果 a>b,则 a 与 b 交换。
③ 如果 a>c,则 a 与 c 交换。
④ 如果 b>c,则 b 与 c 交换。
⑤ 输出 a、b、c。

程序实现：

```
#001 #include<stdio.h>
#002 int main(void){
#004     int a,b,c,tmp;
#005     scanf("%d%d%d",&a,&b,&c);
#006     if(a>b){
#008         tmp=a; a=b; b=tmp;
#009     }
#010     if(a>c){
#012         tmp=a; a=c; c=tmp;
#013     }
#014     if(b>c){
#016         tmp=b; b=c; c=tmp;
#017     }
#018     printf("%d %d %d\n",a,b,c);
#019     return 0;
#020 }
```

4 循环程序设计

4.1 求 10 个整数的最大值和最小值

问题描述：

键盘输入 10 个整数，求它们的最大值和最小值，输出计算结果。

输入样例：   **输出样例：**

1 2 3 4 5 6 7 8 9 10   1 10

问题分析：

此问题是求键盘输入的 10 个整数的最大最下值，是不是一定要用 10 个变量去读这些数据呢？仔细分析一下发现，我们求最大最小值的过程是一个一个数据处理的，不是 10 个数据一起处理，因此用一个变量去读数据，读一次处理一次，循环 10 次，最后就可以求得 10 个数据的最大值和最小值了。这里问题求解的关键是运用循环重复的思想。

算法设计：

① 先输入一个整数 a。
② 最大值 max 和最小值 min 均初始化为 a，计数器 i 初始化为 1。
③ 如果 i≤9 则进入循环执行④，否则转⑧。
④ 输入一个整数 a。
⑤ 如果 a＞max 则 max＝a。
⑥ 如果 a＜min 则 min＝a。
⑦ 回到③。
⑧ 输出结果。

程序实现：

```
#001 #include<stdio.h>
#002 int main(void){
#004     int i=1, a, max, min;
#005     scanf("%d", &a);
#006     max=a;
#007     min=a;
#008     while(i<=9){
#010         scanf("%d", &a);
#011         if(max<a)
#012             max=a;
#013         if(min>a)
#014             min=a;
#015         i=i+1;
#016     }
#017     printf("%d %d\n",max,min);
#018     return 0;
#019 }
```

注意：程序中虽然有两个 scanf 语句，第二个 scanf 语句甚至重复 9 次，但总计是去键盘输入缓冲区读 10 次数据，与键盘输入的时候怎么输入没关系。可以一行连续输入 10 个数据之后回车确认，也可以分成几行输入。键盘输入的数据都进入了输入缓冲区，scanf 语句中的变量是按顺序依次读取的。

max 和 min 的初始值也可以不用第一个数据，而是用一个与实际数据相差甚远的数据，如最大值 max=−99999，min=99999，然后使用这个初始值跟实际数据逐个相比。

4.2 求任意多个整数的最大值和最小值

问题描述：

键盘输入若干个正整数，求它们的最大值和最小值，输出计算结果。如果直接输入了 −1，则没有输出。

输入样例：   **输出样例：**

1 2 3 4 5 6 7 8 9 10 −1   1 10

问题分析：

这个问题事先不确定用户将求多少个正整数的最大值和最小值，可以是任意多个。因此不能采用计数器控制循环，应该使用特殊的标记 −1 作为数据结束的标记，除此之外与整数个数固定的数据求最大最小值的方法相同。值得注意的是，允许用户第一次就输入 −1，即没有任何数据求最大最小值。

算法设计：

① 输入一个整数 a。
② 如果 a==−1，程序结束。
③ 最大值 max，最小值 min 均初始化为 a。

④ 输入一个整数a。
⑤ 如果a!=-1,执行⑥否则转⑩。
⑥ 如果a>max,则max=a。
⑦ 如果a<max,则min=a。
⑧ 输入一个整数a。
⑨ 重复执行⑤。
⑩ 输出结果。

程序实现：

```
#001 #include<stdio.h>
#002 #include<stdlib.h>
#003 int main(void){
#005    int a,max,min;
#006    scanf("%d",&a);          //为了初始化
#007    if(a==-1)
#008       exit(0);
#009    max=a;
#010    min=a;
#011    scanf("%d",&a);          //第二个正整数
#012    while(a!=-1){
#014       if(max<a)
#015          max=a;
#016       if(min>a)
#017          min=a;
#018       scanf("%d",&a);       //第三个以后
#019    }
#020    printf("%d %d\n",max,min);
#021    return 0;
#022 }
```

注意：这里有三处scanf语句,第一处是为max和min初始化服务的,第二处和第三处是标记控制的循环的典型结构,第二处为第一次循环服务的,第三处为循环的其他次服务。如果只在两处使用scanf是否可以? 即删除#018行,把#011行移入循环中,放在if之前。
如果取特殊值如-99999和99999初始化max和min,第一个scanf就可以省略了。

4.3 求奇数自然数之和

问题描述：
键盘输入一个自然数,求不超过它的奇数自然数之和。

输入样例：   **输出样例**：

100   2500

问题分析：
例如输入的是100,100以内的奇数是1,3,5,…,99,是从1开始,步长或增量为2的一

个序列求和,这个求和是一个重复累加的过程,终止条件是当前的被加数不超过 100。

算法设计:

① 求和变量或称累加器 s 初始化为 0。
② 循环控制变量 i 初始化为 1。
③ 键盘输入一个自然数 n。
④ 如果 i 不超过 n,执行⑤,否则执行⑧。
⑤ 把 i 累加到 s 中。
⑥ i 增加一个步长 2。
⑦ 重复步骤④~⑥。
⑧ 输出求和结果。

程序实现:

```
#001  #include<stdio.h>
#002  int main(void){
#004      int i,n,s=0;
#005      scanf("%d",&n);
#005      for(i=1;i<=n;i+=2)
#006          s+=i;
#007      printf("%d\n",s);
#008      return 0;
#009  }
```

4.4 计算 a+aa+aaa+…的值

问题描述:

计算 a+aa+aaa+…+ aaa…aa(n 个 a)的值,其中 a 和 n 由键盘输入。提示:通项 term=term * 10+a,term 初值为 0。

样例输入: 样例输出:

2 3   246

问题分析:

这是一个 n 项求和问题,每一项 term 用一个迭代公式求得,即 term 初始值为 0,接下来每项的值都是前一个 term 的 10 倍再加上 a。a 和 n 的大小由用户运行程序时输入。

算法设计:

① 输入 a 和 n。
② 初始化 term 为 0,累加和 s=0。
③ 循环控制变量 i=1。
④ 如果 i≤n,迭代累加 term=term * 10+a。
⑤ s+=term。
⑥ i++。
⑦ 重复步骤④~⑥。
⑧ 输出累加结果 s。

程序实现：

```
#001 #include<stdio.h>
#002 int main(void){
#004     int a,n,i,s=0,term=0;
#005     scanf("%d%d",&a,&n);
#006     for(i=1;i<=n;i++){
#008         term=term*10+a;
#009         s+=term;
#010     }
#011     printf("%d\n",s);
#012     return 0;
#013 }
```

4.5　求任意多个正整数之和

问题描述：

键盘输入一组正整数求它们的和，并统计它们的个数。

输入样例：　　　　　　　　　输出样例：

1 6 3 -1　　　　　　　　　　10 3

问题分析：

键盘输入的正整数个数不限，根据输入样例的格式要求可以知道，最后以 -1 作为结束标记。这个问题是一个重复累加和计数的过程，因此需要定义一个累加器和一个计数器，它们都要初始化为 0。

算法设计：

① 计数器 n 和累加器 s 初始化为 0。
② 键盘输入正整数或 -1，存入整型变量 x。
③ 如果 x 不是 -1 则执行④，否则执行⑦。
④ 计数器 n 加 1。
⑤ 把输入的 x 累加到累加器 s 中。
⑥ 重复执行②。
⑦ 输出结果。

程序实现：

```
#001 #include<stdio.h>
#002 int main(void){
#004     int x,n=0,s=0;
#005     scanf("%d",&x);
#007     while(x!=-1){
#008         n++;
#009         s+=x;
#010         scanf("%d",&x);
#011     }
```

```
#012        printf("%d %d\n",s,n);
#015        return 0;
#017 }
```

4.6 近似计算

问题描述：

计算 $1-1/2+1/3-1/4+\cdots$ 的值,计算的精度由用户确定。结果输出统一格式为 %6.4f。提示：可以用 sign＝－sign 改变符号,但要注意 sign 的初始化。

输入样例：　　　　　　　　　**输出样例：**

0.0001　　　　　　　　　　　　0.6931

问题分析：

这是一个无穷序列累加求和问题,序列的每一项越来越小,当累加到一定程度时累加项对整个累加求和的贡献越来越小,但结果的精度越来越高。如果给定求和结果的精度,当累加到某一项之后累加项就不起作用了。注意,这个无穷序列的项是自然数的倒数,相邻两项的正负不同,因此需要使用一个可以改变项的符号的变量 sign。相邻两次求和的误差刚好就是序列的通项 $1/i$ ($i=1,2,\cdots$)。还要注意 C 语言中两个整数相除结果仍为整数,所以在整数范围内,当 $i>1$ 时,$1/i$ 始终为 0。但我们要累加的 $1/i$ 不是 0,是一个纯小数。为了避免 $1/i$ 得 0 的现象发生,要写成 1.0/i,或者(float)1/i。

算法设计：

① 累加器 s 初始化 0,符号变量 sign 初始化为 1,循环控制变量 i 初始化为 1。
② 输入计算精度 eps。
③ 序列项 term＝1/i。
④ 如果 term 大于给定的误差 eps,则执行⑤,否则转⑩。
⑤ 累加 s＝s＋sign * term。
⑥ i＋＋。
⑦ sign＝－sign。
⑧ 计算相邻序列项之差的绝对值 term＝1/i。
⑨ 重复执行步骤④～⑧。
⑩ 输出计算结果。

程序实现：

```
#001 #include<stdio.h>
#002 int main(void){
#004     float eps,term,s=0,sign=1;
#005     int i=1;
#006     scanf("%f",&eps);
#007     term=1/i;
#008     while(term>=eps){
#010         s=s+sign*term;
#011         sign=-sign;
```

```
#012            i++;
#013            term=1.0/i;
#014        }
#015        printf("%6.4f\n",s);
#016        return 0;
#017    }
```

4.7 打印上三角的 99 乘法表

问题描述：

打印一个倒置的 99 乘法表，并配有行号(1~9)和列号(1~9)，在左上角第 0 行 0 列的位置显示一个 * 号，在第二行显示减号一号，99 乘法表的内容只显示两个数相乘计算的结果，这样通过查找行号列号交叉的位置就知道行乘列的结果。

输入样例：　　　　　　　　**输出样例：**

无

*	1	2	3	4	5	6	7	8	9
-	-	-	-	-	-	-	-	-	-
1	1	2	3	4	5	6	7	8	9
2		4	6	8	10	12	14	16	18
3			9	12	15	18	21	24	27
4				16	20	24	28	32	36
5					25	30	35	40	45
6						36	42	48	54
7							49	56	63
8								64	72
9									81

问题分析：

这个问题的求解要特别注意输出格式，计算结果的每栏宽度是 4，右对齐，第二行的字符是减号，最左列的 1,2,3,4,5,6,7,8,9 是字符，它们都占一个位置。

另外要注意，第一行是 1×1,1×2,… 1×9，第二行是 2×2,2×3,… 2×9，以此类推，最后一行是 9×9。这样的行列二维表格要使用双重循环。

算法设计：

① 输出第一行的 * 号和 1~9 的数字，右对齐，宽度为 4。

② 输出第二行的一号格式为"—"。

③ 循环控制变量 i=1。

④ 如果 i<10 则执行⑤，否则执行⑩，程序结束。

⑤ 输出数字 i，默认一位数字的宽度 1。

⑥ 输出左下角的空格，四个空格为一组，第 i 行，i−1 组。

⑦ 内循环控制变量 j=i 开始，j<10，右对齐、宽度为 4 重复输出 i*j 的值，即第 i 行的乘法表。

⑧ i++。

⑨ 重复执行步骤④~⑧。

⑩ 程序结束。
程序实现:

```
#001  #include<stdio.h>
#002  int main(void){
#004     int i,j;
#005     printf(" * ");
#006     for(j=1;j<=9;j++)
#007        printf("%4d",j);
#008     printf("\n");
#009     for(j=1;j<=10;j++)
#010        printf("-   ");
#011     printf("\n");
#012     for(i=1;i<=9; i++){
#013        printf("%d",i);
#014        for(j=1;j<i;j++)
#015           printf("    ");
#016        for(j=i;j<10; j++)
#017           printf("%4d",i*j);
#018        printf("\n");
#019     }
#020     return 0;
#021  }
```

4.8 打印菱形图案

问题描述:

用 * 号打印一个方菱形图案,要求两个 * 号之间有一个空格,行数(旋转之后的正方形边长)由用户确定,如果输入了 6,则菱形的上下部分是 5 行,总行数是 11,列数与行数相同。

输入样例: **输出样例:**

6

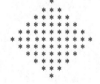

问题分析:

边长为 n 的方菱形图案与端正的正方形相比不是很规则,但它也有比较规则的部分,可以把它分解成两个三角形,上三角形 n 行,下三角形 n-1 行,上三角形的列数是 2*i+1 列(i 从 0 到 n-1),下三角形的列数也是 2*i-1(i=n-1 到 1),每个三角形的左侧是空格区,上三角形左侧的空格区是直角三角形,n 行 n-i-1 列(i=0 到 n-1),下三角形左侧的空格区是直角三角形,n-1 行 n-i(i=n-1 到 1)。注意每个 " * " 实际是 " * ",每个空格实际是双空格,即每列实际是双列。

算法设计:

① 输入一个方菱形的边长 n。

② 如果 n<1 退出程序,否则顺序执行步骤③。
③ 输出上半部分(i=0~n-1)。
④ 循环输出 n 行 n-i-1 列的空格。
⑤ 循环输出 n 行 2*i+1 列的三角形。
⑥ 输出下三角形(i=n-1~1)。
⑦ 循环输出 n-1 行 n-i 列的空格。
⑧ 循环输出 n-1 行 2*i-1 列的三角形。

程序实现:

```
#001  #include<stdio.h>
#002  #include<stdlib.h>
#003  int main(void){
#005      int i,j,n;
#006      scanf("%d",&n);
#007      if(n<1)   exit(1);
#008      for(i=0; i<n; i++){
#009          for(j=n-1-i; j>0; j--)
#010              printf(" ");
#011          for(j=0; j<2*i+1; j++)
#012              printf("* ");
#013          printf("\n");
#014      }
#015      for(i=n-1; i>0; i--){
#016          for(j=n-1-i; j>=0; j--)
#017              printf(" ");
#018          for(j=0; j<2*i-1; j++)
#019              printf("* ");
#020          printf("\n");
#021      }
#022      return 0;
#023  }
```

4.9 求最大公约数

问题描述:

用辗转相除法求两个正整数的最大公约数。

输入样例:　　　　　　　　　　　　　**输出样例:**

4 6　　　　　　　　　　　　　　　　　2

问题分析:

这个问题的关键是要了解辗转相除法的过程。设输入的两个整数为 a 和 b,a 和 b 不能为零,辗转相除法是一个循环重复的过程:如果 a%b 不等于零,则用除数做被除数,用余数做除数继续求余,直到余数为 0 为止。在这个循环过程中,被除数和除数与余数辗转变化,停止循环时的除数就是两个数的最大公约数。

算法设计：
① 输入两个整数 a、b。
② 如果 a 或 b 小于等于零，结束程序，否则③。
③ 求余数 r＝a％b。
④ 如果 r 不是 0，则 b 作为 a，r 作为 b，重复③，否则转⑤。
⑤ 输出结果 b，b 就是最终的最大公约数结果。

程序实现：

```
#001  #include<stdio.h>
#002  int main(void){
#004      int a,b,r,maxCommonDivisor;
#005      scanf("%d%d",&a,&b);
#006      if(a<=0||b<=0) exit(0);
#007      r=a%b;
#008      while(r!=0){
#010          a=b;  b=r;   r=a%b;
#013      }
#014      maxCommonDivisor=b;
#015      printf("%d\n",maxCommonDivisor);
#016      return 0;
#017  }
```

4.10 求水仙花数

问题描述：

如果一个三位整数刚好等于它各位数字的立方之和，则把它称为水仙花数。输出所有的三位水仙花数。

输入样例：	输出样例：
无	153 370 371 407

问题分析：

如果要处理的是一个三位整数，在前面的题目当中我们已经采用求余运算和整数除法运算相结合的方法把每一位分离出来。这个问题要处理的整数是所有三位整数，所有可能的三位整数都要一一过滤，验证它们是否满足水仙花数的条件。如何遍历所有可能的三位整数呢？不管是哪个三位整数，百位上可能的数字范围应该是 1～9，十位和个位上可能的数字范围都是 0～9。这样我们就可以把各位所有可能的组合用三重循环(i, j, k)一一遍历出来，这种方法称为穷举法，每个组合的结果 n＝i∗100＋j∗10＋k 用水仙花数的条件进行检验，如果符合条件则输出对应的三位整数。最外层循环控制变量是 1～9，内两层的循环控制变量从 0～9。

算法设计：
① 外层循环控制变量 i 从 1 开始。

② 如果 i<10,则转③,否则程序结束。
③ 进入第二层循环,循环控制变量 j 从 0 开始。
④ 如果 j<10,则转⑤,否则转⑩。
⑤ 进入最里层循环,循环控制变量 k 从 0 开始。
⑥ 如果 k<10,则转⑦否则转⑨。
⑦ 验证 n=(i*100+j*10+k)是否等于(i*i*i)+(j*j*j)+(k*k*k),如果相等,则输出 n。
⑧ k++,重复执行⑥。
⑨ j++,重复执行④。
⑩ i++,重复执行②。

程序实现:

```
#001  #include<stdio.h>
#002  int main(void){
#004      int i,j,k,n;
#005      for(i=1;i<10;i++)
#006          for(j=0;j<10;j++)
#007              for(k=0;k<10;k++){
#008                  n=i*100+j*10+k;
#009                  if(n==((i*i*i)+(j*j*j)+(k*k*k)))
#010                      printf("%d",n);
#011              }
#012      printf("\n");
#013      return 0;
#014  }
```

4.11 求 π 的近似值

问题描述:

圆周率的值可以由下式确定,试求圆周率的近似值。

$$\frac{\pi}{2} = \frac{2}{1} \times \frac{2}{3} \times \frac{4}{3} \times \frac{4}{5} \times \frac{6}{5} \times \frac{6}{7} \times \cdots$$

输入样例: **输出样例:**

1e-15   i=42441302 pi=3.1415926

问题分析:

圆周率的近似计算公式是一个累乘的形式,仔细观察乘积序列容易发现,累乘项可取两个相邻乘数的乘积,即 term=(i*i)/((i-1)*(i+1)),i 从 2 开始,步长是 2。对于给定的误差精度 eps,通过计算两次相邻累乘结果之差判断累乘的结果是否达到该精度。为此令 pi1 和 pi2 是相邻累乘的结果,pi1 初始化为 1,pi2=pi1*term。令 p2i-pi1 为误差 w,判断 w 是否大于 eps。误差 w 的初始值可设为一个比较大的数,这样计算必然进入循环。循环中循环计算 pi2,求 w,再为下一次循环准备新的 i 值和 pi1。

算法设计：
① 初始化累乘结果 pi1=1,初始误差 w=1,i 初始为 2。
② 输入误差精度 eps。
③ 如果|w|＞eps,则转④否则转⑧。
④ 计算 term,计算 pi2。
⑤ 计算误差 w=pi2-pi1。
⑥ i 加 2,pi1=pi2。
⑦ 重复执行步骤③～⑥。
⑧ 输出 i－2 和 2*pi1。

程序实现：

```
#001 #include<stdio.h>
#002 #include<math.h>
#003 int main(void){
#005     int i=2;
#006     double eps,pi1=1.0,pi2,w=1,term;
#007     scanf("%lf",&eps);
#008     while(fabs(w)>eps){
#009         term=((double)i * (double)i)/(((double)i-1) * ((double)i+1));
#010         pi2=pi1*term;
#011         w=pi2-pi1;
#012         i+=2;
#013         pi1=pi2;
#014     }
#015     printf("i=%d pi=%.7f\n",i-2,pi1 * 2.0);
#016     return 0;
#017 }
```

注意：#005 行的变量 i 是整型,#009 行的 i 必须逐个强制类型转换,如果只是(double) (i*i)/((i-1)*(i+1)),则 i*i 很快就会溢出,致使 term 计算失败。也可以把 i 定义成 double,#009 行的计算就可以不用类型转换,输出结果中 i 值的格式可设为%.0f。

4.12 列出完数

问题描述：

一个数如果恰好等于它的真因子(自身除外)之和,则称其为完数。编写程序求出某个整数以内的所有完数。

输入样例：

1000

输出样例：

6,its factors are 1 2 3
28,its factors are 1 2 4 7 14
496,its factors are 1 2 4 8 16 31 62 124 248

问题分析：

一个数 m 是否等于它的因子之和，只要把它的因子逐个求出累加即可知道，这个过程是一个重复的过程。即从 i＝1 到 m－1 逐个检查 m％i 是否等于 0，如果等于 0，则 m 能被 i 整除，这时就把 i 累加到 s 中，即 s＝s＋i；否则不累加。

如果累加的结果与 m 相同，则 m 就是完数。按照输出样例的要求，不仅要把每个完数打印出来，还要打印出它的因子。因为判断是否是完数的过程中因子并没有保存，所以打印因子时还要重新判断，再次使用一个循环把完数的因子计算出来并打印。

问题要求的不是一个完数，是某个数 n 以内的所有完数。因此在外层还有一个循环。按照完数的定义，1 显然不是完数，因此可以从 2 开始到 n 为止逐个判断是否是完数。

算法设计：

① s 初始化为 0。
② 键盘输入一个自然数 n。
③ 对 m＝2 到 n，检测 m 是否是完数（外循环）。
(a) 对于 i＝1 到 m－1 检测 m％i 是否等于 0（内循环）。
if m％i＝＝0，则 s＋＝i。
(b) if s＝＝m，则输出完数 m。
if s＝＝m，则同时输出所有因子，即对于 i＝1 到 m－1 检测 m％i 是否等于 0（内循环）。
if m％i＝＝0，则输出 i。

程序实现：

```
#001 #include<stdio.h>
#002 int main(void){
#004     int m,n,s,i;
#005     scanf("%d",&n);
#006     for(m=2;m<=n;m++){
#008         s=0;
#009         for(i=1;i<m;i++){
#011             if(m%i==0) s=s+i;  //因子累加
#012         }
#013         if(s==m) {
#014             printf("%d,its factors are ",m); //完数打印
#015             for(i=1;i<m;i++)
#016                 if(m%i==0) printf("%d ",i); //因子打印
#017             printf("\n");
#018         }
#019     }
#021     return 0;
#022 }
```

4.13 猴子吃桃问题

问题描述：

猴子第 1 天摘下若干个桃子，当即吃了一半，还不过瘾，又多吃了一个。第 2 天又将剩

下的桃子吃了一半多一个。以后每天都这样吃桃子,但到第 10 天想再吃就只剩下一个桃子了。写一个程序求第一天共摘了多少桃子。

输入样例:　　　　　　　　　　输出样例:

无　　　　　　　　　　　　　　1534

问题分析:

第 10 天猴子的桃子数是 1,第 9 天应该是第 10 天的+1 的 2 倍,第 8 天应该是第 9 天的+1 的 2 倍,以此类推,直到第 1 天的计算出来为止。这个过程是一个循环迭代的过程,循环的次数是 9,如果设 x 是第 9 天的数量,y 表示第 10 天的数量,则 x=(y+1)*2,变更 y=x 反复计算 x 到第 1 天为止。

算法设计:

① 天数 day=9,桃子数 y=1。
② 如果 day>=1,则转③,否则转⑥。
③ 第 day 天的桃子数 x=(y+1)*2。
④ y=x。
⑤ day 减 1,回到②。
⑥ 输出结果。

程序实现:

```
#001  #include<stdio.h>
#002  int main(void){
#004      int day,x,y;
#005      day=9;
#006      y=1;
#007      while(day>0){
#009          x=(y+1) * 2;
#010          y=x;
#011          day--;
#012      }
#013      printf("%d\n",x);
#014      return 0;
#015  }
```

5　模块化程序设计

5.1　求和函数

问题描述:

定义一个求和函数 sum,它的功能是计算任意给定的正整数 n 以内(含该整数)的自然数之和,并测试它。

输入样例：

100

输出样例：

5050

问题分析：

C 语言是函数式语言，C/C++ 应用程序就是从一个特殊的 main 函数开始执行的，在执行过程中又可以调用其他各种各样的函数。除了 C 语言标准库中提供的相当丰富的函数之外（如我们已经用过的输入输出函数 scanf 和 printf），C 语言还允许用户自定义函数，以完成某个特定的任务或模块。本问题就是要我们定义一个求和函数，对任意给定的正整数 n 求小于等于它的自然数之和。

自定义的函数有三件事要搞清楚：一是函数怎么定义，二是函数原型有什么作用，三是函数怎么调用。关于函数定义又有三个要点：函数的返回值是什么类型？函数的参数有哪些，都是什么类型的？函数名字是什么，有什么功能？接下来就是函数体的实现了，函数体的代码跟直接在 main 函数里实现基本一样，但是也有其独特的地方。在 main 中实现的时候，一般是先输入数据，再具体计算实现，然后输出数据等。同样的功能作为一个函数实现时，输入一般是通过参数传递获得，输出是通过返回值实现的。（输出也可以通过参数"带回"，见 7.7 节和 7.8 节的数组和指针作为函数的参数）。当然函数也可以没有返回值，甚至没有参数，有的函数就是一个输出函数，专门把数据显示到屏幕上。函数的体就是体现某一功能的具体实现代码，这个代码一定要围绕着要实现的功能来写，不需要多余的内容。

本问题的函数原型是"int sum(int n);"，这意味着我们定义的函数 sum 需要一个参数，函数的调用结果返回一个整数，它是 n 以内的自然数之和。在函数体内只需实现怎么求和即可，求和的结果不需要打印输出，通过返回值给调用者接收即可。

一个函数必须经过测试才知道它正确与否，也就是要实际用一下。不一定真的有实际需要调用它的问题，但我们可以给它创造一个运行环境，让它运行，这个运行环境就是含有 main 函数的主程序，在主程序中为你的函数准备实际参数，然后调用它，把调用的结果输出出来。

sum 函数算法设计：有一个整型参数 n，返回整型的求和结果。

① 累加器 s 初始化为 0，循环控制变量 i＝1。
② 如果 i＜＝n，则转④，否则转⑤。
③ 累加 s＝s＋i。
④ i＋＋，重复步骤②～④。
⑤ 返回 s。

函数测试程序：

```
#001 #include<stdio.h>
#002 int sum(int n);              //求和函数原型
#003 int main(void){
#005     int n,s;
#006     scanf("%d",&n);
#007     s=sum(n);                //求和函数调用
#008     printf("%d\n",s);
#009 }
```

```
#011    int sum(int n) {              //求和函数定义
#013        int i,s=0;
#014        for(i=1;i<=n;i++)
#015            s+=i;
#016        return s;
#017    }
```

注意 1：在 main 中#007 行调用 sum 函数之前一定要先定义，#011～#017 行的函数定义本应该放在 main 函数之前，但是为了避免函数多的时候头重脚轻，习惯上都把函数定义放在 main 之后(后面我们还会看到，也可以单独放在其他文件当中)。main 函数怎么知道 sum 函数的定义放在了后面呢？它是通过放在前面的 sum 函数的原型知道的，原型告诉编译器有一个什么样的函数是在 main 后面定义，编译器在链接的时候就会找到它。

注意 2：#007 行的实参 n 和#011 行的形参 n 是可以同名的，实参和形参位于不同的函数之内，它们之间有一个传递；#005 行的 s 和#013 行的 s 是同名的，但它们是不同函数的局部变量，互不影响。

注意 3：在求和函数定义中不能掺杂与求和无关的代码，比如输入和输出等。

5.2 阶乘计算函数

问题描述：

定义一个函数 product，它的功能是计算任意给定的小于 20 的正整数 n 以内(含该整数)的自然数之积。写出 product 函数的原型，并测试它。

输入样例：   输出样例：

5   120

问题分析：

首先确定函数的原型或函数的头。函数 product 应该有一个整型参数 n，确定要计算什么数的阶乘。函数应该有返回值，返回阶乘的结果。阶乘计算是一个累乘计算，累乘的积是迅速增长的，很容易超出数据类型的允许范围。如 g++ 编译的 int 和 long int 都是四个字节的，这时最大的整数是 $2^{31}-1$，即 2 147 483 647,16! 就是 2 004 289 184,17! 就产生了溢出。因此为了能计算更大一定的阶乘，函数的返回类型可以使用 long long int 类型或者 unsigned long long。即使是这样阶乘计算也是很快就会溢出的，因此限定计算 20 以内的阶乘。如果想算更大的阶乘，可以用 double 类型作为函数返回值类型或其他方法。

product 函数算法设计：有一个整型参数 n，返回整型的阶乘结果，具体如下。

① 阶乘结果 p 初始化为 1，循环变量 i 初始化为 1。
② 如果 i<=n，则进入循环③，否则转⑥。
③ p=p*i。
④ i++；。
⑤ 重复执行步骤②～④。
⑥ 返回 p。

函数测试程序：

```
#001 #include<stdio.h>
#002 unsigned long long product(int n);        //阶乘函数原型
#003 int main(void) {
#005     int i,n;
#006     unsigned long long result;
#007     scanf("%d",&n);
#008     result=product(n);                     //阶乘函数调用
#009     printf("%llu\n",result);
#010 }
#012 unsigned long long product(int n)         //阶乘函数定义
#013 {
#014     unsigned long long p=1;
#015     int i;
#016     for(i=1;i<=n;i++)
#017         p*=i;
#018     return p;
#019 }
```

注意：unsigned long long 的输出格式是%llu。

5.3　温度转换函数

问题描述：

编写一个函数 f2c，它把华氏温度转化为摄氏温度，转换公式是 $C=(5/9)(F-32)$，写出函数原型并测试之。

输入样例：　　　　　　　　　　**输出样例：**

41　　　　　　　　　　　　　　　5

问题分析：

关于温度转换问题已经在程序设计入门当中讨论过，当时是在 main 函数中实现的。现在问题要求我们自定义一个函数 f2c，专门用作把华氏温度转化为摄氏温度。定义好 f2c 函数之后，我们就多了一个工具，随时都可以使用它。同样要先确定函数的原型或头，从输入输出样例可以看出，这里只考虑整数温度的转换，因此函数的原型应该为 "int f2c(int f);"。函数体的具体实现就是一个简单计算公式，比较容易实现，只有注意到 5/9 在整数范围内会是零的事实，把公式适当变形为 $5*(F-32)/9$ 即可。

f2c 函数算法设计：有一个整型参数 f，返回整型的转换结果。

① 对于通过参数给定的华氏温度 f，计算它的摄氏温度 $c=5*(f-32)/9$。

② 返回计算结果 c。

函数测试程序：

```
#001 #include<stdio.h>
#002 int f2c(int f);                            //温度转换函数原型
#003 int main(void){
```

```
#005    int f;
#006    scanf("%d",&f);
#007    printf("%d\n",f2c(f));      //温度转换函数调用
#008    return 0;
#009 }
#010 int f2c(int f) {                //温度转换函数定义
#012    int c;
#013    c=5*(f-32)/9;
#014    return c;
#015 }
```

5.4 数字字符判断函数

问题描述：

编写一个函数 isDigit，判断输入的一个字符是否是数字字符，并测试之。

输入样例 1：   输入样例 2：

1   a

输出样例 1：   输出样例 2：

1   0

问题分析：

经常有判断"什么是什么"的问题，这类问题的结果有两种可能：或者为真，或者为假。这类问题可以通过一个函数来描述，这种函数常常用 is 开始命名，如 isDigit、isEven 等，它的返回值类型可以使用 bool 类型，它是 g++ 编译器默认的。如果用 gcc 编译器，可以使用默认的类型 _Bool，当然也可以用 bool 类型，但要包含 stdbool.h(其中还有表示逻辑真和假的宏常量 true 和 false)。对于 .c 源程序，也可以向下面这样自定义一个整型类型 int 的别名 bool，自定义宏常量 true 和 false，这样就不用嵌入任何头文件了。

```
#define bool int
#define true 1
#define false 0
```

isDigit 函数算法设计：有一个字符参数，返回一个逻辑值。

① 判断给定的字符参数 c 是否介于'0'和'9'之间。

② 如果是，则返回 true。

③ 否则返回 false。

函数测试程序：

```
#001 #include<stdio.h>
#002 #include<stdbool.h>         //for bool,true,false
#003 bool isDigit(char c);       //数字判断函数原型
#004 int main(void){
#006    char t;
```

```
#007        t=getchar();
#008        if(isDigit(t))              //数字判断函数调用
#009            printf("1\n");
#010        else
#011            printf("0\n");
#012        return 0;
#013    }
#014    bool isDigit(char c) {           //数字判断函数定义
#016        if(c>='0' && c<='9')
#017            return true;
#018        else
#019            return false;
#020    }
```

5.5 判断两个实数是否相等的函数

问题描述：

写一个函数 approximatelyEqual,判断 x,y 是否近似相等,是返回 1,否返回 0。这里近似相等的判断条件是 |x－y|/min(|x|,|y|)＜eps,其中 min(|x|,|y|)是|x|与|y|的较小者,要求写一个求两个数的较小者的函数 min,然后在 approximatelyEqualeps 中调用 min 函数求|x|和|y|的较小值。eps 是控制 x、y 近似相等的精度,由用户运行时指定并通过参数传递给判断函数。

输入样例 1： **输入样例 2**

0.00002 0.00002001 0.001 0.00002 0.00003 0.001

输出样例 1： **输出样例 2**

1 0

问题分析：

这个问题要求定义两个函数：一个函数是 approximatelyEqual,根据题意可以确定它的原型为：" bool approximatelyEqual(double x, double y, double eps); ";在这个函数的定义代码中要用到一个 min 函数,它能求两个数当中的较小者,其原型为"double min(double x,double y);"。求一个数的绝对值使用 C 语言标准库中的 fabs 函数,求|x|就是以 x 为参数调用函数 fabs,即 fabs(x),使用 fabs 函数要包含头文件 math.h。

approximatelyEqual 函数算法设计：参数为 double 类型的 x,y 和 eps,返回一个逻辑值。

① 如果|x－y|/min(|x|,|y|)＜eps,则返回 true。

② 否则返回 false。

min 函数算法设计：参数为 double 类型的 x、y,返回一个 double 型的结果。

① 如果 x＜y,则返回 x。

② 否则返回 y。

函数测试程序：

```
#001 #include<stdio.h>
#002 #include<stdbool.h>
#003 #include<math.h>
#005 bool approximatelyEqual(double x, double y, double eps);
#006 double min(double x, double y);
#008 int main(void){
#010     double a,b,eps;
#011     scanf("%lf%lf%lf",&a,&b,&eps);
#012     if(approximatelyEqual(a,b,eps))        //实数相等判断函数调用
#013         printf("1\n");
#014     else
#015         printf("0\n");
#016     return 0;
#017 }
#018 //实数相等判断函数定义
#019 bool approximatelyEqual(double x, double y, double eps){
#021     if ((fabs(x-y)/min(fabs(x),(y)))<eps )   //最小值函数调用
#022         return true;
#023     else
#024         return false;
#025 }
#026 //最小值函数定义
#027 double min(double x, double y){
#029     return (x<y)? x:y;
#030 }
```

5.6 自定义的输出格式函数

问题描述：

定义一个函数 myFormat，当它被调用一次时就输出一个空格，但当它被调用到第 10 次时却输出一个回车换行。此函数无参数，无返回值。用打印 1 个 5 行 10 列的用 * 号组成的矩形图案测试之，即每打印一个 * 号调用一次 myFormat 函数，每行结尾时也调用 myFormat 但输出的是回车换行。提示：用静态局部变量计数的结果作为判断打印空格还是回车的依据。

输入样例：

无

输出样例：

```
* * * * * * * * * *
* * * * * * * * * *
* * * * * * * * * *
* * * * * * * * * *
* * * * * * * * * *
```

问题分析:

myFormat 的功能是输出' '或'\n',输出哪一个字符由它是否被调用到了第 10 次决定的。怎么样知道自己被调用了多少次呢?用一个局部静态变量作为计数器就可以起到统计自己被调用多少次的作用。根据题目的要求,每打印一个星号 * 就调用一次 myFormat,这样就可以打印出需要的图案了。

myFormat 函数算法设计:无参数,无返回值。

① 静态变量 k 初始化为 0。

② k++。

③ 如果 k%10 等于 0,则打印回车符,否则打印空格。

函数测试程序:

```
#001  #include<stdio.h>
#002
#003  void myFormat();            //自定义输出格式函数原型
#004
#005  int main(void){
#006
#007      int i,j;
#008      for(i=0;i<5;i++)
#009          for(j=0;j<10;j++){
#010
#011              printf("*");
#012              myFormat();      //自定义输出格式函数调用
#013          }
#014      return 0;
#015  }
#016  void myFormat(){             //自定义输出格式函数的定义
#017
#018      static k;
#019      k++;
#020      if(k%10==0)
#021          printf("\n");
#022      else
#023          printf(" ");
#024
#025  }
```

5.7 牛顿法求一个数的平方根函数

问题描述:

17 世纪,牛顿提出了下面求一个数 x 的平方根的方法:

(1) 首先给出一个猜测结果 g,但猜测值必须小于等于 x,可以直接使用 x 本身作为猜测值 g。

(2) 如果猜测值足够接近于正确结果,即 x 与 g×g 非常接近,则算法结束,g 就是最终的结果。

(3) 如果 g 不够精确,则用猜测值产生一个更佳的猜测值,具体方法是:用 g 和 x/g 的平均值作为新的猜测值。把新的猜测值作为 g,返回到(2),重复这个过程。

例如,求 x=16 的平方根,令 g = 8,则新的 g 为

$$g=(g+x/g)/2$$

即 5,重复上面这个计算,依次得新的猜测值 4.1、4.001 219 512、4.000 000 185 84。可以看出猜测值越来越接近准确结果 4。设误差精度是 0.000 001,结果为 4.000 000。

写一个函数 nsqrt,实现牛顿法求一个整数的平方根,并测试之。

输入样例:
16

输出样例:
4.000000

问题分析:

首先确定函数的原型。根据问题的题目(求一个数的平方根)不难确定,函数的参数和返回类型都应该是一个 double 类型的量,原型为 "double nsqrt(double x);"。问题中已经给出平方根的具体算法,是一个反复计算 (g+x/g)/2 的过程,直到 fabs(x－g*g)<给定的误差精度 0.000 001 为止。

nsqrt 函数的算法设计:参数为 double 型的,返回 x 的平方根,符号常量 eps 为 0.000 001。
① x 的平方根 g 初始为 x。
② 如果 fabs(x－g*g)>eps,则转③,否则返回 g。
③ g=(g+x/g)/2。
④ 重复步骤②和③。

函数测试程序:

```
#001  #include<stdio.h>
#002  #include<math.h>
#003  #define eps 0.000001
#005  double nsqrt(double x);
#007  int main(void){
#009      double x;
#010      scanf("%lf",&x);
#011      printf("%f\n",nsqrt(x));
#012      return 0;
#013  }
#015  double nsqrt(double x){
#017      double g=x;
#018      while(fabs(x-g*g)>eps)
#019          g=(g+x/g)/2;
#020      return g;
#021  }
```

5.8 计算两个整数的最大公约数函数

问题描述:

写一个函数 edivision,用欧几里德辗转相除法求两个整数的最大公约数,并测试之。

提示:欧几里德辗转相除法的基本原理是,设有两个整数为 a 和 b,求 a 和 b 的最大公约数,只需重复检查 a%b 是否等于 0,如果 a%b 不等于零,则变更除数为背除数,变更余数做除数继续求余计算,否则最后的除数就是两个数的最大公约数。

输入样例:

4 6

输出样例:

2

问题分析:

根据欧几里德辗转相除法的基本原理,求两个整数 a 和 b 的最大公约数是重复判断余数 r＝a％b 是否已经为 0,如果不为零,用 b 作为 a,r 作为 b 重新计算新的 r。这个重复计算过程当余数为 0 时停止,结果就是 b。不难写出函数的原型" int edivision(int a, int b);"。

edivision 函数的算法设计:对于整型参数 a、b,返回一个整型结果。

① 如果 a 或 b 为 0,则退出。
② 计算余数 r＝a％b。
③ 如果 r!＝0,则转④,否则返回 b。
④ a＝b。
⑤ b＝r。
⑥ r＝a％b。
⑦ 重复步骤③～⑥。

函数测试程序:

```
#001  #include<stdio.h>
#002  #include<stdlib.h>
#004  int edivision( int a, int b);
#006  int main(void){
#008      int a,b,r;
#009      scanf("%d%d",&a,&b);
#010      if(a==0||b==0) exit(1);
#011      r=edivision(a,b);
#012      printf("%d\n",r);
#013      return 0;
#014  }
#016  int edivision( int a, int b){
#018      int r;
#019      r=a%b;
#020      while(r!=0)   {
#022          a=b; b=r; r=a%b;
#023      }
#024      return b;
#025  }
```

注意:#010 行判断 a、b 是否等于 0 保证了不会因为用户输入了 0 使程序瘫痪。也可以使用称为断言的宏"assert(a!＝0); assert(b!＝0);",当 a、b 为零时终止程序执行,报告错误,assert 宏在 assert.h 中定义。assert 宏是程序调试有力工具。

5.9 递归计算两个数的最大公约数函数

问题描述:

写一个递归函数 recursiveGcd,实现求两个整数的最大公约数,并测试之。

输入样例：

4 6

输出样例：

2

问题分析：

在问题 8 中我们是用迭代重复的方法计算余数的。C/C++ 支持递归(recursive)的思想，允许定义递归函数。在递归函数中如果满足某个基本条件，递归函数开始返回，否则继续递归调用。递归调用的参数不断改变，直到满足基本情况时递归调用才停止。

求两个数的最大公约数 gcd(Greatest Common Divisor)的基本情况就是 a%b==0，这个条件为真时返回 b，b 就是最终结果，如果 a%b 不等于 0，用 b 和 a%b 作为新的 a,b 调用自己。这个最大公约数问题比较特殊，不用逐个返回，基本情况的 b 就是最终结果。这可以用典型的尾递归实现，参考 5.10 节。

recursiveGcd 函数的算法设计： 整型参数 a、b，返回一个整型结果。

① 如果 a%b==0，则返回 b。

② 否则用 b 和 a%b 作为新的 a 和 b 执行递归调用。

函数测试程序：

```
#001  #include<stdio.h>
#002  #include<stdlib.h>
#004  int recursiveGcd ( int a, int b);
#006  int main(void){
#008      int a,b,r;
#009      scanf("%d%d",&a,&b);
#010      if(a==0||b==0)   exit(1);
#011      r=recursiveGcd (a,b);
#012      printf("%d\n",r);
#013      return 0;
#014  }
#015  //求两个非零整数的最大公约数
#016  int recursiveGcd ( int a, int b){
#018      if(a%b==0)
#019          return b;
#020      else
#021          return recursiveGcd (b,a%b);
#022  }
```

注意： 在这个问题中 #021 行的 return 可以省略，为什么？

5.10 递归计算正整数 n 的 k 次幂函数

问题描述：

写一个递归函数 myPow，求一个正整数 n 的 k 次幂(k>=0)，并测试之。

输入样例：

3 4

输出样例：

81

问题分析：

计算正整数 n 的 k 次幂是一个简单的计算问题，但我们可以把它用递归的思想描述，从而可以定义一个递归函数。如果用传统的递归表达则对应一个双分支选择结构，即如果 k 等于 0，则幂结果就是 1，否则 n 的 k 次幂转换为 n 乘以 n 的 k-1 次幂。也可以换一种递归的形式，就是尾递归，即最后的递归调用不是与 n 的积，而是把 n 的积作为一个参数 d 放在参数列表的最后，令 d 的初始值为 1，每递归调用一次参数 d 用参数 n*d 取代，这时递归调用不作为返回的一部分，这样回代的过程简化了，给系统节省了开销。

myPow 函数的算法设计 1（普通递归）：设参数为整数 n、k，返回幂，整型。

① 如果 k 为 0，则返回 1；

② 否则返回 n 与参数为 n 和 k-1 的递归调用的积。

函数测试程序 1：

```
#001 #include<stdio.h>
#002 #include<stdlib.h>              //for exit 函数
#004 int myPow( int a, int b);
#006 int main(void){
#008     int a,b,r;
#009     scanf("%d%d",&a,&b);
#010     if(a<=0||b<0)
#011         exit(1);
#012     r=myPow(a,b);
#013     printf("%d\n",r);
#014     return 0;
#015 }
#016 //幂函数的定义：求正整数 n 的 k 次幂,k>=0
#017 int myPow( int n, int k){
#019     if(k==0)                    //基本情况
#020         return 1;
#021     else
#022         return (n*mypow(n,k-1));  //递归调用
#023 }
```

myPow 函数的算法设计 2（尾递归）：设参数为 n、k、d，且 d 的实参值为 1。

① 如果 k 为 0，则返回 d；

② 否则是用 n、k-1、d*n 作为参数的递归调用。

函数测试程序 2：

```
#001 #include<stdio.h>
#002 #include<stdlib.h>
#004 int myPow( int a, int b, int d);
#006 int main(void){
#008     int a,b,r;
#009     scanf("%d%d",&a,&b);
#010     if(a<=0||b<0)
```

```
#011            exit(1);
#012        r=myPow(a,b,1);
#013        printf("%d\n",r);
#014        return 0;
#015 }
#016 /*
#017    求正整数 n 的 k 次幂,k>=0,尾递归函数的定义
#018 */
#019 int myPow( int n, int k, int d){
#021      if(k==0)       //基本情况
#022          return d;
#023      else
#024          mypow(n,k-1,n*d); //尾递归调用
#025 }
```

注意：比较一下程序实现1中#022行和程序实现2中的#024行,可以看出普通递归与尾递归的不同,尾递归的递归调用不是返回表达式的组成部分,尾递归返回时不做任何事情,因此return可以省略。尾递归的结果在最后一个参数中存放,基本情况时返回的就是最后的结果。

5.11 用递归把一个整数转换为字符串

问题描述：

键盘输入任意一个整数,用递归的方法输出与它对应的字符串,为了看得清楚,输出的字符之间用空格隔开。

输入样例：   **输出样例**：

123   1 2 3(尾部有一个空格)

问题分析：

一个整数输入之后,它的位数即可确定。如果输入的是1位整数,直接把它转换为字符输出即可,如果不是1位,可以递归地使它逐渐降为1位。如果一个数 m 是 n 位,则 i＝m/10 则为 n−1 位,对 i 继续递归下去,每递归依次降低一位,直到达到1位递归停止,开始回代,回代的时候把降低的那位打印出来,即把 m%10 打印出来,最先打印的是最后停止递归的1位整数,即最高位,最后打印的是第1次递归之前产生的个位。

convert 函数的算法设计：参数为整数 n,无返回值。

① 计算 i＝n/10,整除的结果把 n 降低了一位数。

② 如果 i 不是 0 用 i 作为参数递归调用,否则执行③。

③ 输出当前的 n 与 10 的求余结果(n%10+'0'),并加一个空格,递归返回时输出顺序刚好是从高位到低位,并用空格隔开。

函数测试程序：

```
#001 #include<stdio.h>
#002 void convert(int n);
#003 int main(void){
```

```
#005      int n;
#006      scanf("%d",&n);
#007      convert(n);
#008      printf("\n");
#009      return 0;
#010  }
#011  void convert(int n) {              //转换函数的定义
#013      int i;
#014      i=n/10;                        //n 降为 i,整数的位数减少 1 位
#015      if(i!=0) convert(i);           //递归调用
#016      putchar(n%10+'0');             //把分离出来的那位数字作为字符输出
#017      putchar(' ');
#018  }
```

6 数组程序设计

6.1 把一组数据逆序

问题描述：

写一个程序,使它能把一组整数逆序输出,设该组数据的整数不超过 100 个。

输入样例：　　　　　　　　　　　　　**输出样例：**

4 5 2 6 3 8 9 0 1 7　　　　　　　　　7 1 0 9 8 3 6 2 5 4
^Z

问题分析：

要把一组整数(最多是 100 个)逆序输出,首先要考虑怎么输入和存储这组整数。如果是求最大值问题,输入一个比较一次,比较之后这个数据就没有用处了,因此只需一个变量存储读入的整数即可。但现在这组整数的每个输入进去之后都必须存储起来,因为要把它们逆序输出出来,最先读入的数据要最后输出,每个都不能丢掉。所有的整数都存储起来存放在哪里呢？答案是数组。因此我们只需用一个循环就可以实现把一组整数读到内存,依次存储到数组中。数组有一个显著的特点：可以用数组的下标直接找到对应的元素。因此逆序输出的问题对数组来说变得非常容易了,只需从最大下标开始,依次减 1 逐个访问输出,就可以把它们逆序了。这样对数组什么也没做,只是读的顺序不同而已。当然也可以真的把放到数组中的整数首尾对称位置的元素交换,然后从下标 0 开始逐个输出。

这个问题没有规定你要输入的整数个数,只是给了一个范围,因此定义一个最大范围的数组,为了安全起见,可再多申请几个。实际有多少个整数,是这个范围内的哪一个,由用户输入的多少来确定,切记输入数据的结束用 Ctrl-Z(输入时显示^Z),即判断 scanf("%d",&x)!=EOF 是否为真,EOF 是一个宏常量,其值为−1。

算法设计：

① 定义一个足够大的数组 a,初始化计数器 n＝0。

② 读用户的输入到 x 中,如果用户输入了整数,则转③,如果用户输入了 Ctrl-Z,则

转⑥。

③ 把 x 存储到数组 a 中下标为 n 的位置。

④ n++。

⑤ 重复步骤②~④。

⑥ 从下标 n-1 开始到下标 0 为止依次打印输出数组元素。

程序实现：

```
#001 #include<stdio.h>
#002 #define MAXSIZE 100+5
#003 int main(void)
#004 {
#005     int a[MAXSIZE];
#006     int i, n=0, x;
#007     while(scanf("%d", &x)!=-1)
#008         a[n++]=x;
#009     for(i=n-1;i>=0;i--)
#010         printf("%d ",a[i]);
#011     printf("\n");
#012     return 0;
#013 }
```

6.2 求一组数据的最大值

问题描述：

写一个程序，使它能求出一组整数的最大值，并给出是第几个整数最大。设这组整数不超过 100 个，要求使用数组实现。

输入样例：

4 5 2 6 3 8 9 0 1 7
^Z

输出样例：

6 9

问题分析：

前面已经讨论过这个问题的非数组版，现在用数组实现另一个版本，大家可以比较一下。

用数组来解决这个问题，首先就是要把一组数据存到某个数组中，然后就可以遍历整个数组找出最大值。我们可以先假设第一个元素最大，从第二个元素开始依次与最大值比较，数组中所有的元素比较完成之后最大值就产生了。由于还要给出是第几个整数最大，因此在比较的过程中还要记录元素的下标位置。

这个问题也没有规定你要输入的整数个数，只是给了一个范围，因此要定义一个最大范围的数组，为了安全起见，同样再多申请几个。实际是多少个整数，是这个范围内的哪一个，由用户输入的多少来确定。切记用户输入数据结束用 Ctrl-Z。输入循环的判断可写成 scanf("%d",&x)!=-1。

算法设计:
① 键盘输入一组数据保存到数组 a 中,输入 Ctrl-Z 时意味着输入结束,用 n 计数。
② 假设 a[0]为最大值 max,下标 0 为最大值的下标 maxi。
③ i 从 1 开始到 n−1,a[i]和 max 比较。如果 a[i]>max,则 max=a[i], maxi=i。
④ 输出第 maxi+1 个元素的最大,其值为 max。

程序实现:

```
#001  #include<stdio.h>
#002  #define MAXSIZE 100+10
#004  int main(void){
#006      int i,n=0,x;
#007      int max,maxi;
#008      int a[MAXSIZE];
#010      while(scanf("%d",&x)!=-1)
#011          a[n++]=x;
#013      max=a[0];maxi=0;
#014      for(i=1;i<n;i++)
#015          if(max<a[i]){
#016              max=a[i];
#017              maxi=i;
#018          }
#020      printf("%d %d\n",maxi+1,max);
#022      return 0;
#023  }
```

6.3 一组数据的逆序函数

问题描述:

写一个函数 reverseArray,它能把一组整数逆序,要求用数组作为函数的参数。

输入样例: **输出样例:**

4 5 2 6 3 8 9 0 1 7   7 1 0 9 8 3 6 2 5 4
^Z

问题分析:

要定义的函数没有要求输出,强调的是函数具有逆序一组数据的功能,因此这里要真正把原始数据逆序,即下标为 0 的和下标为 n−1 的元素要交换,同样其他对称位置的元素也要交换。具有这样功能的函数其参数应该是一个数组和数组的大小,它被调用后调用者应该获得具有逆序的数组。数组作为函数的参数传递的数组的首地址,具有"返回"整个数组的特征,因此在函数中把数组逆序之后,主调函数的实参自然获得逆序的结果。函数的原型是

```
void  reverseArray( int a[ ], int n);
```

同样这个问题也没有规定数组的大小,无论你传给 reverseArray 多大的数组,它都能

使其逆序,我们可以取两组有代表性的数据进行测试:一组是奇数个,一组是偶数个。假设最多不超过 20 个整数。

输入循环的判断可写成 scanf("%d",&x)!=-1,当输入 Ctrl-Z 时循环结束。

逆序函数 reverseArray 的算法设计:参数 int a[] 和 int n,无返回值。

对于 i=0 到 (n/2)−1,交换 a[i]和 a[n−i−1]。

函数测试算法设计:

① 键盘输入一组数据保存到数组 a 中,输入 Ctrl-Z 时意味着输入结束,用 n 计数。
② 以 a 和 n 为实参调用逆序函数 reverseArray。
③ 输出逆序结果。

函数测试程序:

```
#001 #include<stdio.h>
#002 #include<assert.h>
#004 void reversArray(int a[],int n);
#006 int main(void){
#008     int i,x,n=0;
#009     int a[20];
#010     while(scanf("%d",&x)!=-1)
#011         a[n++]=x;
#012     reversArray(a,n);
#013     for(i=0;i<n;i++)
#014         printf("%d ",a[i]);
#015     printf("\n");
#016     return 0;
#017 }
#019 void reversArray(int a[],int n){
#021     int i;
#022     assert(n>0);
#023     for(i=0;i<n/2;i++){
#025         int tmp;
#026         tmp=a[n-i-1];
#027         a[n-i-1]=a[i];
#028         a[i]=tmp;
#029     }
#030 }
```

6.4 一组数据的最大值函数

问题描述:

写一个函数 maxArray,它能求出一组整数的最大值。

输入样例: 输出样例:

4 5 2 6 3 8 9 0 1 7   9
^Z

问题分析：

问题要求当把一组整数传给函数 maxArray 之后，maxArray 将求得它们的最大值。因为最大值是一个数，因此可以用返回语句返回。所以函数的原型确定为

  int maxArray(int a[ ],int n);

如果考虑原始数据的安全性，可以传递一组只读的数据，即用 const 修饰数组 a，这样原型就变为

  int maxArray(const int a[ ],int n);

最大值函数算法设计：参数为 int a[]和 int n，返回最大值。

① 令 max＝a[0]。

② 对于 i＝1 到 n－1 比较 max 和 a[i]，如果 a[i]＞max，则 max＝a[i]。

③ 返回 max。

函数测试算法设计：

① 键盘输入一组数据保存到数组 a 中，输入 Ctrl-Z 时意味着输入结束，用 n 计数。

② 以 a 和 n 为实参调用函数 maxArray，输出调用结果。

函数测试程序：

```
#001 #include<stdio.h>
#002 #include<assert.h>
#004 int maxArray(const int a[],int n);
#006 int main(void){
#008     int i,x,n=0;
#009     int a[20];
#010     while(scanf("%d",&x)==1)
#011         a[n++]=x;
#012     printf("%d\n",maxArray(a,n));
#013     return 0;
#014 }
#016 int maxArray(const int a[],int n) { //求一组数据的最大值函数的定义
#018     int i,max=a[0];
#019     for(i=1;i<n;i++)
#020         if(max<a[i]) max=a[i];
#021     return max;
#022 }
```

6.5 向一组数据首插入一个数据

问题描述：

设有 10 个整数已经存储在一个数组中，即{2，5，7，8，9，11，22，24，3，1}，编写一个程序，使得当从键盘输入一个整数时，能把它插入到数组的第一个位置，原有的数据向后移动。

输入样例：

6

输出样例：

6 2 5 7 8 9 11 22 24 3 1

问题分析：

首先，存放 10 个数据的数组其大小必须超过 10，可以定义为 20，这样才能存储插入的新数据。数组是顺序存储的，如果要在某个位置插入一个元素，那个位置和那个位置往后（下标大的方向）的所有元素都要向后移动一个位置。注意这个移动必须从下标最大的那个元素开始，这样移动的时候才不至于覆盖其他元素。所有的元素依次向右移动一个位置之后，就可以把要插入的元素插入到"腾出"（实际那里还有原来的数据，只不过已经把它复制了一个到它右边相邻的位置）的位置处。

算法设计：

① 数组 a 初始化为{2, 5, 7, 8, 9, 11, 22, 24, 3, 1}。
② 对于 i＝9 到 0，重复执行 a[i+1]=a[i]。
③ 键盘输入一个整数存到 x 中。
④ a[0]＝x。
⑤ 输出插入之后的数组元素。

程序实现：

```
#001 #include<stdio.h>
#003 int main(void){
#005     int i,x,n=0;
#006     int a[20]={2,5,7,8,9,11,22,24,3,1};
#007     scanf("%d",&x);
#008     for(i=9; i>=0;i--)
#009         a[i+1]=a[i];
#010     a[0]=x;
#011     for(i=0;i<=10;i++)
#012         printf("%d ",a[i]);
#013     printf("\n");
#014     return 0;
#015 }
```

6.6 插入排序

问题描述：

有 10 个整数已经有序地放在一个数组中，假设它们是{2, 5, 7, 8, 9, 11, 22, 24, 30, 80}，编写一个程序，要求把一个新的数据插入到适当的位置使其仍然有序。

输入样例：

10

输出样例：

2 5 7 8 9 10 11 22 24 30 80

问题分析：

这个问题与上一个问题都是往已知的一组数据中插入一个元素 x，不同的是现在的已知数据是有序的,要求插入新元素之后仍然有序。解决这个问题的关键是要确定新数据应该插在数组的哪个位置。假设原始数据是升序的,从数组的最大下标元素开始,把要插入的元素 x,与其进行比较,如果发现某个 a[i]＜x,则 x 应该插入到 a[i+1]处,于是应该把 a[i+1]及其后边的所有元素依次向后移动一个位置,然后把那个新元素放在 a[i+1]处。这个过程就是插入排序的思想。注意一定要从最后开始移动,同样要定义一个比较大的数组。

算法设计:

① 数组 a 初始化为{2,5,7,8,9,11,22,24,30,80}。
② 键盘输入一个整数 x。
③ 对于 i=9 到 0,比较 a[i]和 x。
④ 如果 a[i]＜x 则 j 从 9 到 i+1 依次向后移动,即 a[j+1]=a[j],之后退出 i 循环。
⑤ 把 x 置于下标为 i+1 的位置,即 a[i+1]=x。
⑥ 输出插入后的结果。

程序实现:

```
#001  #include<stdio.h>
#003  int main(void){
#005      int i,j,x,n=0;
#006      int a[20]={2,5,7,8,9,11,22,24,30,80};
#007      scanf("%d",&x);
#008      for(i=9;i>=0;i--)
#009          if(a[i]<x){
#011              for(j=9;j>=i+1;j--)
#012                  a[j+1]=a[j];
#013              break;
#014          }
#015      a[i+1]=x;
#016      for(i=0;i<=10;i++)
#017          printf("%d ",a[i]);
#018      printf("\n");
#019      return 0;
#020  }
```

6.7 比赛评分

问题描述:

一次歌咏比赛有 10 个评委,每个评委给每个歌手打分,分值是 1 到 10 分,假设评委打分至少有两个不相同。写一个程序按照去掉一个最高分和最低分,剩余 8 个再求平均的方法,计算歌手的比赛成绩。

输入样例:	输出样例:
4 3 6 8 9 5 8 7 8 7	6.625

问题分析:

首先必须把问题当中 10 个评委给每个歌手的打分保存起来,为此可以定义一个数组 int score[10]。依次读入评委的打分之后,从中挑出一个最大分值和一个最小分值的下标。

最后循环累加除了已经标记之外的评委打分,求平均值。注意这里关心的是谁给了最大值或最小值,不太关心最大值和最小值是多少。

算法设计:
① 依次读入 10 个评委的打分到数组 score 中。
② 假设 score[0]为最小 minS,也为最大 maxS,同时记录下标 minI=maxI=0。
③ 对于 i=1 到 9,比较 score[i]和 mins,score[i]和 maxs。
④ 寻找最小值 minS 和最大值 maxS 及其下标位置。
⑤ 对于 i=0 到 9 把 score[i]求和,但要跳过 minI 和 maxI 的元素。
⑥ 求 8 个分值的平均值,并输出。

程序实现:

```
#001  #include<stdio.h>
#003  int main(void){
#004      int score[10],total=0,minS,maxS;
#005      int i,minI,maxI;
#006      double av;
#008      for(i=0;i<10;i++)
#009          scanf("%d",&score[i]);
#010      minS=score[0];maxS=score[0];
#011      minI=0;maxI=0;
#012      for(i=1;i<10;i++){
#014          if(minS>score[i]) {minS=score[i];minI=i; }
#015          if(maxS<score[i]) {maxS=score[i];maxI=i; }
#016      }
#017      for(i=0;i<10;i++)   {
#019          if(i==minI||i==maxI)
#020              continue;
#021          total+=score[i];
#022      }
#023      av=total/8.0;
#024      printf("%.3f\n",av);
#026      return 0;
#027  }
```

6.8 递归倒置一个字符串

问题描述:

写一个递归函数实现一个字符串倒置,即把字符串的字符顺序颠倒过来。

输入样例: **输出样例:**

Hello   olleH

问题分析:

如果用非递归的形式实现,与本章第 3 个题目类似。

用递归的方法倒置一个字符串有多种不同的方法，但着眼点略有不同。如果按照递归的思想，对一个已经保存在字符数组中的字符串每递归一次字符串的长度都变小，不过现在变小的方法是首尾各去掉一个字符，先把首字符暂存到一个临时变量中（在递归的时候就入栈了），尾字符放在当前字符串的首位上，然后对从当前字符串第二个字符开始的字符串（不包含尾字符）递归调用，当递归到只有一个字符时递归停止，然后递归返回，在返回的时候出栈，即把首字符放置在当前字符串的尾字符的位置，这样逐步返回实现倒置。下面的函数测试程序 1 中的递归函数 void reverse(char str[]) 就是这样的思想。

如果只是希望最终的输出结果的顺序倒过来，不要求把它们在字符串中的位置倒过来，这时只需每次递归调用的时候先把字符串入栈（递归调用本身会自动实现这样的功能），然后对从第 2 个字符串开始的子字符串递归调用，直到只有一个'\0'的字符串时停止递归，开始返回，返回的时候打印当时调用时字符串的第一个字符，最先打印的是原字符串的尾字符，逐步返回，即会把字符串按相反的顺序打印出来。下面的函数测试程序 2 中的递归函数 void reverse(char str[]) 就是这样的思想。

更简单的考虑是根本不把字符串保存到字符数组中，而是在输入字符的时候就入栈，输入完毕的时候出栈，这样自然就把输入字符串按相反的顺序打印出来了。入栈出栈通过递归调用自动实现，即每输入一个字符递归调用一次，这样这个字符就入栈了，直到输入的字符是'\n'时递归结束，开始返回，返回的时候把最后输入的字符输出到屏幕上，即出栈，逐步返回所有入栈的字符一一被打印出来。下面的函数测试程序 3 就是这样的思想。

如果是指针型字符串，也有类似程序函数测试程序 1 和函数测试程序 2 的处理方法，见第 7 章相关的题目。

函数 reverse 的算法设计：参数是字符串 str，无返回值。

① 计算 str 的长度 len，如果 len≤1，则返回，否则执行步骤②～⑥。
② 首字符 str[0]赋值给 ctemp，相当于入栈暂存。
③ 尾字符 str[len－1]置入 str[0]。
④ str[len－1]='\0',表示新字符串到这里结束。
⑤ 对于去掉首尾字符的字符串，递归调用 reverse。
⑥ 递归调用结束后 str[len－1]=ctemp（实际是出栈）。

函数测试程序 1：

```
#001 #include<stdio.h>
#002 #include<string.h>
#004 void reverse(char str[]);
#006 int main(void){
#008     char word[100];
#009     scanf("%s",word);
#010     reverse(word);
#011     printf("%s\n",word);
#012     return 0;
#013 }
#015 void reverse(char str[]){          //字符串倒置函数的定义
#017     int len=strlen(str);
```

```
#018        //printf("%d\n",len);
#019        if(len <=1) return;
#020        else{
#022            char ctemp=str[0];          //首字符连同递归调用的返回地址形成的活动记录入栈
#023            str[0]=str[len-1];          //把尾字符倒置到首字符位置
#024            str[len-1]='\0';            // 最后一个字符在下次递归时不再处理
#025            reverse(str+1);             // 用去掉首尾字符的字符串递归调用
#026            str[len-1]=ctemp;           //递归返回时从栈中取出首字符放到尾字符的位置
#027        }
#028 }
```

函数 reversePrint 算法设计：参数是 char sPtr[ ]，无返回值。
① 计算 sPtr 的长度 len，如果 len≤＝1，则返回，否则执行步骤②和③。
② 用去掉首字符的字符串 &sPtr[1] 作为实参递归调用。
③ 递归停止时打印字符串的首字符。

函数测试程序 2：

```
#001 #include<stdio.h>
#003 void reversePrint(char sPtr[]);
#005 int main(void){
#007     char word[20];
#008     scanf("%s",word);
#009     reversePrint(word);
#010     printf("\n");
#011     return 0;
#012 }
#014 void reversePrint(char sPtr[]){        //字符串倒置函数的定义
#016     if(sPtr[0]=='\0')
#017         return;
#018     else{
#019         //puts(sPtr);                   //在递归调用之前的字符数组先入栈了
#020         reversePrint(&sPtr[1]);         //依次去掉首字符用原字符串的子串递归调用
#021         putchar(sPtr[0]);               //递归调用返回时取从栈中弹出的字符串的首字符输出，
#022     }                                   //子字符串是一个字符时首字符是原字符串的尾字符
#023                                         //子字符串是 2 个字符时首字符是原字符串的倒数第 2 个字符
#024                                         //… 最后返回的首字符就是原始字符串的首字符
#025 }
```

函数 reverseChart 的算法设计：无参数，无返回值。
① 键盘输入一个字符 c，如果它不是回车符，则转②，否则转③。
② 递归调用。
③ 如果 c 不是回车，则输出 c。

函数测试程序 3：

```
#001 #include <stdio.h>
#003 void reverseChar(void);
```

```
#005 void main(void){
#007     reverseChar ();
#008     printf("\n");
#009 }
#011 void reverseChar(void) {        //字符串倒置函数的定义
#013     char c;
#014     if((c=getchar()) != '\n')    //每输入一个字符后递归调用,相当于入栈
#015         reverseChar();
#016     if(c != '\n')
#017         putchar(c);    //递归调用返回时输出字符,相当于出栈,先进后出颠倒了原字符串
#018 }
```

6.9 统计单词数

问题描述:

输入一行英文句子字符,单词之间可能的分隔符是空格,标点符号(逗号、句号、叹号、问号),写一个程序统计其中有多少个单词。提示:空格字符的 ASCII 码是 32,一行是以回车结束的。

输入样例:

hello welcome to fuzhou

输出样例:

4

输入样例:

Hello,welcome to fuzhou!

输出样例:

4

问题分析:

大家知道输入字符串用 scanf("%s",charArr),但在读数据的时候遇到空白符(空格、tab、回车符)就会结束,并且会忽略前导空白符。本问题要处理的句子字符串是一行由空格符和标点符号分隔的字符串,所以不能用 scanf 函数。C 语言提供了 gets 和 fgets 从键盘读一行信息,gets 没有限定要读的字符串大小,易出现运行时错误,fgets 很明确地指定要读多少字符。大家可以任选其一读入一个英文句子。读入之后就可以对单词计数,关键是判断什么地方是单词的间隔,这只需判断字符是否是空格和指定的标点符号。假设句子结束时用句号、问号?和叹号!结尾,也假设允许没有标点符号。

算法设计:

① 键盘输入一行空格或逗号分隔的、结尾是句号或问号或叹号的字符组成的字符串存入 buffer 字符数组中。

② 从第一个字符开始直到遇到结束标记为止逐个字符判断是否是空格或逗号或句号或问号或叹号,如果是,则单词数 k++。

③ 输出单词数 k 或 k+1:if 以句号或问号或叹号结尾输出 k,否则(假设是无结束符号)输出 k+1。

程序实现:

```
#001 #include<stdio.h>
```

```
#002 #include<string.h>
#003 #define MAXSIZE 100
#005 int main(void){
#007     char buffer[MAXSIZE];
#008     int i=0,k=0;
#009     //memset(buffer,0,sizeof(buffer));      //把 buffer 清零
#010     fgets(buffer,MAXSIZE,stdin);   //如果使用 fgets,结束标记'\0'之前有回车符
#011     //fflush(stdin);
#012     //gets(buffer);                //如果使用 gets,结束标记'\0'之前没有回车符
#013     while(buffer[i]!='\0'){
#015         if(buffer[i]==32||buffer[i]==','||buffer[i]=='.'
#016            ||buffer[i]=='!'||buffer[i]=='?')
#017             k++;
#018         i++;
#019     }
#020     /*
#021     if(buffer[i-1]=='.'||buffer[i-1]=='!'||buffer[i-1]=='?')//for gets
#022     */
#023     if(buffer[i-2]=='.'||buffer[i-2]=='!'||buffer[i-2]=='?') //for fgets
#024         printf("%d\n",k);
#025     else
#026         printf("%d\n",k+1);
#028     return 0;
#029 }
```

6.10 单词排序

问题描述：

写一个函数能把一个单词表按字典序排序,单词表从键盘输入,通过参数传递给该函数,排序的结果再通过参数带回。假设单词的长度假设不超过 10 个字符,还假设最多不超过 100 个单词。排序方法不限。

输入样例：

monday tuesday wednesday thurday friday saturday sunday

输出样例：

friday monday saturday sunday thurday tuesday wednesday

问题分析：

首先考虑如何存储一个单词表。一个单词可以用一个一维字符型数组存放,若干个单词当然就可以用二维字符型数组存放了。因为单词的长度假设不超过 10 个字符,如果再假设一个最大单词数 MAXSIZE,一个 MAXSIZE 行 10 列的二维字符数组 wordTable[MAXSIZE][10]既可确定。接下来就可以用一个循环,直接用 wordTable 的行 wordTable[i]对应的一维字符数组顺序读键盘输入的单词表,当结束的时候输入 Ctrl-Z。最后选择一种排序方法如交换法,或选择法,或冒泡法对该二维字符数组中的单词进行排序,本问题的

程序实现选择了优化了的冒泡排序方法,即有一个是否有交换的标志 flag,如果发现某一趟 flag 没有变化,说明已经排好序,可以立即结束排序。从键盘输入单词表保存到二维字符数组中在 main 中完成。定义一个排序函数 void wordSort(char wordTable[ ][10])专门用于排序。

也可以动态计算单词数 m,然后动态申请一个二维字符数组,见 7.14 节。

单词排序函数算法设计:参数为二维字符数组 wordTable,单词数 rows。

① 对于 i=0 到 rows-2 循环 rows-1 次,每次寻找一个比较大的字符串上升到右端,使字符串升序,在每趟 i 循环开始的时候,令 flag=1,如果在比较过程中 flag 保持为 1,则 break 外循环。

② 对于每个 i,j 从 0 到 rows-i-2 比较单词表中相邻的单词,即如果 wordTable[j]大于 wordTable[j+1],两个字符串单词交换,同时 flag=0。

函数测试程序:

```
#001 #include<stdio.h>
#002 #include<string.h>
#003 #define MAXSIZE 100
#005 void wordSort(char wordTable[][10],int rows);
#007 int main(void){
#009     char wordTable[MAXSIZE][10];
#010     int i=0,j=0;
#012     while(scanf("%s",wordTable[i])==1) i++;
#014     wordSort(wordTable,i);                    //i 单词数
#016     while(j<i){
#018         printf("%s ",wordTable[j]);
#019         j++;
#020     }
#021     return 0;
#022 }
#024 void wordSort(char wordTable[][10],int rows) {  //单词排序函数的定义
#026     int i,j,flag;
#027     char temp[10];
#028     for(i=0;i<rows-1;i++) {                   //冒泡法
#030         flag=1;                               //每趟标志都初始化为 1
#031         for(j=0;j<rows-i-1;j++){
#033             if(strcmp(wordTable[j],wordTable[j+1])>0){
#035                 strcpy(temp,wordTable[j]);
#036                 strcpy(wordTable[j],wordTable[j+1]);
#037                 strcpy(wordTable[j+1],temp);
#038                 flag=0;                       //有交换时标志置 0
#039             }
#040         }
#041         if(flag==1) break;                    //本趟没有交换,已经有序
#042     }
#043 }
```

6.11 杨辉三角(二维数组)

问题描述：

写一个函数 void yhTriangle(int a[][10],int size)，实现建立杨辉三角形数组的功能，设数组不超过10行10列。注意输出格式为：第一列的宽度是1，其他各列的宽度为%3d，结尾行要换行。

输入样例：

5

输出样例：

```
1
1 1
1 2 1
1 3 3 1
1 4 6 4 1
```

问题分析：

函数 void yhTriangle(int a[][20],int size)的第一个参数是存放杨辉三角的二维数组，注意这个数组元素的初始状态是没有杨辉三角对应的数据的，执行函数体之后，才产生对应位置的数据。函数的第二个参数是杨辉三角形的阶数，需要从键盘输入，通过实参传递过来。由杨辉三角形的数据特点，可以看出杨辉三角形数组的第1列和对角线位置都应该是1，左下角的其他位置的 a[i][j]＝a[i−1][j−1]＋a[i−1][j]，右上角部分都应该是0。

注意： 为了方便起见，数组 a 的 i 下标是从 1 开始的，因此声明数组时 i 下标的大小应该加 1。在测试程序中如果令 N 为 20，则可声明数组 int yhTri[N+1][N]。

杨辉三角函数算法设计： 参数为杨辉三角的结果数组 int a[][20]和三角的行数 size，无返回值。

① 对于 i＝1 到 size 逐行求出杨辉三角形。

② 对于每个 i,j＝0 到 i−1。

如果 j＝0，则 a[i][j]固定为 1，否则 a[i][j]＝a[i−1][j−1]＋a[i−1][j]。

函数测试程序：

```
#001 #include<stdio.h>
#002 #include<string.h>
#003 #define N   20
#005 void yhTriangle(int a[][N],int size);
#007 int main(void)
#008 {
#009     int yhTri[N+1][N];
#010     int i,j,rank;
#012     memset(yhTri,0,sizeof(yhTri));
#014     scanf("%d",&rank);
#016     yhTriangle(yhTri,rank);
#018     for(i=1;i<=rank;i++){
#019         for(j=0;j<i;j++)
#020             if(j==0)
```

```
#021                    {printf("1");continue;}
#022                else
#023                    printf("%3d",yhTri[i][j]);
#024            printf("\n");
#025        }
#026    return 0;
#027 }
#028 void yhTriangle(int a[][N],int size){
#030    int i,j;
#031    for(i=1;i<=size;i++)
#032        for(j=0;j<i;j++){
#033            if(j==0||j==i-1)
#034                { a[i][j]=1; continue;}
#035            else
#036                a[i][j]=a[i-1][j-1]+a[i-1][j];
#038        }
#039 }
```

6.12 矩阵加法

问题描述：

设有两个 N×N 阶整数矩阵，N 最大为 10。写一个函数 addMatrix(int a[][N],int b[][N],int c[][N],int size)实现两个矩阵的加法，再写一个函数 inputMatrix(int a[][N],int size)用于输入一个矩阵，一个函数 printMatrix(int a[][N],int size)用于输出一个矩阵，利用 inputMatrix 输入原始矩阵，用 printMatrix 输出求和结果。另外键盘输入矩阵的阶数。

输入样例：

3
1 2 3
4 5 6
2 3 5
1 1 1
2 2 2
3 3 3

输出样例：

2 3 4
6 7 8
5 6 8

问题分析：

矩阵是一个二维阵列，它刚好与二维数组的结构相对应。每个矩阵可以定义一个二维数组。这里假设矩阵是 N 阶方阵，所以对应的二维数组就是 N 行 N 列的。题目要求定义三个函数，函数之间是通过参数进行信息交流的。每个函数的参数都有二维数组。在 inputMatrix(int a[][N],int size)中二维数组作为函数的参数的作用是作为输出用，在它被调用之前实参组中是没有数据的，通过调用这个函数产生数组的数据。而在 printMatrix(int a[][N],int size)中的二维数组参数的作用是用作输入的，在调用之前实参是有数据的。在 addMatrix(int a[][N],int b[][N],int c[][N],int size)中二维数组作为参数既有输入的作用，如 a、b，又有输出的作用，如 c。

矩阵加法函数算法设计:参数为二维数组 a、b、c 它们的列数和行数相同,行数 size,无返回值。

① 对于 i=0 到 size-1 和 j=0 到 size-1,
循环计算 c[i][j]=a[i][j]+b[i][j]。
② 结果在保存 c 中。

函数测试程序:

```
#001 #include<stdio.h>
#002 #include<string.h>
#003 #define N 10
#004 void inputMatrix(int a[][N],int size);
#005 void addMatrix(int a[][N],int b[][N],int c[][N],int size);
#006 void printMatrix(int a[][N],int size);
#008 int main(void){
#010     int i,j,rank;
#011     int a[N][N],b[N][N],c[N][N];
#013     scanf("%d",&rank);           //输入矩阵的阶数
#015     inputMatrix(a,rank);         //输入矩阵 a
#016     inputMatrix(b,rank);         //输入矩阵 b
#017     addMatrix(a,b,c,rank);       //a 与 b 相加,结果为 c
#018     printMatrix(c,rank);         //输出矩阵 c
#020     return 0;
#022 }
#023 //矩阵加法函数定义
#024 void addMatrix(int a[][N],int b[][N],int c[][N],int size){
#026     int i,j;
#027     for(i=0;i<size;i++)
#028         for(j=0;j<size;j++)
#029             c[i][j]=a[i][j]+b[i][j];
#030 }
#031 void printMatrix(int a[][N],int size) {   //输出矩阵的函数定义
#033     int i,j;
#034     for(i=0;i<size;i++){
#035         for(j=0;j<size;j++)
#036             printf("%d ",a[i][j]);
#037         printf("\n");
#038     }
#039 }
#040 void inputMatrix(int a[][N],int size) {   //输入矩阵的函数定义
#042     int i,j;
#043     for(i=0;i<size;i++)
#044         for(j=0;j<size;j++)
#045             scanf("%d",&a[i][j]);
#046 }
```

6.13 把一个字符串的字符之间插入空格

问题描述：

写一个函数把一个长度不超过 100 个字符的字符串的字符之间插入一个空格。

输入样例：

hello

输出样例：（插入空格时包括结束标记）

10
h e l l o

输入样例：

hello

输出样例：（插入空格时不包括结束标记）

9
h e l l o

问题分析：

这个问题是要向一个字符串中插入空格。由于字符串存储在数组中，插入空格的时候要把包括插入位置及以后的所有字符都往右移动，而且这种移动必须从最末尾开始逐个向右移，不然会覆盖其他字符。问题中要求每两个字符之间都插入一个空格，因此如果原始字符串 str 的长度为 m，就应该插入 m−1 个空格。如果包含结束标记在内，应该插入 m 个空格。下面分别实现了包含结束标记和不包含结束标记的两种情况。

插入空格函数算法设计：参数是字符串 char str[ ]（含结束标记），无返回值。

① 计算 str 的长度 len。

② i 从 len 开始（标记字符所在的位置），到 i=0 为止，
   重复进行 str[2*i]=str[i], str[2*i−1]=' '，
   即移动右侧 2 倍的位置，在前面插入一个空格。

函数测试程序：

```
#001 #include<stdio.h>
#002 #include<string.h>
#004 #define MAX 100
#006 void insertSpace(char str[]);
#007 void insertSpace2(char str[]);
#009 int main(void){
#011     int i=0;
#012     char str[MAX];                  //定义足够大的字符数组，保证能插入空格
#013     scanf("%s",str);
#014     insertSpace(str);
#015     printf("%d\n%s\n",strlen(str),str);
#016     scanf("%s",str);
#017     insertSpace2(str);
#018     printf("%d\n%s\n",strlen(str),str);
#020     return 0;
#021 }
#022 void insertSpace(char str[]){       //插入空格函数定义 1
#024     int i;
#025     for(i=strlen(str);i>0;i--){     //从结束标记字符开始
```

```
#027         str[2*i]=str[i];
#028         str[2*i-1]=' ';              //插入空格
#029     }
#030 }
#031 void insertSpace2(char str[]){        //插入空格函数定义2
#033     int i=strlen(str)-1;              //不含结束标记
#034     str[2*i+1]='\0';                  //在插入空格后的字符串尾添加结束标记
#035     for(;i>0;i--){
#037         str[2*i]=str[i];
#038         str[2*i-1]=' ';              //插入空格
#039     }
#040 }
```

6.14 字符串连接函数

问题描述：

写一个函数把两个字符串 str1 和 str2 连接起来,形成一个新的字符串 str,要求 str1 在 str 的首,str2 在 str 的尾,不破坏原始字符串。

输入样例：　　　　　　　　　　　　　输出样例：

Hello　　　　　　　　　　　　　　　HelloWorld!
World!

问题分析：

两个字符串 str1 和 str2 连接到一个新的字符串 str 中,首先把 str1 的字符逐个复制到 str 中,str1 遇到结束标记时停止,然后再把 str2 的字符逐个复制到 str 接下来的位置,str2 遇到结束标记时停止,在 str 的最后要特别添加一个结束标记,才能形成一个完整的字符串。

在复制连接的过程中要特别注意字符串 str1 和 str2 结束时的下标值,接下来的字符要紧跟在后面,不能留下空白。

字符串连接函数算法设计：参数为源字符串 str1 和 str2 及目标字符串 str,无返回值。

① 首先把 str1 的每个字符复制到 str,即从 i=0 开始到 str1[i]为结束标记为止,str[i]=str1[i]。

② 再把 str2 的每个字符复制到 str 的后边,即从 j=0 开始到 str2[j]为结束标记为止,str[i+j]=str2[j]。

③ 最后添加结束标记 str[i+j]='\0'。

函数测试程序：

```
#001 #include<stdio.h>
#002 #define MAX 10
#004 void concatenate(char str1[], char str2[], char str[]);
#006 int main(void){
#008     char str1[MAX],str2[MAX],str[2*MAX];
#009     scanf("%s",str1);
```

```
#010        scanf("%s",str2);
#011        concatenate(str1,str2,str);
#012        printf("%s\n",str);
#013        return 0;
#014 }
#015 void concatenate(char str1[], char str2[], char str[])
#016 {                                            //字符串连接函数定义
#017        int i,j;
#018        for(i=0;str1[i]!='\0';i++)            //注意离开循环时 i 的值
#019             str[i]=str1[i];
#021        for(j=0;str2[j]!='\0';j++)            //注意离开循环时 j 的值
#022             str[i+j]=str2[j];
#024        str[i+j]='\0';                        //复制时没有复制结束标记,要特别添加
#025 }
```

7 指针程序设计

7.1 用指针间接访问变量

问题描述:

键盘输入两个整数,求两个变量的平均值。要求采用指针间接访问所有变量,例如 "float a; float * fPtr=&a; * fPtr=0; scanf("%f", fPtr); printf("%f", * fPtr);"等。

输入样例:　　　　　　　　　　　　　**输出样例:**

　2 3　　　　　　　　　　　　　　　　 2.5

问题分析:

指针变量是一种特殊的变量,其中存放的另一个同类型变量的地址,用变量名字访问数据是直接访问,变量名就是数据所在内存单元的标识符。用指针变量访问它所指向的变量是间接访问,因为要先从指针变量中读出地址数据,再由地址找到对应的内存单元,访问其中的数据。指针变量的这种特征有时会起到非常特别的效果,熟悉指针,对用计算机解决实际问题具有特殊的意义。这一点在本章的求解问题中将逐渐体现出来。

算法设计:

① 整型指针变量 aPtr 指向整型变量 a,整型指针变量 bPtr 指向整型变量 b。
② 使用 aPtr 和 bPtr 指向的变量从键盘输入读数据。
③ 使用 aPtr 和 bPtr 间接引用 a 和 b,计算平均值并输出。

程序实现:

```
#001 #include<stdio.h>
#003 int main(void){
#005        int a,b, * aPtr, * bPtr;
#006        aPtr=&a,bPtr=&b;
#007        scanf("%d%d",aPtr,bPtr);
```

```
#008        printf("%.1f\n",(*aPtr+ *bPtr)/2.0);
#009        return 0;
#010 }
```

7.2 用指针访问一维数组

问题描述:

键盘输入 10 个整数,存放到数组中,然后求它们的和。要求用指向数组的指针访问数组元素。本题不需要定义函数。

输入样例: 输出样例:

1 2 3 4 5 6 7 8 9 10   55

问题分析:

大家知道数组是一组同类型数据的连续存储的结果,数组名具有特殊的含义,它代表这组数据在内存中的首地址。而指针变量就是存放地址的,所以可以把一个数组的首地址存放在一个指针变量中,这样指针就指向了该数组,根据数组数据的连续性,就可以用指针移动的方法访问数组中的所有元素。指针指向数组之后指针移动的方式可以是相对的位置移动——偏移,也可以是绝对的位置移动——位移。偏移不修改指针的值,位移是真的指针移动,指针的值在变化。

算法设计:

① 整型指针 aPtr 指向 int a[10]。

② 用 aPtr 指向的数组元素 a[i](i=0~9)(可以选择使用指针偏移和位移法或者指针下标法),从键盘输入读 10 个数据。

③ 再逐个把 *aPtr++ 累加到 s 中。

④ 输出结果。

程序实现:

```
#001 #include<stdio.h>
#003 int main(void){
#005     int i,a[10],s=0;
#006     int *aPtr=a;
#007     for(i=0;i<10;i++){
#008         //scanf("%d",&a[i]);
#009         //scanf("%d",aPtr+i);
#010         scanf("%d",aPtr++);
#011     }
#012     aPtr=a;
#013     for(i=0;i<10;i++){
#014         //s+= *(aPtr+i);
#015         s+= *aPtr++;
#016     }
#017     printf("%d\n",s);
#018     return 0;
```

#019 }

7.3 用指针访问字符串

问题描述：

从键盘输入一个不多于 100 个字符的字符串，把它存放到一个字符型数组中，然后求它的长度。要求用指向该字符串的指针访问字符串，计算字符的个数。本题不需要另外定义函数。

输入样例：

Hello World!

输出样例：

12

问题分析：

第 6 章我们用一维字符数组定义了字符串。因指针可以指向数组，所以指针也可以指向字符串。因此我们可以先定义一个字符型数组和字符型指针，然后再让字符型指针指向那个字符型数组。对于指针指向的字符串，可以很方便地用指针遍历每个字符，本题对于键盘输入的不大于 100 个字符的字符串，让我们数数该字符串含多少个字符，这用一个循环即可轻松实现。实际上在 C/C++ 语言中还可以直接用指针定义字符串，绕过数组，例如定义一个字符型指针 char * str="hello"，这个 str 指针里存放的就是"hello"字符串在内存中的首地址。

从键盘输入字符串有多种输入方法，正如在 6.9 节中所讨论的有 gets 和 fgets，本问题限制输入的字符不超过 100，因 gets 不限定输入内容的多少，因此用 fgets 比较好。注意 fgets 输入的字符串结尾是回车符，在回车符后是结束标记。本题算法设计与实现采用的是 fgets 函数。

如果只是计算字符的个数，使用 getchar 等读单个字符的函数最简单，每读一个字符计数一下，遇到回车符时结束。

算法设计：

① 字符型指针 strPtr 指向 char str[100]。
② 从键盘输入一行字符到 str。
③ 用 strPtr 逐个访问它所指向的元素 str[i]，只要 *strPtr!=10，同时计数 k++。
④ 输出结果。

程序实现：

```
#001 #include<stdio.h>
#002 #include<string.h>
#004 int main(void){
#006     int i,k=0;
#007     char str[100],* strPtr=str;
#009     fgets(str,100,stdin);
#011     for(;* strPtr!=10;strPtr++)
#012         k++;
#013     printf("%d\n",k);
#014     return 0;
```

#015 }

7.4 用列指针访问二维数组

问题描述：

键盘输入一个 2 行 3 列的整型数据，存放到一个二维数组中，然后求该数组元素的最大值。要求用指向该数组的列指针访问数组元素。本题不需要另外定义函数。

输入样例：　　　　　　　　　　**输出样例：**

2 3 5　　　　　　　　　　　　　9
3 9 6

问题分析：

C/C++ 语言中的指针（变量）是有类型的，指针中存放的地址必须是与指针类型相同的某个变量的地址。即指针只能指向同类型的变量。一个整型变量的指针可以指向一个整型的一维数组，是因为它实际指向的是一维数组的第一个元素，也可以说指向第一列，它们是同类型的。一维数组的名字就是第一个元素的首地址或者第一列的首地址，当然也可以称是一维数组的首地址。对于二维数组来说，二维数组的名字不是第一个元素的首地址，编译器把二维数组看成是一维数组的一维数组，这样二维数组的名字是二维数组的行地址，每一行是一个一维数组。所以不能直接把一个与二维数组元素数据类型相同的指针初始化为二维数组的名字。但我们可以把二维数组看成和一维数组类似的数组，即把二维的行与行看成是首尾连接的，这样就可以一列一列地自左向右自上向下访问每个元素了。如何获得第一行第一列的首地址呢？设二维数组为 int a[M][N]，有下面不同的表示方法：

① 直接取第一个元素的地址 &a[0][0]。

② 从第一行的行地址 a 得到列地址，即 *a。

这样我们就可以定义一个同类型的指针 int *p 指向第一行第一列的元素了，即

p=&a[0][0]; 或 p= * a;

然后一列一列逐个访问二维数组的元素，即

*(p+i*N+j)

其中 N 是每行的列数，i 从 0 到 M－1(M 是数组的行数)，j 从 0 到 N－1。

算法设计：

① 整型指针 p 初始化二维数组 int a[M][N]的列地址 *a 或 &a[0][0]。

② 二重循环 i=0 到 M－1,j=0 到 N－1,用列指针 p+N*i+j 指向的元素读键盘输入的整数，取第一个列指针指向的元素值即 *p 为 max,从第二个列指针指向的元素值开始依次与 max 比较，如果 max＜ *(p+N*i+j),则 max ＝ *(p+N*i+j)。

③ 输出结果。

程序实现：

#001 #include<stdio.h>
#002 #define M 2
#003 #define N 3

```
#005  int main(void){
#007      int i,j,a[M][N],max;
#008      int * p= * a;
#009      for(i=0;i<M;i++)
#010          for(j=0;j<N;j++){
#011              scanf("%d",(p+N*i+j));
#012              if(i==0&&j==0){
#014                  max= * p;
#015                  continue;
#016              }
#017              if(max< * (p+N*i+j))
#018                  max= * (p+N*i+j);
#019          }
#020      printf("%d\n",max);
#021      return 0;
#022  }
```

7.5 用行指针访问二维数组

问题描述：

键盘输入一个 2 行 3 列的整型数据，存放到一个二维数组中，然后求该数组元素的平均值。要求用指向该数组的行指针访问数组元素。本题不需要另外定义函数。

输入样例：　　　　　　　　　　　　输出样例：

1 2 3　　　　　　　　　　　　　　18 3.0

3 4 5

问题分析：

二维数组 int a[M][N] 的名字是一个行指针的指针，是指向第一行的行指针，a+1 指向第二行的行指针，a+2 指向第三行的行指针，以此类推。如果定义一个 int * p，它是不能指向二维数组的，因为它们的类型不匹配，a 是以行为单位的，p 是元素为单位的。C/C++ 提供了行指针的定义机制，即

　　　int (*p)[N];

这样定义的指针 p 才和指针 a,a+1,…，类型一致，即可以

　　　p=a;

获得了行指针 *(a+i) 之后再进一步获得列指针 *(a+i)+j，就可以一列一列访问各个元素了，即 *(*(a+i)+j)。

算法设计：

① 列数为 N 的行指针 p 初始化为二维数组 int a[M][N] 的行指针即 p=a。

② 二重循环 i=0 到 M-1，j=0 到 N-1，用指针 *(a+i)+j 指向的元素读键盘输入的整数，把指针(*(a+i)+j)指向的元素累加到 total，即 total+= *(*(a+i)+j)。

③ 输出结果。

程序实现：

```
#001 #include<stdio.h>
#002 #define M 2
#003 #define N 3
#005 int main(void){
#007     int i,j,a[M][N],total=0;
#008     int (*p)[N]=a;              //这是列数为N的行指针
#009     //或者 int *p=&a[0][0];     //这是列指针
#010     for(i=0;i<M;i++)
#011         for(j=0;j<N;j++){
#012             scanf("%d",*(a+i)+j);
#013             total+=*(*(a+i)+j);
#014         }
#015     printf("%d %.1f\n",total,(float)total/(M*N));
#016     return 0;
#017 }
```

7.6 用指针调用函数

问题描述：

定义一个数组的求和函数 sumInt，然后定义一个指向这个函数的指针访问这个函数，测试它的功能。同样再定义一个数组的求最大值函数 maxInt，用指针访问它，测试它的功能。

输入样例：

1 1 2 3 5 6 7 6 5 4

输出样例：

40
7

问题分析：

我们知道指向一个变量的指针可以用"*"运算间接引用那个变量，同样当定义了一个指针指向某个函数时，也可以用这个指针间接调用那个函数。甚至可以使用指向函数的指针作为函数的参数，这样当实参是某个同类的函数时，在函数调用时形参的指针即可间接调用那个实参函数。

指向函数的指针的定义形式是比较复杂的，要特别注意，如

  int (* funcPtr)(int a[], int size);

定义了一个指向函数的指针 funcPtr，它所指向的函数类型是

  int func(int a[], int size);

这里 func 函数名是任意的，凡是返回类型是整型，具有参数(int a[], int size) 的函数都可以被 funcPtr 指针间接访问。

本问题的一组函数都具有同样的函数原型，因此可以定义一个同类型的指针间接调用或作为函数的参数。

算法设计：

① 从键盘输入一组整型数据，保存到数组 int a[10]中。

② 指向函数的指针 funcPtr 初始化为 sumInt，用 funcPtr 调用 sumInt 把数组 a 中的数据求和，并输出求和结果。

③ 再用 funcPtr 指向 maxInt，用 funcPtr 调用 maxInt 求数组 a 中数据的最大值，输出结果。

程序实现：

```
#001 #include<stdio.h>
#002 #define SIZE 10
#004 int sumInt(int a[],int size);
#005 int maxInt(int a[], int size);
#007 int main(void){
#009     int i, a[10],total=0,largest=0;
#010     int (* funcPtr)(int a[], int size);
#012     for(i=0;i<SIZE;i++)
#013         scanf("%d",&a[i]);
#015     funcPtr=sumInt;           //指针指向函数 sumInt
#016     total=funcPtr(a,SIZE);    //指针调用它所指向的函数
#017     printf("%d\n",total);
#019     funcPtr=maxInt;           //指针指向函数 MaxInt
#020     largest=funcPtr(a,SIZE);  //指针调用它所指向的函数
#021     printf("%d\n",largest);
#023     return 0;
#024 }
#026 int sumInt(int a[],int size){
#028     int i, s=0;
#029     for(i=0;i<size;i++)
#030         s+=a[i];
#031     return s;
#032 }
#033 int maxInt(int a[], int size){
#035     int i, max=a[0];
#036     for(i=1;i<size;i++)
#037         if(max<a[i])
#038             max=a[i];
#039     return max;
#040 }
```

注意：指向函数的指针通常用于函数的参数。如果有一类具有相同函数原型的函数，可以用一个指针指向它并作为函数的参数，实参可以是任一满足该函数原型的函数，指向函数的指针收到实参之后，就可以用函数指针调用对应的函数，从而执行不同的函数，得到不同的结果，请分析下列程序实现代码。

```
#001 #include<stdio.h>
```

```
#002 #define SIZE 10
#004 int sumInt(int a[],int size);
#005 int maxInt(int a[], int size);
#006 int sumormax(int a[], int (*fPtr)(int[],int), int size );
#008 int main(void){
#010     int i, a[10],result,choose;//total=0,largest=0;
#011     int (* funcPtr)(int a[], int size);
#013     for(i=0;i<SIZE;i++)
#014         scanf("%d",&a[i]);
#015     printf("please choose:\n1 sum\n2 max\n");
#016     scanf("%d",&choose);
#017     if(choose==1)
#018         funcPtr=sumInt;
#019     if(choose==2)
#020         funcPtr=maxInt;
#021     result= sumormax(a,funcPtr,SIZE);         //指向函数的指针作为函数的参数
#022     printf("%d\n",result);
#024     return 0;
#025 }
#027 int sumInt(int a[],int size){
#029     int i, s=0;
#030     for(i=0;i<size;i++)
#031         s+=a[i];
#032     return s;
#033 }
#034 int maxInt(int a[], int size){
#036     int i, max=a[0];
#037     for(i=1;i<size;i++)
#038         if(max<a[i])
#039             max=a[i];
#040     return max;
#041 }
#043 //指向函数的指针作为函数的参数
#044 int sumormax(int a[], int (* fPtr)(int [],int), int size ){
#046     return fPtr(a,size);
#047 }
```

7.7 用指针作为函数的参数

问题描述：

写一个函数求一组成绩数据的最大值和最小值。设最多不超过 100 个成绩数据，成绩数据为整数。

输入样例：   输出样例：

1 2 3 4 5 6 7 8 9 10   10 1

问题分析：

指针的重要应用就是作为函数的参数。指针参数与数组参数一样可以起到"带回结果"的作用。特别当需要带回多个结果不能用 return 实现时更体现这个作用。本问题要求通过函数求得两个结果——最大和最小值，因此不可能通过 return 把结果返回，这时可以通过指针参数来实现。所以本问题的函数原型可定义为

  void maxMinGrade(int grade[ ], int * max, int * min, int size);

或者定义为

  void maxMinGrade(int * gradePtr, int * max, int * min, int size);

前者原始数据通过数组参数传递，后者通过指针参数传递。对于后者实现和调用的方式又有多种多样，内容十分丰富，如可以用指针（相对）偏移法、指针（绝对）位移法、指针下标法，函数调用时实参的形式又可以有不同的形式。

求最大最小值函数的算法设计：参数 1——指针 * gradePtr 或数组 grade，参数 2——int * max，参数 3——int * min，参数 4——数组的大小 size，无返回值。

① 取数组的第 1 个元素值即作为最大值 * max，也作为最小值 * min。

② i 从 1 开始到 size－1，* max 和 * min 与对应的元素进行比较，更新 * max 和 * min。

函数测试程序：实参是数组 a 和取地址 &max 和 &min，形参是指针 gradePtr、max、min。用指针下标法访问数组 a 的元素。

```
#001  #include<stdio.h>
#002  #define SIZE 10
#004  void maxMinGrade(int * gradePtr, int * max, int * min, int size);
#006  int main(void){
#008      int i,a[SIZE],max,min;
#009      for(i=0;i<SIZE;i++){
#010          scanf("%d",&a[i]);
#011      }
#012      maxMinGrade(a,&max,&min,SIZE);
#013      printf("%d %d\n",max,min);
#014      return 0;
#015  }
#017  void maxMinGrade(int * gradePtr, int * max, int * min, int size){
#019      int i;
#020      * max=gradePtr[0];
#021      * min=gradePtr[0];
#022      for(i=1;i<size;i++){
#024          if(* max<gradePtr[i])
#025              * max=gradePtr[i];
#026          if(* min>gradePtr[i])
#027              * min=gradePtr[i];
#028      }
```

#029 }

实参也可以是数组 a 和取地址 &max、&min，形参是指针 gradePtr、max、min。用指针偏移法和指针位移法访问数组元素，或者实参是数组 a 和取地址 &max、&min，形参是数组 grade 和指针 max、min，用数组下标法访问数组元素，这里略。

7.8 用指向二维数组的列指针作为函数的参数

问题描述：

写一个函数用指向二维数组的列指针作为函数的参数求每行成绩的平均值。在 main 函数中，键盘输入 3 行 2 列的成绩数据，测试之。

输入样例：   输出样例：

60 80   70.0

70 90   80.0

70 80   75.0

问题分析：

正如在 7.4 节中讨论的那样，二维整型数组的名字 a 是二维数组的行地址，二维数组的每一行是一个一维数组，因此不能直接用二维数组的名字去初始化一个指向列元素（二维数组先行后列的方式遍历）的指针 int * gradePtr，应该使用

&a[0][0] 或 * a

初始化列指针 int * gradePtr。

注意：二维数组的行元素的平均值不止一个，要定义的函数应该处理 3 行 2 列的数组，因此应该有 3 个平均值需要返回，因此函数的第 2 个参数需要使用指针或一维数组。

如果函数命名为 avsGrade，它的原型应该为

void avsGrade(int * gradePtr,double * average,int m,int n);

函数调用时指针 gradePtr 参数将指向一个列元素，指针 average 指向平均值一维数组。

函数体内通过反复执行

* (gradePtr+i * N+j)

即可逐列访问二维数组的元素，其中 N 是每行的列数。

求二维数组的行平均值函数 avsGrade 的算法设计：

参数 1——指向列元素的指针 int * gradePtr；

参数 2——指向平均值数组的指针 double * average；

参数 3 和参数 4——二维数组的行数和列数。

① 对于每一行 即 i=0 到 m−1，total 初始化 0。

② 累加每行的元素 即 j=0 到 n−1，重复进行 total += * (gradePtr+i * n+j)。

③ 计算平均值赋给 average[i]，即 average[i]=(double)total/n。

函数测试程序：

#001 #include<stdio.h>

```
#002 #define M 3
#003 #define N 2
#005 void avsGrade( int * gradePtr, double * average, int m, int n );
#007 int main(void){
#009     int i,j,a[M][N];
#010     double average[M];
#011     int * p = * a;
#013     for(i=0;i<M;i++)
#014         for(j=0;j<N;j++)
#015             scanf("%d",&a[i][j]);
#017     avsGrade(p,average,M,N);
#018     //avsGrade(&a[0][0],average,M,N);
#020     for(i=0;i<M;i++)
#021         printf("%.1f\n",average[i]);
#022     return 0;
#023 }
#025 void avsGrade( int * gradePtr, double * average, int m, int n ){
#027     int i,j,total;
#029     for(i=0;i<m;i++){
#031         total=0;
#032         for(j=0;j<n;j++)
#033             total+= * (gradePtr+i*n+j);
#034         average[i]=(double)total/n;
#035     }
#037 }
```

7.9 用指向二维数组的行指针作为函数的参数

问题描述：

写一个函数用指向二维数组的行指针作为函数的参数求每行成绩的平均值。键盘输入3行2列的成绩数据，测试之。

输入样例：   输出样例：

60 80   70.0
70 90   80.0
70 80   75.0

问题分析：

正如在7.5节中讨论的那样，二维数组 int a[M][N] 的名字 a 是一个行指针的指针，是指向第一行的行指针，a+1指向第二行的行指针，a+2指向第三行的行指针，……，以此类推。因此若要把二维数组名 a 传递给函数，函数的形参不能简单地写成 int * p，因为 p 不能指向二维数组的行，它们的类型彼此不匹配。a 是以行为单位的，p 是元素为单位的。函数的形参必须定义成

```
int (*p)[N];
```

这样指针 p 才和指针 a,a+1,… 的类型一致,因此函数的原型应为

void avsGrade(int(*gradePtr)[N],double * average,int m,int n);

其中 average 是指向行平均值的一维数组的指针,这样函数调用时应该是

avsGrade(a,average,M,N);

求二维数组的行平均值函数 avsGrade 的算法设计：
参数 1——指向行的指针 int (*gradePtr)[N];
参数 2——指向平均值数组的指针 double * average;
参数 3 和参数 4——二维数组的行数和列数。
① 对于每一行 即 i=0 到 m-1,total 初始化 0。
② 累加每行的元素 即 j=0 到 n-1,重复进行 total += *(gradePtr[i]+j)。
③ 计算平均值赋给 average[i],即 average[i]=(double)total/n。

函数测试程序：

```
#001 #include<stdio.h>
#002 #define M 3
#003 #define N 2
#005 void avsGrade( int (*gradePtr)[N], double * average, int m, int n);
#007 int main(void){
#009     int i,j,a[M][N];
#010     double average[M];
#011     int (*p)[N]=a;
#013     for(i=0;i<M;i++)
#014         for(j=0;j<N;j++)
#015             scanf("%d",&a[i][j]);
#017     avsGrade(p,average,M,N);
#018     //avsGrade(&a[0][0],average,M,N);
#020     for(i=0;i<M;i++)
#021         printf("%.1f\n",average[i]);
#023     return 0;
#024 }
#026 void avsGrade( int (*gradePtr)[N], double * average, int m, int n){
#028     int i,j,total;
#030     for(i=0;i<m;i++){
#032         total=0;
#033         for(j=0;j<n;j++)
#034             total+= *(gradePtr[i]+j);
#035         average[i]=(double)total/n;
#036     }
#037 }
```

7.10 字符串逆置函数的指针版(非递归)

问题描述:

写一个函数用指向字符串的指针作为函数的参数,把一个字符串逆置。假设字符串的长度不超过100,函数的原型为 "void reverse(char * str,int len);",其中 str 指向字符串,len 是它的长度。

输入样例:

Hello

输出样例:

olleH

问题分析:

在 6.3 节和 6.8 节已经讨论了对数组数据逆序的递归函数和非递归函数。本题是逆序问题的指针版,而且是指向字符串的指针作为函数的参数,是把字符串逆置。如果是指向一个整型数组的指针作为函数的参数则就是把一组整数逆序。对于键盘输入的长度不超过100 个字符的字符串存入一个字符数组 cstr 中,使用标准库中的函数 strlen 计算它的长度,调用 reverse 函数实现逆置。在 reverse 函数中,可以再定义一个尾指针指向最后一个字符,然后采用首指针 str 和尾指针 rstr 指向的字符交换的思想实现逆置,首尾指针相对移动,直到!(str＜rstr)为真为止。

字符串逆值函数算法设计:

参数 1——指向字符串的指针 str;

参数 2——字符串的长度 len。

① 令指针 rstr 指向字符串的最后一个字符(非结束标记),即 str[len－1]。

② 当 str＜rstr 时,*str 和 *rstr 字符交换。

③ str＋＋,rstr－－,重复②。

函数测试程序:

```
#001 #include<stdio.h>
#002 #include<string.h>
#004 void reverse(char * str,int len);
#006 int main(int argc,char * argv[]){
#008     char cstr[100],length;
#009     scanf("%s",cstr);
#010     length=strlen(cstr);
#011     reverse(cstr,length);
#012     printf("%s\n",cstr);
#013     return 0;
#014 }
#016 void reverse(char * str, int len){
#018     char temp, * rstr=&str[len-1];
#020     for(;str <rstr;str++,rstr--){
#022         temp= * str;
#023         * str= * rstr;
#024         * rstr=temp;
#025     }
```

#026 }

7.11 动态创建一维数组——求最大值索引的函数

问题描述：

写一个函数 maxIndex，用指针作为函数的参数，求最大值的索引（或下标）。键盘输入数组的大小 n，动态申请一个一维数组 arr，再输入 n 个整数存到 arr 中，测试你的函数，输出最大值的索引和最大值。

输入样例：

4
1 2 3 4

输出样例：

3 4

问题分析：

标准 C 语言的数组大小是不支持变量的，虽然在 g++/C99 中已经支持下面定义数组的方法：

```
int n;
scanf("%d",&n);
int a[n];
```

但不建议使用这种方法，因为不是所有的编译器都支持这种方法，如果只知道这样动态申请内存，那么当使用不支持这样的编译器时就不知所措了。标准 C 语言提供了一组动态申请空间的函数如 malloc 等，使得在程序运行时通过这些函数可以得到动态申请的空间的首地址。特别值得注意的是，动态申请的内存不能自动释放，需要程序员通过使用 free 函数释放。

本题要求写一个函数它能够找到数组中哪个元素最大，找到之后返回它的索引值，不需要返回最大值，因此 maxIndex 的原型可定义为

```
int maxIndex(int * p, int size);
```

当 main 函数获得索引值之后，根据索引找到最大值，输出结果。

求最大值元素的索引函数算法设计：

参数 1——指向动态申请的一维数组的指针 int * p；

参数 2——数组元素的个数 int size。

① 令 max 为 * p，maxi=0，计数器 i=1。

② 指针后移，即 p++。

③ max 和 * p 比较，如果 max< * p，则 max= * p，maxi=i。

④ p++，i++，重复③。

主函数算法设计：

① 键盘输入动态申请的整数空间的大小 n。

② 指针 p 指向动态申请的 n 个整数的空间。

③ 令 q=p。

④ i 从 0 到 n-1，用 q 指向的空间读键盘输入，即重复进行 scanf("%d",q++)。

⑤ q=p，调用最大值索引函数 maxIndex(q,n) 获得返回值 maxI。

⑥ 输出 maxI，释放 p。

函数测试程序：

```
#001 #include<stdio.h>
#002 #include<malloc.h>
#003 int maxIndex(int * p, int size);
#004 int main(void){
#006     int i,n,maxI,* p,* q;
#007     scanf("%d",&n);
#008     p=(int *)malloc(n* sizeof(int));
#009     if(p==NULL){
#011         printf("memory error!\n");
#012         exit(1);
#013     }
#014     q=p;
#015     for(i=0;i<n;i++)
#016         scanf("%d",q++);
#017     q=p;
#018     maxI=maxIndex(q,n);
#019     printf("%d %d\n",maxI,p[maxI]);
#020     free(p);
#022     return 0;
#023 }
#025 int maxIndex(int * p, int size){
#027     int i,max,maxi;
#028     max=* p;
#029     maxi=0;
#030     p++;
#031     for(i=1;i<size;i++,p++){
#033         if(max<* p){
#035             max=* p;
#036             maxi=i;
#037         }
#038     }
#039     return maxi;
#040 }
```

7.12 动态创建二维数组——矩阵转置函数

问题描述：

写一个函数 reverseArr，用指针作为函数的参数，把一个 n 阶整数方阵进行转置，即把 i 行 j 列的元素与 j 行 i 列的元素交换。键盘输入一个二维方阵的大小，动态申请一个二维数组存储 n 阶方阵，然后输入数据，测试你的函数。

输入样例:

4
1 2 3 4
3 2 1 5
5 7 8 0
4 3 2 1

输出样例:

1 3 5 4
2 2 7 3
3 1 8 2
4 5 0 1

问题分析:

如果一个二维数组的大小事先不能确定,同一维数组一样,同样可以使用 malloc 等函数动态创建。因为指向二维的指针可以是列指针和行指针的指针,所以动态申请二维数组相对来说要复杂一些。下面用不同的方法动态申请二维数组。

把二维数组看成列构成的,n 行 n 列的方阵就是 n×n 列的元素,每个列元素是整型的,因此动态申请的空间指针就是(int *)malloc(n * n * sizeof(int))。

把二维数组看成是行指针的指针,它属于二级指针,要分两步申请:第一步先申请指向 n 个行指针的指针,申请的指针是(int * *)malloc(n * sizeof(int *));第二步再申请每个行指针指向的空间(int *)malloc(n * sizeof(int))。

也可以只申请一个行指针,每行有 n 列,即(int(*)[n])malloc(n * n * sizeof(int)),但在申请之前必须知道 n 的值。

矩阵的转置就是以主对角线为轴,行列对称的元素进行交换,对角线元素不变,即 a[i][j]与 a[j][i]交换,当 i<j 时。用列指针表示就是 *(p+i*n+j)和 *(p+j*n+i)交换。

矩阵转置函数(列指针)算法设计:

参数 1——指向动态申请的二维数组的列指针 int * p;

参数 2——数组元素的个数 int size。

① i 从 1 开始到 size−1,j 从 0 开始,j<i。

② 交换对称位置的两个元素 *(p+i*size+j)和 *(p+j* size +i)。

主函数算法设计:

① 键盘输入动态申请的整数方阵的大小 n。

② 指针 p 指向动态申请的 n*n 个整数的空间(p 为列指针)。

③ i 从 0 到 n−1,j 从 0 到 n−1,用指针偏移法从键盘读入 n*n 个整数,即 scanf("%d",p+i*n+j);。

④ 调用矩阵逆值函数 reverseArr(p,n),逆置的结果在 p 指向的空间里。

⑤ 输出 p 指向的逆置矩阵。

⑥ 释放 p。

类似的还有行指针,二重指针访问矩阵元素的方法。

函数测试程序(列指针):

```
#001 #include<stdio.h>
#002 #include<malloc.h>
#004 void reverseArr(int * p, int size);
#006 int main(void){
#008     int i,j,n, * p;
```

```
#009        scanf("%d",&n);
#010        p=(int*)malloc(n*n*sizeof(int));
#011        if(p==NULL){
#013            printf("memory error!\n");
#014            exit(1);
#015        }
#017        for(i=0;i<n;i++)
#018            for(j=0;j<n;j++)
#019                scanf("%d",p+i*n+j);
#021        reverseArr(p,n);
#023        for(i=0;i<n;i++){
#024            for(j=0;j<n;j++)
#025                printf("%d ",*(p+i*n+j));
#026            printf("\n");
#027        }
#029        free(p);
#030        p=NULL;
#032        return 0;
#033 }
#034 void reverseArr(int *p, int size){
#036     int i,j,tmp;
#037     for(i=1;i<size;i++)
#038         for(j=0;j<i;j++){
#040             tmp=*(p+i*size+j);
#041             *(p+i*size+j)=*(p+j*size+i);
#042             *(p+j*size+i)=tmp;
#043         }
#044 }
```

7.13 字符串比较

问题描述：

定义一个函数，对给定的两个指针型字符串进行比较，设其原型为

`int mystrcmp(const char * str1, const char * str2);`

该函数的返回值有三种情况，当 str1 字符串＞str2 字符串时返回 1，当 str1 字符串等于 str2 字符串时返回 0，当 str1 字符串小于 str2 字符串时返回 －1。

输入样例：   输出样例：

hello hold   －1

问题分析：

两个字符串比较的方法是两个字符串左对齐逐个字符进行比较，如果 str1 的字符大于 str2 的字符则比较结束返回 1，否则如果 str1 的字符小于 str2 的字符则比较结束返回－1，如果两个字符相同，则继续比较下一对字符，以此类推，直到有一个字符串结束时停止比较，

如果是 str1 结束了，str2 仍然有字符，则返回 −1，否则如果 str2 结束了，str1 仍然有字符，则返回 1，否则（即 str1 和 str2 都结束了）则返回 0。

比较函数的原型可以定义为

int mystrcmp(const char * str1, const char * str2);

要比较的字符串应该是任意字符串。可以把键盘输入的字符串存储到一个足够大的字符数组中，这比较容易实现，只要字符数组定义的足够大，直接使用 scanf 或其他输入语句从输入缓冲区即可读到字符串。

也可以动态申请空间，再键盘输入字符串，如

char * str=NULL;
str=(char *)malloc(100 * sizeof(char));
scanf("%s",str);

这样如果输入的字符串的长度不足 100，会浪费一些空间，如果输入字符数超过 100，就会运行出错。

为了根据实际输入的字符串长度准确地申请空间，可以先临时放到某个足够大的数组中，然后计算它的长度，再申请空间（注意申请到的空间中是没有内容的），最后再把数组中的字符复制到指针指向的空间，如

char * str=NULL, temp[100];
scanf("%s",temp);
str=(char *)malloc(strlen(temp)+1);
strcpy(str,temp);

字符串比较函数（指针偏移法访问字符）算法设计：

参数 1——char * str1；

参数 2——char * str2。

① i 从 0 开始，在 * (str1+i)!='\0'&& * (str2+i)!='\0'条件下比较 * (str1+i)和 * (str2+i)。

② 如果 * (str1+i)＞ * (str2+i)返回 1。

③ 如果 * (str1+i)＜ * (str2+i)返回 −1。

④ 否则 i++，继续下一对字符的比较。

⑤ 当 * (str1+i)=='\0'并且 * (str2+i) =='\0'时离开循环，这时返回 0。

⑥ 当 * (str1+i)!='\0'并且 * (str2+i) =='\0'时离开循环，这时返回 1。

⑦ 当 * (str1+i)=='\0'并且 * (str2+i) !='\0'时离开循环，这时返回 −1。

函数测试程序：

```
#001 #include<stdio.h>
#002 #include<string.h>
#003 #include<malloc.h>
#005 int mystrcmp(const char * str1,const char * str2);
#006 int mystrcmp2(const char * str1,const char * str2);
#007 int mystrcmp3(const char * str1,const char * str2);
```

```
#009 int main(void)
#010 {
#011     char * str1=NULL, * str2=NULL,temp[100];
#013     scanf("%s",temp);
#014     str1=(char * )malloc(strlen(temp)+1);
#015     strcpy(str1,temp);
#016     scanf("%s",temp);
#017     str2=(char * )malloc(strlen(temp)+1);
#018     strcpy(str2,temp);
#020     if(mystrcmp(str1,str2)>0)
#021         printf("%s>%s\n",str1,str2);
#022     else if(mystrcmp (str1,str2)<0)
#023         printf("%s<%s\n",str1,str2);
#024     else
#025         printf("%s=%s\n",str1,str2);
#027     free(str1);
#028     free(str2);
#030     return 0;
#031 }
#033 int mystrcmp(const char * str1,const char * str2){
#035     int i;
#036     for (i=0; * (str1+i)!='\0'&& * (str2+i)!='\0';i++){
#038         if( * (str1+i)> * (str2+i))
#039             return 1;
#040         else if( * (str1+i)< * (str2+i))
#041             return -1;
#042         else
#043             continue;
#044     }
#045     if ( * (str1+i)=='\0'&& * (str2+i)=='\0')
#046         return 0;
#047     else if( * (str1+i)!='\0'&& * (str2+i)=='\0')
#048         return 1;
#049     else
#050         return -1;
#051 }
#053 int mystrcmp2(const char * str1,const char * str2){
#055     for (; * str1!='\0'&& * str2!='\0';str1++,str2++){
#057         if( * str1> * str2)
#058             return 1;
#059         else if( * str1< * str2)
#060             return -1;
#061         else
#062             continue;
```

```
#063          }
#064          if(*str1=='\0'&&*str2=='\0')
#065              return 0;
#066          else if(*str1!='\0'&&*str2=='\0')
#067              return 1;
#068          else
#069              return -1;
#070      }
#071      int mystrcmp3(const char * str1,const char * str2){
#073          int i;
#074          i=0;
#075          while(*(str1+i)==*(str2+i))          //如果对应的字符都相等
#076          {
#077              if(*(str1+i)=='\0')              //遇到结束标记时返回 0
#078                  return 0;
#079              i++;
#080          }
#081          return (*(str1+i)-*(str2+i));        //返回第一个不相等的字符之差
#083      }
```

注意 1：函数 mystrcmp 的实现前两个版本只是指针访问字符的方法不同：一种是指针偏移 str1＋i 的形式，另一种是指针位移 str1＋＋的形式。

注意 2：测试程序中指针字符串的建立也有两种形式：一种是动态申请足够大的空间，直接输入到指针指向的空间(这一部分已被注释)；另一种是静态申请足够大的空间，输入字符串到数组中，之后计算大小再动态申请所需的空间，最后再从数组中复制到指针指向的空间。

注意 3：在 mystrcmp 的第三个版本中，直接返回了(*(str1＋i)－*(str2＋i))。因为任意一个字符与'\0'的差都是那个字符的 ASCII 码。因此如果*(str1＋i)是结束标记，则(*(str1＋i)－*(str2＋i))就小于 0，否则(*(str1＋i)－*(str2＋i))就大于 0。如果两个字符都不是结束标记且不相等，差的正负同样决定了谁大谁小。

7.14 学生姓名排序

问题描述：

写一个程序把键盘输入的一组学生的姓名字符串存入一个字符型指针数组中，然后选择一种排序方法对其进行升序排序。要求字符型指针数组中的每个指针指向的空间都要动态申请。

提示：可以先用一个字符型数组过渡，接收键盘输入的字符串，再根据字符串的长度动态申请空间，并让字符指针数组的指针指向它，最后再把字符数组中的字符串复制到指针所指向的空间。

输入样例：   输出样例：

5   lidan songjiang wanghai zhangli zhaoyi
zhangli zhaoyi songjiang wanghai lidan

问题分析：

在 6.10 节已经讨论了单词排序问题，那时是把单词存储在一个二维字符数组中，而且假设单词的最大长度不超过 10 个字符，所定义的二维数组是 10 列大小。这样无论单词多大都申请了同样的空间存储，存在某种程度上的空间浪费。另外排序过程中的单词交换是真正的交换，把两个字符串交换有较大的时间消耗。本问题把姓名定义为指针型的字符串，所有的姓名放在一起就是一个指针数组。每个字符指针指向的字符串大小是根据单词的长度动态产生的。指针指向的字符串做比较时，如果需要交换可以仅仅通过改变指针的指向来实现，也就是说交换的是指针。这样不论是在时间上还是空间上都是比较节省的。

本题存放姓名的指针数组大小事先不知道，因此需要用户输入一个姓名数，这样在程序运行时即可动态申请一个指针数组，返回的指针是一个二级指针，即数组元素的类型是 char＊，然后再动态申请每个指针需要的空间。

算法设计：

① 键盘输入学生数 n。

② 二级字符指针 p 指向动态申请的 n 个字符型指针。

③ i 从 0 到 n−1 从键盘读入学生姓名到 tempname 字符数组中，计算输入姓名的长度，根据姓名的长度动态申请 p[i] 指向的空间，将字符数组 tempname 中的字符复制到 p[i] 指向的空间。

④ 调用排序函数对 p 指向的 n 个字符串排序，即 strsort(p, n)。

⑤ 输出排序后的字符串组。

⑥ 释放 p[i]，再释放 p。

程序实现：

```
#001 #include<stdio.h>
#002 #include<string.h>
#003 #include<malloc.h>
#005 void strsort(char * * p, int n);
#007 int main(void){
#009    int i,n;
#010    char * * p,tempname[20];
#011    scanf("%d",&n);
#012    p=(char * *)malloc(n*sizeof(char *));
#013    for(i=0;i<n;i++){
#014       scanf("%s",tempname);
#015       p[i]=(char *)malloc(strlen(tempname)+1);
#016       strcpy(p[i],tempname);
#017    }
#018    strsort(p,n);
#019    for(i=0;i<n;i++){
#020       printf("%s ",p[i]);
#021    }
#022    printf("\n");
#023    for(i=0;i<n;i++){
```

```
#024            free(p[i]);
#025            p[i]=NULL;
#026        }
#027        free(p);
#028        p=NULL;
#030        return 0;
#031    }
#033    void strsort(char * * p, int n) {          //选择排序
#035        int i,j,k;
#036        char * t;
#037        for(i=0;i<n-1;i++){
#039            k=i;
#040            for(j=i+1;j<n;j++)
#041                if(strcmp(p[j],p[k])<0)        //字符串比较
#042                    k=j;
#043            t=p[k];p[k]=p[i];p[i]=t;           //指针交换
#044        }
#045    }
```

8 结构程序设计

8.1 计算平面上的点之间的距离

问题描述:

给定平面上的若干个点,设最多不超过 10 个点,求出各个点之间的距离。每个点用一对整数坐标表示,键盘输入若干对点的坐标,限定坐标在[0,0]~[10,10]的范围内,如果超出范围则提示"out of range,try again!",输出点与点之间的距离。

输入样例: **输出样例:**

2 3   0.0 4.1 3.6 7.0
1 7   4.1 0.0 3.2 8.9
4 6   3.6 3.2 0.0 5.8
9 3   7.0 8.9 5.8 0.0
^z

问题分析:

平面上的点用坐标表示,本问题中的坐标假设是一对整数<x,y>,可以使用若干对整数存放若干个平面上的点,但是每个点用一对数,比较分散。如果有点类型存在,我们使用点类型创建若干个点就更便于描述了。C/C++ 语言提供了结构的机制,允许用户使用结构自己建立除了系统内置类型之外的任何类型,以表达客观世界的各种客观对象类。因此我们首先应该使用结构创建一个平面点的类型 POINT:

```
typedef struct point{
    int x;   int y;
```

} POINT;

然后用自定义的 POINT 类型创建可以存储平面点的变量或数组甚至是指针。

算法设计：（首先定义结构类型 POINT，如上）

① 创建一个 N 个点的 POINT p[N]数组。

② 重复键盘输入点的坐标，点数 i 累加，并检查坐标是否超出范围，点数是否超过 10。

③ Ctrl-Z 结束输入，k=i。

④ 对于 i=0 到 k-1，j=0 到 k-1 调用两点间的距离函数 dis 计算各点之间的距离 dis(p[i],p[j])，同时输出结果。

程序实现：

```
#001 #include<stdio.h>
#002 #include<math.h>
#003 #define N 10                      //最大点数
#004 typedef struct point{
#005     int x;    int y;
#007 } POINT;
#008
#009 double dis(POINT p1, POINT p2);   //p1,p2 之间的距离
#011 int main(void){
#013     int i=0,j,k;
#014     POINT p[N];
#015     while(scanf("%d%d",&p[i].x,&p[i].y)!=-1&&i<N){
#016         if(p[i].x<=10&&p[i].x>=0&&p[i].y<=10&&p[i].y>=0)
#017             i++;
#018         else
#019             printf("out of range,try again!\n");
#020     }
#021     k=i;                          //输入的点数
#022     for(i=0;i<k;i++){
#024         for(j=0;j<k;j++)
#025             printf("%.1f ",dis(p[i],p[j]));
#026         printf("\n");
#027     }
#028     return 0;
#029 }
#031 double dis(POINT p1, POINT p2){
#033     return sqrt((p1.x-p2.x) * (p1.x-p2.x)+(p1.y-p2.y) * (p1.y-p2.y));
#034 }
```

8.2 计算任意多个平面上的点之间的距离

问题描述：

键盘输入一个任意的点数，然后输入给定点数的点坐标，求出各个点之间的距离，每个点用一对整数坐标表示，限定坐标在[0,0]～[10,10]的范围内，如果超出范围，则提示"out of range,try again!"。

输入样例：

4
2 3
1 7
4 6
9 3
^Z

输出样例：

0.0 4.1 3.6 7.0
4.1 0.0 3.2 8.9
3.6 3.2 0.0 5.8
7.0 8.9 5.8 0.0

问题分析：

本问题点的定义同上题。与上题不同的是，输入的点数不受限制，具体多少由用户决定。程序运行时用户输入了一个点数之后，程序应该动态申请需要的空间。申请到的空间用一个点类型的指针指向它。指针指向的点可以用指向运算符"->"访问其成员，它比点运算符"."访问成员更方便。由于要多次计算两点之间的距离，因此可以定义一个距离函数 double dis(POINT p1, POINT p2)。

算法设计：（同样首先要定义结构类型 POINT）

① 点数 i=0，键盘输入实际的点数 n。

② 动态申请 n 个 POINT 需要的空间，令 p 和 q 指向它。

③ 通过指针 p 的移动，重复读入键盘输入的点的坐标，点数 i 累加，并检查坐标是否超出范围，点数是否超过 n。

④ 以 Ctrl-Z 结束输入，k=i。

⑤ 对于 i=0 到 k-1，j=0 到 k-1 调用两点间的距离函数 dis 计算各点之间的距离 dis(p[i],p[j])，同时输出结果。

程序实现：

```
#001 #include<stdio.h>
#002 #include<malloc.h>
#003 #include<math.h>
#005 typedef struct point{
#006         int x;    int y;
#008 } POINT;
#010 double dis(POINT p1, POINT p2); //p1,p2之间的距离
#012 int main(void){
#014     int i=0,j,n,k;
#015     POINT *p, *q;
#016     scanf("%d",&n);
#017     q=(POINT *)malloc(n*sizeof(POINT));
#018     p=q;
#019     while(i<n&&scanf("%d%d",&(p->x),&(p->y))!=-1){
#021         if(p->x<=10&&p->x>=0&&p->y<=10&&p->y>=0) {
#023             i++;p++;
#024         } else
#026             printf("out of range,try again!\n");
#027     }
```

```
#028        p=q;
#029        k=i; //输入的点数
#030        for(i=0;i<k;i++){
#032            for(j=0;j<k;j++)
#033                printf("%.1f ",dis(*(p+i),*(p+j)));
#034            printf("\n");
#035        }
#036        return 0;
#037 }
#039 double dis(POINT p1, POINT p2){
#041     return sqrt((p1.x-p2.x)*(p1.x-p2.x)+(p1.y-p2.y)*(p1.y-p2.y));
#042 }
```

8.3 平面上的点静态链接

问题描述：

把给定的一组点 p0(0,0)、p1(1,1)、p2(2,2)、p3(3,3)、p4(4,4)按顺序链接起来，建立一个静态链表。

输入样例：

无

输出样例：

head->(0,0)->(1,1)->(2,2)->(3,3)->(4,4)

问题分析：

批量数据在内存中可以存储在某种类型的数组中。数组是连续的顺序存储方式，通过使用下标很方便随机查找数组中某个元素。但是大家可能已经发现，如果插入或删除某个元素则需要做大量的移动，这时数组存储就显得很不方便。数据除了可以用顺序的数组存放还可以把它们彼此之间链接起来存储，形成一个链表，这种存储方式不一定连续，但很便于进行插入和删除操作。如果要在链表上的某个元素之前或之后插入一个元素只需修改链接指针，同样如果要删除链表上的某个元素也只需修改链接指针。

要建立某种对象的链表，对象的结构类型必须包含一个链接指针成员。本问题中的 POINT 类型应该修改成：

```
typedef struct point{
    int x; int y;
    struct point * next;
} POINT;
```

每个链接结点通过 next 指针指向其他某个要链接的对象，如果一个对象的链接指针为 NULL，那么可能是链表的末尾或者没有链接到那个对象结点。

本问题中要链接的点事先都已经确定，在程序中对它们逐个创建链接起来就建好了链表，这种链表是静态的。

算法设计：

① 头指针 h 初始化 &p0。

② 为点 p0 的坐标赋值，并令点 p0.next=NULL，这样建立了只有点 p0 的链表。

③ 为点 p1 的坐标赋值,并令点 p1.next=NULL,但要修改 p0.next=&p1,这样建立了有两个点 p0、p1 的链表。

④ 以此类推,链接点 p3 和点 p4。

⑤ q=h。

⑥ 用 q 遍历链表,输出(0,0)->(1,1)->(2,2)->(3,3)->(4,4)。

程序实现:

```
#001 #include<stdio.h>
#002 #include<malloc.h>
#003 #include<math.h>
#005 typedef struct point{
#006         int x;    int y;
#008      struct point * next;
#009 } POINT;
#011 int main(void){
#013      int i;
#014      POINT * h,* q,p0,p1,p2,p3,p4;
#016      p0.x=0;p0.y=0;p0.next=NULL;
#017      h=&p0;              //h 指向第一个结点的指针
#018      q=h;                //q 遍历链表的指针
#020      p1.x=1;p1.y=1;p1.next=NULL;
#021      p0.next=&p1;
#023      p2.x=2;p2.y=2;p2.next=NULL;
#024      p1.next=&p2;
#026      p3.x=3;p3.y=3;p3.next=NULL;
#027      p2.next=&p3;
#029      p4.x=4;p4.y=4;p4.next=NULL;
#030      p3.next=&p4;
#031      printf("head->");
#032      for(i=0;i<5;i++){
#033          if(i<=3)
#034              printf("(%d,%d)->",q->x,q->y);
#035          else
#036              printf("(%d,%d)",q->x,q->y);
#037          q=q->next;
#038      }
#039      printf("\n");
#041      return 0;
#042 }
```

8.4 平面上的点动态链接

问题描述:

先创建一个空链表 L,程序运行时键盘输入若干个平面上点的坐标,创建相应的链表结点,把它们逐个链接到链表的末尾。每输入一个点就创建一个对应的结点,链接到 L 的末尾,输出对应的链表。限定坐标在[0,0]~[10,10]的范围内,如果超出范围则提示"out of range,try again!"。

输入样例:

0 0 1 1 2 2 3 3 4 4
^Z

输出样例:

L-> (0,0)
L-> (0,0) -> (1,1)
L-> (0,0) -> (1,1) -> (2,2)
L-> (0,0) -> (1,1) -> (2,2) -> (3,3)
L-> (0,0) -> (1,1) -> (2,2) -> (3,3) -> (4,4)

问题分析:

链表的优势在于可以动态建立,链表可以任意链接下去,不用事先规定链表的长度。对于数组,如果不知道有多少个元素,必须在程序设计时开辟一个足够大的数组空间,而链表的大小可以动态变化,每创建一个结点,都可以把它链接到链表的某个位置(首、尾、内部)。链表上的任意一个结点都可以从链表中删除。

根据输出样例的要求,每链接一个结点都要输出相应的链表。为了清楚起见,可以定义一个专门输出链表的函数。函数原型可以为"void printPointLinkDetail(POINT * h);"或"void printPointLinkDetail(POINT * h, int k);"。前者是在每链接一个新结点之后调用一次函数 printPointLinkDetail,后者是在整个链表创建之后再输出创建链表的过程。

对于前者,打印链表函数每次都是从链表的第一个结点开始,令 q=h,如果 q!=NULL,循环输出各个结点,直到 q 为 NULL 停止。其完整的代码如下:

```
#001  void printPointLink(POINT * h){
#003      POINT * q;
#004      q=h;              //从第一个结点开始
#005      printf("L->");
#006      while(q!=NULL){
#007          printf("(%d,%d)->",q->x,q->y);
#008          q=q->next;
#009      }
#011  }
```

对于后者,因为知道链表包含的结点数,所以可以通过计数控制的双重循环进行输出显示。外层循环通过链表的个数控制每个链表,内层循环输出那个链表。

算法设计:

① 点数 k=0,头指针 h=NULL。
② 键盘输入一对坐标值 x、y,如果输入 Ctrl-Z 结束输入转⑦。
③ 动态创建一个 POINT * p,使其坐标为 x、y,令 p->next = NULL。
④ 如果 k==0,则头指针 h=p,尾指针 q=p,否则结点 p 链到尾部,p 作为新的尾结点即 q=p。
⑤ k++。
⑥ 重复步骤②~⑤。
⑦ 调用一个输出链表函数 printPointLinkDetail(h,k),输出动态点链表(含过程)。

⑧ 释放存储链表的内存。
⑨ 结束。
程序实现：

```
#001 #include<stdio.h>
#002 #include<malloc.h>
#004 typedef struct point{
#005     int x;   int y;
#007     struct point * next;
#008 } POINT;
#010 void printPointLinkDetail(POINT * h, int k);
#012 int main(){
#014     int i,k=0,x,y;
#015     POINT * h=NULL, * q, * p;
#017     while(scanf("%d%d",&x,&y)!=-1) {
#019         p=(POINT * )malloc(sizeof(POINT));
#020         p->x=x;
#021         p->y=y;
#022         if(!(p->x<=10&&p->x>=0&&p->y<=10&&p->y>=0)){
#024             printf("out of range,try again!\n");
#025             continue;
#026         }
#027         p->next=NULL;
#028         if(k==0){
#029             h=p;
#030             q=p;             //开始时,q和h均指向第一个结点
#031         }else{
#033             q->next=p;
#034             q=p;             //指向链表的尾
#035         }
#036         k++;
#038     }
#040     printPointLinkDetail(h,k);
#041     while(h!=NULL) {         //释放链表
#043         p=h->next;           //获得相邻结点的指针
#044         free(h);             //释放h指向的结点
#045         h=p;                 //相邻结点作为新的头
#046     }
#047     return 0;
#048 }
#050 void printPointLinkDetail(POINT * h,int k){
#052     POINT * q;
#053     int i,j;
#054     for(i=1; i<=k; i++){
#056         printf("L->");
```

```
#057            q=h;                    //每次都是从头开始
#058            for(j=1; j<=i; j++){
#060                if(i==j)
#061                    printf("(%d,%d)\n",q->x,q->y);
#062                else
#063                    printf("(%d,%d)->",q->x,q->y);
#064                q=q->next;          //链表的下一个结点
#065            }
#066        }
#067 }
```

8.5 约瑟夫环

问题描述：

有n个人围成一圈（假设他们的编号沿顺时针方向依次为1～n），而后从1号人员开始报数（沿顺时针方向），数到3者被"淘汰出局"；然后从下一个人重新从1开始报数，数到3后，淘汰第二个人；以此类推，直到最后剩下2人为止。这个问题当n＝41时便是约瑟夫环那个历史故事（具体内容请查阅相关资料）。写一个程序，依次输出被"淘汰"的人和最后留下的人的编号，要求用链表来实现。

输入样例：

41

输出样例：

3 6 9 12 15 18 21 24 27 30 33 36 39 1 5 10 14 19
23 28 32 37 41 7 13 20 26 34 40 8 17 29 38 11 25
2 22 4 35
16 31

问题分析：

这个问题中的每个人可以用一个结构类型的结点来表达，进一步就可以动态地把所有的结点链接起来形成一个单向链表。结构结点类型的定义为

```
struct node
{
    int num;
    struct node * next;
};
```

但在我们的问题中需要循环访问各个结点，即当访问到链表尾结点时，下一个要访问的是头结点，因此头结点和尾结点还有内部结点，在报数的过程中都可能是3，都有可能被淘汰，这样就会有新的头和尾，使链表不断变短直到最后剩下两个结点为止。在这个循环报数过程中，关键是要把尾首相连，这个"相连"在单向链表中只能在处理过程中通过判断是否达到了尾来实现。

如果把单向链表定义为单向循环链表，即尾结点的next指针不是NULL，而是头，那么在程序当中就可以连续访问了。在动态创建单向循环链表的过程中，需要一个头结点来过渡。头结点是一个特殊的结点，当单向循环链表为空时，它的指针部分就是自己，数据部分

闲置不用。当增加一个结点,头结点的指针部分才指向第一个结点,而第一个结点的指针部分则是头,这样始终是单向循环链表。这个单向循环链表创建好之后还要把头结点去掉,以便适应问题当中的循环报数过程。

如果链表上所有的结点是彼此相邻的,它就退化为一个结点的数组,这时每个结点的指针成员的值可以简化为下一个相邻结点的下标,这时的结点可定义为

```
struct node
{
    int num;
    int nextp;
};
```

如果知道结点的最大数量,就可以定义一个结点数组,每个结点不必动态生成,因此这种链表也称为**静态链表**,如果首尾相连就得静态循环链表。

下面只给出用单向链表的算法设计与程序实现,用单向循环链表和静态循环链表的算法设计与实现留给读者。

算法设计:

① 键盘输入结点数 nodeNums。
② 建立具有 n 个结点的单链表 head。
③ i=1,p=head 开始循环执行④。
④ if(i%3==0)调用 delNode 函数删除当前结点 p。
⑤ 删除的同时显示结点序号,i++,nodeNums--。

同时 p 的后一个相邻结点作为新的 p。在这个过程中,如果 nodeNums<3,则循环结束,否则 p 结点后移,即 p=p-> next,同时伴有 p 的前一个结点 prep 后移。

⑥ i++。
⑦ 调用 displayNode 函数显示剩余的两个结点。
⑧ 释放链表。

程序实现:

```
#002 #include <stdio.h>
#003 #include <stdlib.h>
#004 void freeList();
#005 struct node{
#007     int num;
#008     struct node * next;
#009 };
#011 struct node * head=NULL;
#013 void displayNode(){
#015     struct node * ptr=head;
#016     while(ptr !=NULL){
#018         printf("%d ",ptr->num);
#019         ptr=ptr->next;
#020     }
```

```
#021        printf("\n");
#022 }
#024 struct node * createNode(int num){
#026        struct node * ptr= (struct node * )malloc(sizeof(struct node));
#027        ptr->num=num+1;
#028        ptr->next=NULL;
#029        return ptr;
#030 }
#032 //返回被删除的结点p的下一个结点,新的p
#033 struct node * delNode(struct node * p, struct node * previous){
#035        if(p==head){                    //p是头结点
#037            head=p->next;               //新的头
#038            printf("%d ",p->num);
#039            free(p);
#040            return head;
#041        }
#042        if(p->next==NULL) {             //p是尾结点
#044            previous->next=NULL;        //previous作为新的尾
#045            printf("%d ",p->num);
#046            free(p);
#047            return head;
#048        }else{
#051            previous->next=p->next;     //删除的点p
#052            printf("%d ",p->num);
#053            free(p);
#054            return  previous->next;
#055        }
#056 }
#058 int main(void){
#060     int i=0,nodeNums;
#061     struct node * p, * prev;
#062     char c;
#063     scanf("%d",&nodeNums);              //输入结点数
#064     head=NULL;
#065     for(i=0;i<nodeNums;i++){            //建立单链表
#067        if(i==0){
#069            head=createNode(i);         //head保持不变
#070            prev=head;                  //prev指向末尾
#071        }else{
#074            prev->next=createNode(i);   //新结点链接到末尾
#075            prev=prev->next;            //prev指向新的末尾
#076        }
#077     }
#078     //displayNode();
#079     i=1;                                //从第一个结点head开始
```

```
#080        p=head;
#081        for(;;){
#083            if(i%3==0) {              //如果结点序号能被 3 整除
#085                p=delNode(p,prev);    //删除 p 结点,返回 p 相邻的结点
#086                i++;
#087                nodeNums--;           //结点数减 1
#088                if(nodeNums<3)        //剩下两个结点时停止循环
#089                    break;
#090            }else{
#092                prev=p;               //向后移动,原来的 p 作为 prev
#093                p=p->next;            //p 的 next 作为新的 p
#094                if(p==NULL)           //如果新的 p 是 NULL
#095                    p=head;           //令 p 为 head
#096                i++;
#097            }
#098        }
#099        printf("\n");
#100        displayNode();
#101        freeList();
#102        return 0;
#103    }
#104    void freeList(){
#106        while(head!=NULL) {           //释放链表
#108            p=head->next;             //获得相邻结点
#109            free(head);               //释放 h 指向的结点
#110            head=p;                   //相邻结点作为新的头
#111        }
#112    }
```

8.6 比赛报名管理

问题描述:

某学院举办一个比赛活动,限制最多可报名 200 人,男女不限。每个参赛者要提供姓名、学号、年龄、性别、身高等信息。写一个程序,建立报名参赛者的信息库,按照报名先后顺序输出报名表,给出报名总数和身高统计表即 140cm 以下、140～150cm、150～160cm、160～170cm、170～180cm 和 180cm 以上的各有多少,求出平均年龄。

输入样例: 输出样例:

please input data: Ctrl-z to end   aaaaaaaa   100001 m 18 165
name:aaaaaaaa   bbbbbbb   100002 w 19 178
num:100001   player totals is 2
sex:m   130<=h<140:0
age:18   140<=h<150:0
height:165   150<=h<160:2
name:bbbbbbb   160<=h<170:0

```
num:100002
sex:w
age:19
height:178
name:^Z
```

```
170<=h<180:0
180<=h<190:0
190<=h<200:0
others is 0
average age is 18.5
```

问题分析：

比赛报名可以抽象为一个结构类型，具体定义如下：

```c
struct game{
    char name[10];
    char num[10];
    char sex;
    int age;
    int height;
};
typedef struct game GAME;
```

所有的报名者可以定义一个结构数组 GAME player[MAX]，其中 MAX 是报名名额的上限。为了清晰起见，可以定义几个函数：

```c
void input(GAME * p, int * num);
void print(GAME * p, int num);
void statistic(GAME * p, int num);
```

它们分别实现数据的输入、输出和统计。这些函数都需要向它们传递结构数组 player，结构或结构数组作为函数的参数一般用指向结构或结构数组的指针，这样效率更高。另外 input 函数还需要计数报名的数量，用指针参数 num 获得，整个 player 可能定义得很大，实际运行过程中 *num 获得实际报名数。

算法设计：首先定义上述的结构 GAME。

① 键盘数据输入若干报名者信息到 GAME player[MAX]中，输入 Ctrl-Z 结束输入。
② 按照输出样例的格式输出所有报名者信息。
③ 使用多分支选择结构统计不同身高的人数，并按照输出样例格式输出。

程序实现：

```
#001 #include <stdio.h>
#002 #define MAX 200
#004 struct game{
#005     char name[10];
#006     char num[10];
#007     char sex;
#008     int age;
#009     int height;
#010 };
#012 typedef struct game GAME;
#014 void input(GAME * p, int * num);
```

```
#015 void print(GAME *p,int num);
#016 void statistic(GAME *p, int num);
#018 int main(void){
#020     GAME player[MAX],*p=player;
#021     int num;
#023     input(p,&num);           //输入报名者信息
#024     print(p,num);            //输出
#025     statistic(p,num);        //统计
#027     return 0;
#028 }
#029 void input(GAME *p, int *num){
#031     int i=0;
#032     printf("please input data: Ctrl-z to end\n");
#033     printf("name:");
#034     while(scanf("%s",p[i].name)!=-1){
#036         //scanf("%s",p[i].name);
#037         getchar();
#038         printf("num:");
#039         scanf("%s",p[i].num);
#040         getchar();
#041         printf("sex:");
#042         scanf("%c",&p[i].sex);
#043         getchar();
#044         printf("age:");
#045         scanf("%d",&p[i].age);
#046         printf("height:");
#047         scanf("%d",&p[i].height);
#048         i++;
#049         printf("name:");
#050     }
#051     *num=i;
#052 }
#053 void print(GAME *p,int num){
#055     int i;
#056     for(i=0;i<num;i++){
#058         printf("%11s%11s%2c%3d%4d\n",
#059             p[i].name, p[i].num, p[i].sex, p[i].age, p[i].height);
#060     }
#061 }
#062 void statistic(GAME *p, int num){
#064     int i,t,sage=0;
#065     int s[10]={0};
#066     double average;
#067     for(i=0;i<num;i++)    {
#069         t=p[i].height/10;
```

```
#070          switch(t)   {
#072              case 13:
#073                  s[3]++; break;
#074              case 14:
#075                  s[4]++; break;
#076              case 15:
#077                  s[5]++; break;
#078              case 16:
#079                  s[5]++; break;
#080              case 17:
#081                  s[5]++; break;
#082              case 18:
#083                  s[5]++; break;
#084              case 19:
#085                  s[5]++; break;
#086              default:
#087                  s[0]++; break;
#088          }
#089          sage+=p[i].age;
#090      }
#091      printf("player totals is %d\n",num);
#093      for(i=3;i<=9;i++)
#094          printf("%d<=h<%d:%d\n",(10+i) * 10,(10+i+1) * 10,s[i]);
#095      printf("others is %d\n", s[0]);
#097      printf("average age is %.1f\n",(double)sage/num);
#098 }
```

8.7 个人财务管理

问题描述：

每个人日常都有各种各样的消费和收入，可以简称为交易，编写一个程序实现对个人财务交易进行管理。要求记录每笔交易的日期和时间，每笔交易的金额，如果交易金额为正，收入增加，否则支出增加，每笔交易之后输出当前的收支情况。

输入样例：　　　　　　**输出样例：**

```
please input a              Date       Time      Earning    Payout   Balance
deal:(+/-)                  2014/2/8   20:55:4      0.00   2000.00   2000.00
2000                        2014/2/8   20:55:50  -200.00      0.00   1800.00
-200                        2014/2/8   20:55:52  -100.00      0.00   1700.00
-100                        2014/2/8   20:55:56     0.00   1000.00   2700.00
1000                        2014/2/8   20:56: 5  -233.00      0.00   2467.00
-233
^Z
```

问题分析：

交易记录可抽象成一个结构类型，如下：

```
struct deal{
    struct date dt;
    struct time ti;
    double earning;
    double payout;
};
typedef struct deal DEAL;
```

其中 date 和 time 结构类型为

```
struct date{
    int year; int month;
    int wday;          //星期几,保留 int day;
};
struct time{
    int hour; int minute; int second;
};
```

日期和时间是不用输入的,可以获得系统当时的日期和时间。获得系统的时间函数是 t=time(NULL),但它返回的是以秒为单位的,需要把秒转换为标准的日期和时间。时间有本地时间 localtime(&t)和世界时间(格林威治时间)gmtime(&t),它们都返回一个 tm 结构的对象,tm 结构定义如下:

```
struct tm{
    int tm_sec; int tm_min; int tm_hour;
    int tm_mday; int tm_mon; int tm_year;
    int tm_wday; int tm_yday; int tm_yday;
    int tm_isdst;
};
```

其中 tm_mon 成员的值是 0~11,tm_year 是 1900 年以来的年数。如果需要用英文的月份名称和星期一到星期日的英文名称可以进行适当的转换。

算法设计:首先定义几个结构,包括 DEAL、struct date、struct time。

① 声明一个数组 DEAL mydeal[MAX],用指针 DEAL * p 指向它,下标变量 i=0,账户平衡数组 double balance[MAX]初始化为 0。

② 键盘输入若干笔交易额 str(含有+或-号的字符串),输入 Ctrl-Z 结束输入转⑥,对于每笔交易额都要执行步骤③和④。

③ 若 str[0]是加号或不是减号,则(p+i)->earning= atof(str),否则(p+i)->payout=atof(str)。

④ 对于每笔交易额都要计算新的 balance,即计算 balance[i],若 i 为 0,则 balance[i]=p->earning+p->payout;否则 balance[i]=balance[i-1]+(p+i)->earning+(p+i)->payout。

⑤ i++,回到②进行下一次输入。

⑥ 最后按照输出样例的格式输出账户的信息。

程序实现：

```
#001 #include <stdio.h>
#002 #include <stdlib.h>
#003 #include <time.h>
#004 #define MAX 100
#006 struct date{
#007     int year; int month;
#009     int wday;                //星期几,保留 int day;
#011 };
#012 struct time{
#014     int hour; int minute;  int second;
#017 };
#018 struct deal{
#019     struct date dt; struct time ti;  double earning; double payout;
#023 };
#025 typedef struct deal DEAL;
#027 void getDateTime(DEAL *p);
#028 void print(DEAL *p,int num,double ba[]);
#030 int main(void){
#032     char str[20];
#033     DEAL mydeal[MAX],*p=mydeal;
#034     double balance[MAX]={0};
#035     int num,i=0;
#037     printf("please input a deal:(+/-)\n");
#038     while(scanf("%s",str)!=-1){
#040         getDateTime(p+i);
#041         if(str[0]=='+' || str[0]!='-')
#042             (p+i)->earning=atof(str);
#043         else
#044             (p+i)->payout=atof(str);
#045         if(i==0)
#046             balance[i]=p->earning+p->payout;
#047         else
#048             balance[i]=balance[i-1]+(p+i)->earning+(p+i)->payout;
#049         i++;
#050     }
#052     num=i;
#053     print(p,num,balance);    //balance in print
#054     return 0;
#055 }
#057 void getDateTime(DEAL *p){
#059     time_t t;
#060     //char * wday[]={"Sun","Mon","Tue","Wed","Thu","Fri","Sat"};
#061     //char * mday[]={"Jan","Feb","Mar","Apr","May","June",
#062     //"July","Aug","Sept","Oct","Nov","Dec"};
```

```
#063        struct tm * area;
#064        tzset();              //时区环境设置
#065        t=time(NULL);         //获得系统时间以秒为单位
#066        area=localtime(&t);   //转换为当地时间
#067        //printf("%s %s \n",mday[area->tm_mon],wday[area->tm_wday]);
#068        p->dt.year=1900+ (area->tm_year);
#069        p->dt.month= (area->tm_mon)+1;
#070        p->dt.day=area->tm_mday;
#071        //printf("%d/%d/%d:",p->dt.year,p->dt.month,p->dt.day);
#072        p->ti.hour=area->tm_hour;
#073        p->ti.minute=area->tm_min;
#074        p->ti.second=area->tm_sec;
#075        //printf("%d:%d:%d:",p->ti.hour,p->ti.minute,p->ti.second);
#076      }
#078      void print(DEAL * p,int num,double ba[]){
#080        int i;
#081        printf("  Date    Time      Earning     Payout     Balance\n");
#082        for(i=0;i<num;i++){
#084          printf("%d/%d/%d ",p[i].dt.year, p[i].dt.month,p[i].dt.day);
#085          printf("%d:%d:%d ",p[i].ti.hour,p[i].ti.minute,p[i].ti.second);
#086          printf("%12.2f ",p[i].earning);
#087          printf("%12.2f ",p[i].payout);
#088          printf("%12.2f\n",ba[i]);
#089        }
#090      }
```

8.8 通讯录管理

问题描述：

写一个通讯录管理程序，使其具有增加(插入)、删除、排序输出、查询功能。

输入输出样例：

```
create init book:
input number,Ctrl-Z end input:
1
please input
name:aaaaa
telnum:12356565
address:ajkfshdffs
input number,Ctrl-Z end input:
2
please input
name:bbbbb
telnum:2376823
address:akfjklsdjfl
input number,Ctrl-Z end input:
```

```
3
please input
name:ccccc
telnum:asdkljsdlkfj
address:aslsdkf
^Z
        address book
================
   name: aaaaa
   telnum: 12356565
   taddress: ajkfshdffs
--------------------
   name: bbbbb
   telnum: 2376823
```

```
    taddress: akfjklsdjfl
    --------------------
       name: ccccc
       telnum: asdkljsdlkfj
    taddress: aslsdkf
    --------------------
query what name:bbbbb
       name: bbbbb
       telnum: 2376823
    taddress: akfjklsdjfl
query what telnum:2376823
       name: bbbbb
       telnum: 2376823
```

```
    taddress: akfjklsdjfl
delete which name:bbbbb
address book
==================
       name: aaaaa
       telnum: 12356565
    taddress: ajkfshdffs
    --------------------
       name: ccccc
       telnum: asdkljsdlkfj
    taddress: aslsdkf
    --------------------
```

问题分析：

通讯录管理是随时进行的，有新的通讯朋友就要增加进来，不需要的通讯信息就要删除，当通讯录的记录比较多的时候就要查询，可以按姓名查询也可以按电话号码查询，因此通讯录管理应该包含多个模块，实现多种功能供用户选择。比较好的做法是总是一个选择菜单呈现在用户面前，用户选择一项任务执行完毕又回到选择菜单等待用户做选择，如果要退出，可选择 q 退出系统。执行各个功能模块未必是顺序进行。下面的实现算法只是罗列出各种功能，顺序执行创建通讯录、显示通讯录、查询、删除，以及删除后再显示等。具体输入输出样例见上面的例子。

算法设计：

① 创建一个通讯录空表 link＝NULL。
② 逐条输入通讯录信息，创建结点，链接到 link 的尾部，建立通讯录。
③ 显示整个通讯录。
④ 按照名字查询。
⑤ 按照电话号码查询。
⑥ 按照名字删除。
⑦ 显示整个通讯录。

程序实现：

```
#001 #include <stdio.h>
#002 #include <stdlib.h>
#003 #include <string.h>
#005 #define MAX 100
#007 struct node{
#008     char * name;
#009     char * telnum;
#010     char * address;
#011     struct node * next;
#012 };
#014 typedef struct node ADRBOOK;
```

```
#016  ADRBOOK * createNode();
#017  ADRBOOK * append(ADRBOOK * head, ADRBOOK * node);
#018  void append2(ADRBOOK * * head, ADRBOOK * node);
#019  void queryByName(ADRBOOK * head, char * name);
#020  void queryByTelnum(ADRBOOK * head, char * telnum);
#021  ADRBOOK * delete(ADRBOOK * head, char * name);
#022  void displayALL(ADRBOOK * head);
#024  int main(void){
#026      int i=0;
#027      char name[20];
#028      char telnum[12];
#029      ADRBOOK * link=NULL, * node;          //通讯录链表 link 为无头结点
#030      while(scanf("%d",&i)!=-1) {            //逐个结点添加通讯录信息
#032          node=createNode();                 //键盘输入结点信息,创建结点
#033          //link=append(link,node);
#034          append2(&link,node);               //链接到通讯录链表的尾部
#035          i++;
#036      }
#037      displayALL(link);                      //显示整个通讯录
#038      printf("query what name:");            //按照名字查询
#039      scanf("%s",name);
#040      queryByName(link,name);
#041      printf("query what telnum:");          //按照电话号码查询
#042      scanf("%s",telnum);
#043      queryByTelnum(link,telnum);
#044      printf("delete which name:");          //按照姓名删除
#045      scanf("%s",name);
#046      link=delete(link,name);
#047      displayALL(link);                      //再次显示通讯录
#048      return 0;
#049  }
#050  //创建一个通讯录链表,返回链表
#051  ADRBOOK * createNode(){
#053      char temp[50];
#054      //动态申请结点空间
#055      ADRBOOK * ptr= (ADRBOOK * )malloc(sizeof( ADRBOOK ));
#056      //输入通讯录信息
#057      printf("please input\n");
#058      printf("name:");
#059      scanf("%s",temp);
#060      ptr->name= (char * )malloc(sizeof(temp));
#061      strcpy(ptr->name,temp);
#062      printf("telnum:");
#063      scanf("%s",temp);
#064      ptr->telnum= (char * )malloc(sizeof(temp));
```

```
#065        strcpy(ptr->telnum,temp);
#066        printf("address:");
#067        scanf("%s",temp);
#068        ptr->address= (char * )malloc(sizeof(temp));
#069        strcpy(ptr->address,temp);
#070        ptr->next=NULL;
#071        //返回结点指针
#072        return ptr;
#074    }
#076 //按照输出样例显示整个通讯录
#077 void displayALL(ADRBOOK * head){
#078     ADRBOOK * ptr=head;
#079     printf("\n");
#080     printf("    address book \n");
#081     printf("================\n");
#082     while(ptr !=NULL){
#084         printf("   name: %s\n",ptr->name);
#085         printf(" telnum: %s\n",ptr->telnum);
#086         printf("taddress: %s\n",ptr->address);
#087         ptr=ptr->next;                           //后移一个结点
#088         printf("--------------------\n");
#089     }
#090 }
#092 //通过返回语句返回添加结点之后的链表
#093 ADRBOOK * append(ADRBOOK * head, ADRBOOK * node) {
#095     ADRBOOK * ptr=head;
#096     if(head==NULL)
#097         head=node;                               //如果链表为空,新增结点为head
#098     else {
#099         while(ptr->next !=NULL){
#101             ptr=ptr->next;
#102         }//寻找链表的尾结点
#104         ptr->next=node;                          //链接新结点
#105         ptr=ptr->next;                           //ptr 指向尾结点,这句可以略
#106     }
#107     return head;                                 //返回链表
#108 }
#110 //通过二级指针带回添加结点之后的链表
#111 void append2(ADRBOOK **head, ADRBOOK * node) {
#113     ADRBOOK * ptr= * head;
#114     if( * head==NULL)                            //如果链表为空
#115         * head=node;                             //添加的结点为 head
#116     else {
#117         while(ptr->next !=NULL){
#119             ptr=ptr->next;                       //ptr 向后移动一个
```

```
#120        }//寻找链表的尾结点
#121        ptr->next=node;                      //链接新结点
#122        ptr=ptr->next;                       //ptr 指向尾结点,这句可以略
#123     }
#124 }

#126 //按照名字查询通讯录信息
#127 void queryByName(ADRBOOK * head, char * name){
#129     ADRBOOK * ptr=head;
#131     while(ptr!=NULL){
#133         if(strcmp(ptr->name,name)==0)   {
#135             printf("    name: %s\n",ptr->name);
#136             printf("  telnum: %s\n",ptr->telnum);
#137             printf("taddress: %s\n",ptr->address);
#138             return;
#139         }
#140         ptr=ptr->next;                       //后移一个结点
#141     }
#142     if(ptr==NULL)                            //没有找到
#143         printf("not found!\n");
#144 }

#146 //按照电话号码查询
#147 void queryByTelnum(ADRBOOK * head, char * telnum){
#149     ADRBOOK * ptr=head;
#150
#151     while(ptr!=NULL)  {
#153         if(strcmp(ptr->telnum,telnum)==0)  {
#155             printf("    name: %s\n",ptr->name);
#156             printf("  telnum: %s\n",ptr->telnum);
#157             printf("taddress: %s\n",ptr->address);
#158             return;
#159         }
#160         ptr=ptr->next;                       //后移一个结点
#161     }
#162     if(ptr==NULL)                            //没有找到
#163         printf("not found!\n");
#164 }

#166 //按照名字删除某条通讯录信息
#167 ADRBOOK * delete(ADRBOOK * head, char * name){
#169     ADRBOOK * p=head, * previous=head;
#170     if(head==NULL){
#172         printf("List is empty!\n");
#173         return head;
#174     }
#176     while(strcmp(p->name,name)!=0 && p->next!=NULL) {   //没找到继续找
#178         previous=p;
```

```
#179            p=p->next;
#180        }
#181        if(strcmp(p->name,name)==0) {           //找到之后删除
#183            if(p==head)
#184                head=p->next;                    //找到的结点是头结点,删除头
#185            else
#186                previous->next=p->next;          //找到的是内部结点 p,删除 p 结点
#187            free(p);
#188        }
#189        else
#190            printf("not found\n");               //没有找到
#192        return head;                             //返回删除一个结点的链表
#193 }
```

注意：删除某条通讯记录的函数 delete 修改了链表,在上述程序中用 return 返回了修改后的链表,也可以不用 return,而使用双重指针,通过二级指针"带回"修改后的链表,即

```
void delete(ADRBOOK **head, char * name);
```

这时函数内访问链表的头指针要使用 *head,如同 append2 添加记录函数那样。

8.9 复数运算

问题描述：

写一个程序实现两个复数的算术四则运算。

输入样例：

```
input real/imag part of a complex:2 3
input real/imag part of another complex:1 2
```

输出样例：

```
+: 3.0+5.0i
-: 1.0+1.0i
*: -4.0+7.0i
/: 1.6-0.2i
```

问题分析：

复数的定义是 a+bi,a 和 b 是实数,a 称为实部,b 为虚部,i 是虚数单位。用结构表示如下：

```
struct myComplex{ double a;  double b;};
typedef struct myComplex COMPLEX;
```

两个复数的加减运算很简单,就是它们的实部和虚部分别相加减得到结果的实部和虚部。两个复数的乘法的规则是交叉相乘再加减,合并之后得到结果的实部和虚部。两个复数的除法的思想是分母实数化,可以把分子分母都乘以分母的共轭复数(a+bi 的共轭是 a－bi),这样分母交叉相乘之后就是实数了,分子交叉相乘得到新的复数。也可以令两个复数的商为即(a+bi)/(c+di)=x+yi,两边都乘以 c+di,这样除法就转换为乘法,展开整理之后,可以得到 x 和 y 的方程组,求解即可得到结果的实部和虚部。

把每个运算定义成一个函数,函数的返回结果是运算的结果。再定义一个输出复数的函数显示运算结果。

算法设计：首先定义复数结构类型 COMPLEX。
① 创建两个运算复数 c1 和 c2，再创建一个结果复数 c。
② 按照输入样例的格式，键盘输入复数 c1 和 c2。
③ 调用复数加法函数求 c1 与 c2 的和，按照输出样例显示结果。
④ 调用复数减法函数求 c1 与 c2 的差，按照输出样例显示结果。
⑤ 调用复数乘法函数求 c1 与 c2 的积，按照输出样例显示结果。
⑥ 调用复数除法函数求 c1 与 c2 的商，按照输出样例显示结果。

程序实现：

```
#001 #include <stdio.h>
#002 typedef struct mycomplex{
#003     double a;
#004     double b;
#005 }COMPLEX;
#007 COMPLEX compAdd(COMPLEX c1, COMPLEX c2);
#008 COMPLEX compSub(COMPLEX c1, COMPLEX c2);
#009 COMPLEX compMul(COMPLEX c1, COMPLEX c2);
#010 COMPLEX compDiv(COMPLEX c1, COMPLEX c2);
#011 void displayComp(COMPLEX c);
#013 int main(void){
#015     COMPLEX c1,c2,c;
#016     printf("input real/imag part of a complex:");
#017     scanf("%lf%lf",&c1.a,&c1.b);
#018     printf("input real/imag part of another complex:");
#019     scanf("%lf%lf",&c2.a,&c2.b);
#020     c=compAdd(c1,c2);
#021     printf("+ : ");
#022     displayComp(c);
#023     c=compSub(c1,c2);
#024     printf("- : ");
#025     displayComp(c);
#026     c=compMul(c1,c2);
#027     printf(" * : ");
#028     displayComp(c);
#029     c=compDiv(c1,c2);
#030     printf("/: ");
#031     displayComp(c);
#032     return 0;
#033 }
#034 void displayComp(COMPLEX c){
#036     if(c.b>=0)
#037         printf(" %.1f+%.1fi\n",c.a,c.b);
#038     else
```

```
#039              printf(" %.1f%.1fi\n",c.a,c.b);
#040          }
#041          COMPLEX compAdd(COMPLEX c1, COMPLEX c2){
#043              COMPLEX c;
#044              c.a=c1.a+c2.a;
#045              c.b=c1.b+c2.b;
#046              return(c);
#047          }
#048          COMPLEX compSub(COMPLEX c1, COMPLEX c2){
#050              COMPLEX c;
#051              c.a=c1.a-c2.a;
#052              c.b=c1.b-c2.b;
#053              return(c);
#054          }
#055          COMPLEX compMul(COMPLEX c1, COMPLEX c2){
#057              COMPLEX c;
#058              c.a=c1.a * c2.a-c1.b * c2.b;
#059              c.b=c1.a * c2.b+c1.b * c2.a;
#060              return(c);
#061          }
#062          COMPLEX compDiv(COMPLEX c1, COMPLEX c2){
#064              COMPLEX c,conjugate,diviser,dividend;
#065              conjugate.a=c2.a;
#066              conjugate.b=-c2.b;
#067              dividend=compMul(c2,conjugate);
#068              diviser=compMul(c1,conjugate);
#069              c.a=diviser.a/dividend.a;
#070              c.b=diviser.b/dividend.a;
#071              return c;
#072          }
```

注意：gcc 编译器已经支持 complex 类型，只需包含头文件 complex.h，它拥有两个基本操作 creal(c) 和 cimag(c)，分别获得复数 c 的实部和虚部，其实部和虚部默认是 double 类型。但它不支持左值，因此没办法使用赋值语句和 scanf 语句为实部和虚部分别赋值。此外它还支持很多计算结果是复数的操作，请参考系统的 complex.h 文件。

8.10 输出某一天是星期几

问题描述：

已知某月的第一天是星期三，编写程序实现键盘输入当月中的日期号，输出它是星期几。要求使用枚举类型定义一个星期中的每一天。

输入样例： 输出样例：

3 Friday

问题分析：

每周的 7 天分别对应 Sunday、Monday、Tuesday、Wednesday、Thursday、Friday、Saterday，是可以一一列举的一组数据，分别可以对应一个整型常量，如 Sunday 对应 0，Monday 对应 1，以此类推，这刚好是枚举类型可以担任的功能，因此定义枚举类型：

enum weekdays{Sunday,Monday,Tuesday,Wednesday,Thursday,Friday,Saturday};

对于用户输入的当月某一天，由于本月的第一天是 Wendesday，即第一天所在的那周之前有 3 天，又因为枚举值 Sunday 是从 0 开始的，所以用户输入的那一天对应的星期几其枚举值是((day−1)+3)％7。

算法设计： 首先定义枚举类型 enum weekdays。
① 键盘输入某月的第一天是星期几(1～7)day。
② 把 day 转换为枚举值 wdays，即((day−1)+3)％7。
③ 根据 wdays 的值显示对应的枚举常量即星期几。

程序实现：

```
#001 #include <stdio.h>
#002 enum weekdays{Sunday,Monday,Tuesday,
     Wednesday,Thursday,Friday,Saturday};
#003 int main(void){
#005     enum weekdays wdays;
#006     int day;
#007     scanf("%d",&day);
#008     wdays= (enum weekdays)(((day-1)+3)%7);
#009     switch(wdays){
#011         case 0: printf("Sunday\n");
#012                 break;
#013         case 1: printf("Monday\n");
#014                 break;
#015         case 2: printf("Tuesday\n");
#016                 break;
#017         case 3: printf("Wednesday\n");
#018                 break;
#019         case 4: printf("Thursday\n");
#020                 break;
#021         case 5: printf("Friday\n");
#022                 break;
#023         case 6: printf("Saturday\n");
#024                 break;
#025     }
#027     return 0;
#028 }
```

9 文件程序设计

9.1 文件版的平面上点之间的距离

问题描述：

给定平面上的若干个点，设最多不超过 10 个点，求出各个点之间的距离。每个点用一对整数坐标表示，限定坐标在 [0，0] ～ [10，10] 的范围内，如果输入数据超出范围则提示"out of range,try again!"，输出点与点之间的距离。要求输入输出均使用文本格式的文件。

输入样例：（文件 data.in）　　　　　输出样例：（文件 data.out）

```
4                                    0.0 4.1 3.6 7.0
2 3                                  4.1 0.0 3.2 8.9
1 7                                  3.6 3.2 0.0 5.8
4 6                                  7.0 8.9 5.8 0.0
9 3
```

问题分析：

本问题的输入数据不是在程序运行时输入，而是事先用编辑器建立一个文本文件，在该文本文件中输入符合输入样例要求的数据。在程序运行时，程序以文本格式和读的方式打开事先准备好的文件，用格式化读操作读出需要的数据到内存，进行处理。另一方面，程序处理的输出结果现在也不是显示到屏幕上，而是在程序运行时用 w 方式打开一个文本文件，用格式化写函数把处理的结果按照某种格式输出到文件中，如输出样例所示。这里输入输出都要特别注意格式。注意，数据的输入输出基于文件的程序其基本架构是：

定义文件指针 FILE ＊ in，＊ out；

打开文件 in 或 out＝fopen("文件名"，打开方式为"r"或"w"等）；

读写文件 fscanf/fprintf

关闭文件 fclose(in 或 out)

算法设计：

① 创建一个 N 个点的 POINT p[N] 数组。

② 以读的方式打开输入文件 data.in，以写的方式打开输出文件 data.out。

③ 从输入文件读出 POINT 点数 k。

④ 重复从输入文件读出点的坐标，点数 i 累加，并检查坐标是否超出范围，点数是否超过 N。

⑤ 读到 Ctrl-Z 结束读入，k＝i。

⑥ 对于 i＝0 到 k－1，j＝0 到 k－1 调用两点间的距离函数 dis 计算各点之间的距离，即 dis(p[i]，p[j])，同时将结果输出到文件中。

⑦ 关闭文件。

程序实现：

```
#001  #include<stdio.h>
#002  #include<stdlib.h>
```

```
#003 #include<math.h>
#005 #define N 20
#007 typedef struct point{
#008        int x;            int y;
#010 }POINT;
#012 double dis(POINT p1, POINT p2);            //p1,p2 之间的距离
#014 int main(void){
#016     FILE * in,* out;
#017     int i=0,j,k;
#018     POINT p[N];
#020     if((in=fopen("data1.in","r"))==NULL){
#022         printf("open error! strike any key exit!");
#023         getch();
#024         exit(1);
#025     }
#026     if((out=fopen("data1.out","w"))==NULL){
#028         printf("open error! strike any key exit!");
#029         getch();
#030         exit(1);
#031     }
#033     fscanf(in,"%d",&k);
#034     if(k>N){
#036         printf("out of range, maxium points is %d\n",N);
#037         exit(1);
#038     }
#040     while(fscanf(in,"%d%d",&p[i].x,&p[i].y)!=-1){
#042         if(p[i].x<=10 && p[i].x>=0 && p[i].y<=10 && p[i].y>=0)
#043             i++;
#044         else
#045             printf("out of range!\n");
#046     }
#048     for(i=0;i<k;i++){
#050         for(j=0;j<k;j++)
#051             fprintf(out,"%.1f ",dis(p[i],p[j]));
#052         fprintf(out,"\n");
#053     }
#054     fclose(in);
#055     fclose(out);
#057     return 0;
#058 }
#060 double dis(POINT p1, POINT p2){
#062     return sqrt((p1.x-p2.x) * (p1.x-p2.x)+(p1.y-p2.y) * (p1.y-p2.y));
#063 }
```

9.2 文件版的最大最小值

问题描述：

写一个程序可以求任意一组整数的最大值和最小值。到底是多少个整数求最大最小在程序运行时由用户动态确定，这里要求由文件中的第一个行确定，第一行只有一个数，它表示整数的个数。接下来若干行具体的整数，可以每行 5 个或 10 个整数，每个整数之间一个空格。文件格式采用文本格式。

输入样例：   输出样例：

10   9 1
1 2 3 4 5 6 7 8 9 3

问题分析：

本问题中的数据也是事先输入到一个文本文件中，在程序中打开文件进行读写，具体的操作与上一个题目相同，不同的是因为这里读到内存中的数据不必保留，因此不需要使用数组，没有数据多少的限制。

算法设计：

① 以读的方式打开输入文件 data.in，以写的方式打开输出文件 data.out。
② 从输入文件读出数据的个数 k 和第一个数据 x。
③ 令 min＝x，max＝x。
④ 对于 i＝1 到 k－1 重复步骤⑤和⑥。
⑤ 从输入文件读出数据到 x。
⑥ 如果 min＞x，则 min＝x；如果 max＜x，则 max＝x。
⑦ 输出结果，关闭文件。

程序实现：

```
#001 #include<stdio.h>
#002 #include<stdlib.h>
#004 int main(void){
#006     FILE *in,*out;
#007     int i,max,min,k,x;
#009     if((in=fopen("data.in","r"))==NULL){
#011         printf("open error! strike any key exit!");
#012         getch(); exit(1);
#013     }
#014     if((out=fopen("data.out","w"))==NULL){
#016         printf("open error! strike any key exit!");
#017         getch(); exit(1);
#018     }
#020     fscanf(in,"%d",&k);            //读出数据数量
#021     fscanf(in,"%d",&x);            //读第一个求最大最小值的数据
#022     max=x; min=x;
#024     for(i=1;i<k;i++){
```

```
#026            fscanf(in,"%d",&x);          //读其他数据
#027            if(max<x) max=x;
#028            if(min>x) min=x;
#029        }
#030        fprintf(out,"%d %d\n",max,min);//结果输出到文件中
#031        fclose(in);
#032        fclose(out);
#034        return 0;
#035 }
```

9.3 文件版的求学生成绩平均值

问题描述：

某教师承担了某个班的教学工作，在一次测试之后，教师通常要把学生的成绩录入到计算机中保存起来，然后计算他所教的班级的学生该课程的平均成绩值。试给教师写一个程序完成这样的工作。

输入样例：　　　　　　　　　　　　输出样例：

65 65 65　　　　　　　　　　　　　3 65.0

问题分析：

本问题中的成绩数据可以事先借助编辑器输入到一个文本文件中，但要注意一定要按输入样例的格式输入数据。还要注意，程序不知道输入文件里到底有多少成绩数据，可以是任意多。因此在程序中读数据的时候要判断什么时候已经读到了文件的末尾。fscanf 函数有一个特征，就是读到数据的最后一个后再读就会返回 -1，意思是读到了文件的结束标记，它相当于从键盘输入读数据时的 Ctrl-Z 的角色。具体实现见程序实现 1。

如果不是从文件中读入成绩数据，而是在程序运行时从键盘输入学生成绩，并把输入的原始成绩、人数以及平均成绩保存到一个文件中。输入 Ctrl-Z 表示键盘输入结束，这样实现的方法就与从文件读数据有所不同，具体见程序实现 2。

算法设计 1：

① 累加器 total 初始化为 0，计数器 k 初始化为 0。

② 以读的方式打开输入文件，以写的方式打开输出文件。

③ 从输入文件读数据到 x，如果没读到文件末尾，把 x 累加到 total，计数器加 1，重复执行步骤③，否则转步骤④。

④ 计算平均值 total/k，输出平均值。

⑤ 关闭文件。

程序实现 1：

```
#001 #include<stdio.h>
#002 #include<stdlib.h>
#004 int main(void){
#006     int k=0,x,total=0;
#007     double ave;
```

```
#008        FILE * in, * out;
#009        if((in=fopen("data3.in","r"))==NULL){
#011            printf("open error! strike any key exit!");
#012            getch(); exit(1);
#013        }
#014        if((out=fopen("data3.out","w"))==NULL){
#016            printf("open error! strike any key exit!");
#017            getch(); exit(1);
#018        }
#019        while(fscanf(in,"%d",&x)!=-1){
#021            total+=x;k++;
#022        }
#023        if(k!=0)
#024            fprintf(out,"%d %.1f\n",k,(double)total/k);
#026        fclose(in);
#027        fclose(out);
#029        return 0;
#030    }
```

算法设计 2：

① 累加器 total 初始化为 0,计数器 k 初始化为 0。
② 以写的方式打开输出文件。
③ 从键盘输入读数据到 x,如果没读到 Ctrl-Z,把 x 累加到 total,计数器加 1。
④ 再把 x 写入输出文件,重复步骤③和④,否则转⑤。
⑤ 计算平均值 total/k,输出平均值。
⑥ 关闭文件。

程序实现 2：

```
#001 #include<stdio.h>
#002 #include<stdlib.h>
#004 int main(void){
#006        int k=0,x,total=0;
#007        double ave;
#008        FILE * out;
#009        if((out=fopen("data3-2.out","w"))==NULL){
#011            printf("open error! strike any key exit!");
#012            getch(); exit(1);
#013        }
#014        //输入原始数据并计算平均值,结果写到文件中
#015        printf("input grades please: Ctrl-Z to finish\n");
#016        while(scanf("%d",&x)!=-1){
#018            fprintf(out,"%d ",x);
#019            total+=x;k++;
#020        }
#021        fprintf(out,"\n");
```

```
#022        if(k!=0)
#023           fprintf(out,"%d %.1f\n",k,(double)total/k);
#025        fclose(out);
#027        return 0;
#028 }
```

注意：文件的格式化读写是针对文本文件的，即文件的打开方式应该用"w"、"r"、"a"等，如果使用了含"b"的"wb"、"rb"等二进制打开，程序实现1的结果仍然一致，但程序实现2的结果就不完全一致，格式化输出的回车符'\n'没有起作用。因此建议当你使用格式化读写的时候还是用不含'b'的文本打开方式。

9.4 二进制数据文件的建立和加载

问题描述：

教师在每个学期期末的时候都要录入相关课程的成绩单，并进行相关的统计，成绩单的格式是一行一个学生的成绩，包括平时成绩、期中成绩、期末成绩、总评成绩。总评成绩是通过平时成绩、期中成绩、期末成绩按一定的百分比加权平均的结果，如平时20%、期中30%、期末50%。写一个程序先建立某门课程成绩的二进制文件，学生人数不限。再实现把该二进制文件加载到内存，打印包含全班平时成绩、期中成绩、期末成绩、总评成绩的平均值的成绩单。

输入样例：   输出样例：

input grades please: Ctrl-Z to finish   1   77   88   99   91.3
77 88 99   2   66   88   65   72.1
66 88 65   3   89   66   90   82.6
89 66 90   77.3 80.7 84.7 82.0
^Z

问题分析：

二进制文件是以字节为单位进行读写的，没有格式，它是把数据在内存中的存储直接以二进制的形式存储到文件中，而文本文件有一个二进制数据与文本的ASCII码的转换过程，是有格式的。因此二进制文件的读写效率要高于文本文件。另一方面二进制文件是不能通过编辑器查看的，具有较高的安全性。

按照题目的要求，要建立一个二进制文件，因此要先用二进制方式打开一个文件，如只写的wb方式。然后把键盘输入的数据按照它们的大小依次写入文件中，同时通过计算把总评也写入文件中。建好文件并关闭之后再重新以只读的rb方式打开，按照写入的顺序读出它们，进行求和与平均值计算，同时打印到屏幕上。

算法设计：

① 平时成绩、期中成绩、期末成绩的累加器 t1、t2、t3 初始化为 0，总评的累加器 totaltave 初始化为 0。

② 以写的方式打开二进制输出文件。

③ 从键盘输入读平时成绩、期中成绩和期末成绩到 x、y、z，如果没读到 Ctrl-Z，计数器加 1，计算 x、y、z 的总评 tave。

④ 把 k、x、y、z、tave 写入输出文件,重复执行步骤③和④,否则转⑤。
⑤ 关闭输出文件。
⑥ 再以读的方式打开刚刚建立好的二进制文件,把数据逐个读到内存 n、x、y、z、tave 中,按照输出样例的格式显示到屏幕上,同时把 x 累加到 t1,y 累加到 t2,z 累加到 t3,tave 累加到 totaltave,重复⑥直到读到了文件末尾为止。
⑦ 最后计算平均值 t1/k、t2/k、t3/k 和 totaltave/k,按照输出样例的格式输出平均值。
⑧ 关闭输入文件。

程序实现:

```
#001 #include<stdio.h>
#002 #include<stdlib.h>
#004 int main(void){
#006     int i,n,k=1,x,y,z,t1=0,t2=0,t3=0;
#007     double tave,totaltave=0;
#008     FILE * out, * in;
#009     if((out=fopen("data4.out","wb"))==NULL){
#011         printf("open error! strike any key exit!");
#012         getch(); exit(1);
#013     }
#015     printf("input grades please: Ctrl-Z to finish\n");
#016     while(scanf("%d%d%d",&x,&y,&z)!=-1){        //输入原始数据
#018         fwrite(&k,sizeof(int),1,out);
#019         fwrite(&x,sizeof(int),1,out);
#020         fwrite(&y,sizeof(int),1,out);
#021         fwrite(&z,sizeof(int),1,out);
#022         tave=x*.2+y*.3+z*.5;                    //计算平均值
#023         fwrite(&tave,sizeof(double),1,out);     //结果写到文件中
#024         k++;
#025     }
#026     fclose(out);
#027     if((in=fopen("data4.out","rb"))==NULL){
#029         printf("open error! strike any key exit!");
#030         getch(); exit(1);
#031     }
#032     for(i=1;i<k;i++){
#034         fread(&n,sizeof(int),1,in);
#035         fread(&x,sizeof(int),1,in); t1+=x;
#036         fread(&y,sizeof(int),1,in); t2+=y;
#037         fread(&z,sizeof(int),1,in); t3+=z;
#038         fread(&tave,sizeof(double),1,in); totaltave+=tave;
#039         printf("%-5d%-6d%-6d%-6d%-6.1f\n",n,x,y,z,tave);
#040     }
#041     k--;
#042     if(k!=0)
```

```
#043            printf("      %.1f %.1f %.1f %.1f\n",(double)t1/k,
#044                    (double)t2/k,(double)t3/k,(double)totaltave/k);
#045        fclose(in);
#046        return 0;
#047    }
```

注意：fread 和 fwrite 一般是针对二进制文件进行按块读写，文件的打开方式应该是 "wb"、"rb" 等；但也可以用 "w"、"r" 等打开上述代码中的文件，实现结果完全一致。

9.5 结构数据文件的建立和加载

问题描述：

写一个函数 save 实现把学生成绩结构数据保存为一个文件 data5.dat，再写另一个函数 load 实现加载已经保存在某一文件中的学生结构数据，将加载后的数据显示到屏幕上。测试之。

输入样例：

```
input grades please: Ctrl-Z to finish
aaaaaaaaa 001 78 56 66
bbbbbbbbb 002 89 78 76
ccccccccc 003 99 88 90
ddddddddd 004 99 77 93
^Z
```

输出样例：

```
aaaaaaaaa 001 78 56 66 65.4
bbbbbbbbb 002 89 78 76 79.2
ccccccccc 003 99 88 90 91.2
ddddddddd 004 99 77 93 89.4
```

问题分析：

需要永久存储的数据是以文件的形式放在外存里，要对数据进行处理必须把它们加载到内存中。内存中的数据是存储在变量中，可能是单个变量，也可能是数组，可能是指针指向的变量，也可能是结构对象。通常以结构对象的形式读写数据是比较好的选择，因为结构对象的数据通常是多个成员数据的组合，以结构对象作为一个数据块的单位进行读写比多个简单变量分别进行读写要更加简单明了。

问题要求把结构数据保存到文件中，就是要把内存中的结构数据写到文件中。假设我们要保存的数据是学生结构数据，还假设要通过键盘输入原始数据到内存中的结构数组 students 中。输入完毕之后，计算总评，然后调用 save 保存到文件中。为了验证是否保存成功，另外定义一个同样大小的结构数组 dispStus，用于存放加载文件得到的数据，调用 load 之后，如果正确地加载了数据，就已经保存到 dispStus 数组中了，把它们显示到屏幕上检验数据的正确性。学生结构类型定义如下：

```
struct stu{
    char name[20];
    char num[10];
    int dailyGrade;
    int midGrade;
    int endGrade;
    double endAverage;
}
```

算法设计:

① 声明两个学生结构数组 students[MAX] 和 dispStus[MAX],全局的计数器 i 初始化为 0。

② 以二进制方式打开一个输出文件。

③ 键盘输入学生对象信息到 students[i],i++,重复,直到输入 Ctrl-Z 为止。

④ 学生数 n=i。

⑤ 通过一个循环 i=0 到 n-1,求每个学生的总评。

⑥ 调用 save 函数(fwrite n 个学生对象数据),把结构数组 students 的数据写入打开的文件,关闭文件。

⑦ 再以只读的方式打开同一文件。

⑧ 调用 load 函数(fread n 个学生对象数据),加载刚刚建立的文件,即读到 dispStus 数组中。

⑨ 按照输出样例显示数据。

⑩ 关闭文件。

程序实现:

```
#001  #include<stdio.h>
#002  #include<stdlib.h>
#003  #define MAX 40
#004  #define FILENAME "data5.dat"
#006  struct stu{
#007      char name[20];
#008      char num[10];
#009      int dailyGrade;
#010      int midGrade;
#011      int endGrade;
#012      double endAverage;
#013  }students[MAX],dispStus[MAX];
#015  void save(FILE * out,int n);
#016  void load(FILE * in,int * n);
#018  int main(){
#020      int i=0,n;
#021      FILE * out,* in;
#023      if((out=fopen(FILENAME,"wb"))==NULL)   {
#025          printf("open error! strike any key exit!");
#026          getch(); exit(1);
#027      }
#028      //输入原始数据并计算平均值
#029      printf("input grades please: Ctrl-Z to finish\n");
#030      while(scanf("%s %s %d %d %d",students[i].name,students[i].num,
#031              &students[i].dailyGrade,&students[i].midGrade,
#032              &students[i].endGrade)!=-1)
#034          i++;
```

```
#036      n=i;
#037      for(i=0;i<n;i++){
#039         students[i].endAverage=
#040         students[i].dailyGrade*.2+students[i].midGrade*.3+
#041         students[i].endGrade*.5;
#042      }
#044      save(out,n);
#046      fclose(out);
#048      if((in=fopen(FILENAME,"rb"))==NULL){
#050         printf("open error! strike any key exit!");
#051         getch();exit(1);
#052      }
#054      load(in,&n);
#056      for(i=0;i<n;i++)  {
#058         printf("%s %s %d %d %d %.1f\n",dispStus[i].name,dispStus[i].num,
#059            dispStus[i].dailyGrade,dispStus[i].midGrade,
#060            dispStus[i].endGrade,dispStus[i].endAverage);
#061      }
#062      fclose(in);
#063      return 0;
#064 }
#065 void save(FILE * out,int n){
#067      fwrite(students,sizeof(struct stu),n,out);
#068 }
#070 void load(FILE * in,int * n){
#072      int i=0;
#073      while(!feof(in))   {
#075         fread(&dispStus[i],sizeof(struct stu),1,in);
#076         i++;
#077      }
#078      * n=i-1;
#079 }
```

9.6 文件记录的修改和更新

问题描述：

写一个程序实现对学生成绩结构数据文件的某条记录的姓名进行修改和更新。

输入样例：

input the record num you will
updated(1~4):2
bbbbbb 00002 22 33 77 52.8
new name:hhhhh

输出样例：

aaaaaa 00001 44 88 99 84.7
hhhhh 00002 22 33 77 52.8
cccccc 00003 77 88 99 91.3
dddddd 00005 55 88 55 64.9

问题分析：
　　如果知道要修改的记录序号，即知道它是第几条记录，就可以按序号随机定位到该条记录。在下面的实现中，首先输入要修改更新的记录号，然后输入要更新的内容，再次定位到该条记录进行覆盖，达到更新的目的。如果不知道是第几条记录，要通过输入字段内容如姓名和学号去定位那条记录，就只好按姓名或学号顺序定位到它所在的位置，再修改更新。9.7节讨论的就是顺序查找，查找到之后就可以更新修改了。也可以把更新写成一个函数。

算法设计：
① 以读写（rb+）的方式打开一个原始数据文件。
② 调用 load 函数加载数据到 students[]，获得记录数 n。
③ 确定文件的大小，进一步确定记录数 n。
④ 键盘输入要修改更新的记录位置 num，并且保证 1<=num<=n。
⑤ 定位到文件第 num 条记录，把数据读到学生记录 findStu 中。
⑥ 输出 findStu。
⑦ 输入要修改记录的姓名。
⑧ 初始化文件内部指针，再次定位到 num 位置。
⑨ 写入修改后的记录。
⑩ 再初始化文件内部指针，重新加载文件数据并显示，最后关闭文件。

程序实现：

```
#001  #include<stdio.h>
#002  #include<stdlib.h>
#003  #define MAX 40
#004  #define FILENAME "data5.dat"
#006  struct stu{
#007      char name[20];
#008      char num[10];
#009      int dailyGrade;
#010      int midGrade;
#011      int endGrade;
#012      double endAverage;
#013  }students[MAX],findStu;
#015  void load(FILE * in,int * n);
#017  int main(){
#019      int i=0,n;
#020      FILE * fp;
#021      //必须用 r+或 rb+的方式,fwrite才能不破坏原始数据,只覆盖定位的记录
#022      if((fp=fopen(FILENAME,"rb+"))==NULL) {
#024          printf("open error! strike any key exit!");
#025          getch(); exit(1);
#026      }
#027      fseek(fp,0,SEEK_END);
#028      n=ftell(fp);                      //获得文件大小
#029      n=n/sizeof(struct stu);           //记录数
```

```
#030        //load(fp,&n);                                    //获得记录数
#031        printf("input the record num you will updated(1~%d):",n);
#032        scanf("%d",&num);
#033        //直接定位到第 num 个记录
#034        fseek(fp,(num-1) * sizeof(struct stu),0);
#035        fread(&findStu,sizeof(struct stu),1,fp);          //读出要修改的记录
#036        printf("%s %s %d %d %d %.1f\n",findStu.name,findStu.num,
#037               findStu.dailyGrade,findStu.midGrade,
#038               findStu.endGrade,findStu.endAverage);
#040        rewind(fp);
#042        printf("new name:");
#043        scanf("%s",findStu.name);                         //修改
#044        fseek(fp,(num-1) * sizeof(struct stu),0);
#045        fwrite(&findStu,sizeof(struct stu),1,fp);         //更新该记录
#047        rewind(fp);
#049        load(fp,&n);                                      //整体加载,显示所有数据,查看是否更新
#051        for(i=0;i<n;i++){
#053           printf("%s %s %d %d %d %.1f\n",students[i].name,students[i].num,
#054                  students[i].dailyGrade,students[i].midGrade,
#055                  students[i].endGrade,students[i].endAverage);
#056        }
#057        fclose(fp);
#058        return 0;
#059 }
#061 void load(FILE * in,int * n){
#063      int i=0;
#064      while(!feof(in)){
#066          fread(&students[i],sizeof(struct stu),1,in);
#067          i++;
#068      }
#069      * n=i-1;
#070 }
```

注意：特别值得注意的是，文件的打开方式一定要使用 r+ 或 rb+，fwrite 才能不破坏原始数据。可以使用 ftell 与 fseek 相结合的方法获得文件所含的记录数。

9.7 在文件中查找某个记录信息

问题描述：

写一个程序实现按学号在给定的学生结构数据文件中进行查找，找到后显示该条记录的内容，否则给出未发现该条记录的信息。

输入样例：   输出样例：

4   hhhhh 00002 22 33 77 52.8
aaaaaa 00001 44 88 99 84.7
hhhhh 00002 22 33 77 52.8

```
cccccc 00003 77 88 99 91.3
dddddd 00005 55 88 55 64.9
input name:hhhhh
```

问题分析：

在给定的数据文件中查找，可以逐个记录从文件中读出来，把其姓名与给定的姓名进行比较，如果相等则找到了要找的记录，把它显示到屏幕上。如果遍历所有的文件记录都与要找的姓名不匹配，则输出"not found!"。为了标识是否已经找到要找的记录，使用一个标志变量 flag 加以区别，flag 的初始值可设为 1，当找到的时候 flag 置 0。这样当所有的记录都遍历之后，如果 flag 仍然为 1，则说明文件中不包含要找的信息。

也可以采用一次性把整个文件加载到内存中的某个数组中，然后遍历数组的记录元素，把姓名字段与要找的姓名字符串进行比较，具体比较方法同上。

算法设计：

① 用 flag 标志是否存在要查找的记录，flag＝0 存在，flag 初始值为 1 以只读方式的打开一个原始数据文件。

② 调用 load 函数加载数据到 students[]，获得记录数 n。

③ 调用 disp 函数显示原始数据。

④ 键盘输入要查找的学生姓名，初始化文件内部指针。

⑤ 读文件，逐条记录进行比较，如果与要找的姓名一致，flag＝0，输出找到的记录。

⑥ 否则如果遍历了所有的记录之后 flag 仍然为 1，输出"not found!"。

⑦ 关闭文件。

程序实现：

```
#001 #include<stdio.h>
#002 #include<stdlib.h>
#003 #define MAX 40
#004 #define FILENAME "data5.dat"
#006 struct stu{
#007     char name[20];
#008     char num[10];
#009     int dailyGrade;
#010     int midGrade;
#011     int endGrade;
#012     double endAverage;
#013 }students[MAX],findStu;
#015 void disp(int n);
#016 void load(FILE * in,int * n);
#018 int main( ){
#020     int i=0,n,fb;
#021     int flag=1;
#022     char name[20];
#023     FILE * fp;
```

```
#024    if((fp=fopen(FILENAME,"rb"))==NULL){
#026        printf("open error! strike any key exit!");
#027        getch(); exit(1);
#028    }
#029    load(fp,&n);
#030    disp(n);
#032    printf("input name:");
#033    scanf("%s",name);
#034    rewind(fp);
#035    //while(!feof(fp))
#036    while(fread(&findStu,sizeof(struct stu),1,fp)!=0){
#038        //fread(&findStu,sizeof(struct stu),1,fp);
#039        if(strcmp(findStu.name,name)==0){
#040            printf("%s %s %d %d %d %.1f\n",findStu.name,findStu.num,
#041                findStu.dailyGrade,findStu.midGrade,
#042                findStu.endGrade,findStu.endAverage);
#043            flag=0;
#044            break;
#045        }
#046    }
#047    if(flag==1&&feof(fp))
#048        printf("not found!\n");
#050    fclose(fp);
#051    return 0;
#052 }
#053 void load(FILE * in,int * n){
#055    int i=0;
#056    while(!feof(in)){
#058        fread(&students[i],sizeof(struct stu),1,in);
#059        i++;
#060    }
#061    * n=i-1;
#062 }
#063 void disp(int n){
#065    int i;
#066    printf("%d\n",n);
#068    for(i=0;i<n;i++)    {
#070        printf("%s %s %d %d %d %.1f\n",students[i].name,students[i].num,
#071            students[i].dailyGrade,students[i].midGrade,
#072            students[i].endGrade,students[i].endAverage);
#073    }
#074 }
```

9.8 在文件中插入一条记录

问题描述：

写一个程序向某个学生成绩结构数据文件的指定位置插入一条新记录。

输入样例：

4
aaaaaa 00001 44 88 99 84.7
hhhhh 00002 22 33 77 52.8
cccccc 00003 77 88 99 91.3
dddddd 00005 55 88 55 64.9
input a record you want insert:
name,num,dailygrade,midgrad,endgrade
fffff 00007 88 99 67
input a position you want insert:1~4:3

输出样例：

5
aaaaaa 00001 44 88 99 84.7
hhhhh 00002 22 33 77 52.8
fffff 00007 88 99 67 80.8
cccccc 00003 77 88 99 91.3
dddddd 00005 55 88 55 64.9

问题分析：

文件的记录是顺序连续存储的，这就像数组元素之间是顺序连续存储的一样，因此要在某个位置插入一条记录必须先确定插入的位置，然后把那个位置在内的以后的所有记录进行"移动"。当然这个移动的方法可能多种多样，比如，我们先把所有的记录都加载到内存中，在内存数组中找到要插入的位置或者输入要插入的位置，然后把该位置以前的记录先写到文件中，再写入那个要插入的记录，最后把那个位置（包含它自身）以后的记录依次写进去，这样就相当于移动的效果。这个重写过程可以是写到原文件中，也可以是写到另一个新文件。下面的实现是写到原始文件之中。

算法设计：

① 以读写（rb+）的方式打开一个原始数据文件。
② 调用 load 函数加载数据到 students[]，获得记录数 n。
③ 调用 disp 函数显示原始数据。
④ 键盘输入要插入的学生记录 insertStu 信息和要插入的位置 pos。
⑤ 初始化文件内部指针，在文件中定位到要插入的位置 pos。
⑥ 写入一条要插入的记录 insertStu，再写入 pos 及以后的所有记录。
⑦ 再初始化文件内部指针。
⑧ 调用 load 加载插入记录之后的文件。
⑨ 显示文件数据，关闭文件。

程序实现：

```
#001 #include<stdio.h>
#002 #include<stdlib.h>
#003 #define MAX 40
#004 #define FILENAME "data5.dat"
#006 struct stu{
#007     char name[20];
```

```
#008        char num[10];
#009        int dailyGrade;
#010        int midGrade;
#011        int endGrade;
#012        double endAverage;
#013 }students[MAX],insertStu;
#015 void load(FILE * in,int * n);
#016 void disp(int n);
#018 int main(){
#020        int i=0,n,pos;
#021        char name[20];
#022        FILE * fp;
#023        if((fp=fopen(FILENAME,"rb+"))==NULL)  {
#025            printf("open error! strike any key exit!");
#026            getch(); exit(1);
#027        }
#029        rewind(fp);
#030        load(fp,&n);                          //加载数据到 students[],n 是记录数
#031        disp(n);
#033        printf("input a record you want insert:
#034                \nname, num, dailygrade, midgrad, endgrade\n");
#035        scanf("%s",insertStu.name);
#036        scanf("%s",insertStu.num);
#037        scanf("%d %d %d",&insertStu.dailyGrade,
#038            &insertStu.midGrade,&insertStu.endGrade);
#039        insertStu.endAverage=insertStu.dailyGrade * .2+
#040        insertStu.midGrade * .3+insertStu.endGrade * .5;
#042        printf("input a position you want insert:1~%d:",n);
#043        scanf("%d",&pos);                     //要特别注意不要忘记写 &
#045        rewind(fp);
#046        fseek(fp,(pos-1) * sizeof(struct stu),SEEK_SET);
#047        fwrite(&insertStu,sizeof(struct stu),1,fp);
#048        fwrite(students+pos-1,sizeof(struct stu),n-(pos-1),fp);
#050        rewind(fp);
#051        load(fp,&n);
#053        disp(n);
#055        fclose(fp);
#056        return 0;
#058 }
#060 void load(FILE * in,int * n){
#062        int i=0;
#063        while(!feof(in)){
#065            fread(&students[i],sizeof(struct stu),1,in);
#066            i++;
#067        }
```

```
#068        * n=i-1;
#069    }
#070 void disp(int n){
#072        int i;
#073        printf("%d\n",n);
#075        for(i=0;i<n;i++)   {
#077            printf("%s %s %d %d %d %.1f\n",students[i].name,students[i].num,
#078                students[i].dailyGrade,students[i].midGrade,
#079                students[i].endGrade,students[i].endAverage);
#080        }
#081 }
```

9.9 删除文件中的某一条记录

问题描述：

写一个程序把某个学生成绩结构数据文件指定位置的记录或指定内容的记录删除。

输入样例：   **输出样例：**

old file: 3
4   ggggg 00006 99 77 89 87.4
ggggg 00006 99 77 89 87.4   ccccc 00003 87 66 79 76.7
bbbbb 00002 88 79 77 79.8   aaaaa 00001 77 88 66 74.8
ccccc 00003 87 66 79 76.7
aaaaa 00001 77 88 66 74.8
input a name in the record you want
delete:
bbbbb
position will deleted record is 2

问题分析：

删除文件中的某一条记录，首先要找到那条记录。可以读一条比较一下，也可以一起读到内存再逐个比较。无论如何都是要读出来，看看有没有要删除的记录，如果没有，则反馈"not found!"。找到要删除的记录位置之后：有两种做法删除它：一种方法是定位到那条记录的开始位置，然后把这条记录后面的所有记录覆盖写到那个位置，就相当于往前移动了一条记录；另一种方法是读到内存后，找到相应的位置，然后创建一个新文件，把要删除的记录之前的和之后的分别都写到那个新文件中，这样就删除了那条记录。下面的实现采用了后一种方法。

算法设计：

① flag 初始化为 1。

② 以只读（rb）的方式打开一个原始数据文件调用 load 函数加载数据到 students[]，获得记录数 n。

③ 调用 disp 函数显示原始数据。

④ 键盘输入要删除的学生姓名 name。

⑤ 在所有的记录中查找姓名为 name 的记录,如果有,记录位置 pos,若 flag=0,则输出将要删除的记录号 pos;如果都遍历之后 flag 还为 1,则输出"not found!"。
⑥ 关闭文件。
⑦ 再以读写(rb+)的方式打开一个新数据文件。
⑧ 把位置 pos 之前和之后的记录分别输出到文件中。
⑨ 初始化文件内部指针。
⑩ 再读入数据显示删除后的文件数据,关闭文件。

程序实现:

```
#001 #include<stdio.h>
#002 #include<stdlib.h>
#003 #define MAX 40
#004 #define FILENAME "data5.dat"
#005 #define FILENAMENEW "data9.dat"
#007 struct stu{
#008     char name[20];
#009     char num[10];
#010     int dailyGrade;
#011     int midGrade;
#012     int endGrade;
#013     double endAverage;
#014 }students[MAX],deleteStu;
#016 void load(FILE * in,int * n);
#017 void disp(int n);
#019 int main(){
#021     int i=0,n,pos,flag=1;
#022     char name[20];
#023     FILE * fp;
#024     if((fp=fopen(FILENAME,"rb"))==NULL) {
#026         printf("open error! strike any key exit!");
#027         getch(); exit(1);
#028     }
#029     rewind(fp);
#030     load(fp,&n);              //加载数据到 students[],n 是记录数
#031     disp(n);
#032     printf("input name in the record you want delete:name\n");
#033     scanf("%s",name);
#034     //在文件中找或在内存数组中找
#035     for(i=0;i<n;i++){
#037         if(strcmp(name,students[i].name)==0)   {
#039             pos=i;
#040             flag=0;
#041             break;
#042         }
```

```
#043      }
#044      printf("%d\n",pos);
#045      if(i>=n&&flag==1)
#046          printf("not found!\n");
#047      fclose(fp);
#049      if((fp=fopen(FILENAMENEW,"rb+"))==NULL)  {
#051          printf("open error! strike any key exit!");
#052          getch(); exit(1);
#053      }
#055      fwrite(students,sizeof(struct stu),pos,fp);
#056      fwrite(students+pos+1,sizeof(struct stu),n-(pos+1),fp);
#057      rewind(fp);
#058      load(fp,&n);              //注意load中用到fread,所以打开文件时要用rb+
#059      disp(n);
#060      fclose(fp);
#062      remove(FILENAME);         //删除原始文件
#064      return 0;
#066  }
#068  void load(FILE * in,int * n){
#070      int i=0;
#071      while(!feof(in)){
#073          fread(&students[i],sizeof(struct stu),1,in);
#074          i++;
#075      }
#076      * n=i-1;
#077  }
#078  void disp(int n){
#080      int i;
#081      printf("%d\n",n);
#083      for(i=0;i<n;i++){
#085          printf("%s %s %d %d %d %.1f\n",students[i].name,students[i].num,
#086                 students[i].dailyGrade,students[i].midGrade,
#087                 students[i].endGrade,students[i].endAverage);
#088      }
#089  }
```

9.10 把文件中的数据记录排序

问题描述：

写一个程序把某个学生成绩结构数据文件的所有记录按照总评关键字段进行升序或降序排序。

输入样例：   **输出样例：**

old file: 4
4   ggggg 00006 99 77 89 87.4

```
aaaaa 00001 77 88 66 74.8              bbbbb 00002 88 79 77 79.8
ggggg 00006 99 77 89 87.4              ccccc 00003 87 66 79 76.7
bbbbb 00002 88 79 77 79.8              aaaaa 00001 77 88 66 74.8
ccccc 00003 87 66 79 76.7
```

问题分析：

文件中的数据按记录排序问题涉及外存的文件数据如何排序、结构类型数据如何排序等问题。能直接对外存文件的数据进行排序吗？不可以！对外存数据的操作要在内存中完成才行。因此要先把数据加载到内存中，然后在内存中进行排序，排序后再写到文件中。写入文件时可以覆盖旧文件，也可以新建一个文件专门存放排序后的结果。

结构类型数据排序时，不可能整个结构数据进行比较，一定是按照某个关键字段进行比较，本题是按照结构中的"总评"字段进行排序，即取"总评"字段作为关键字。排序时通过关键字比较调整顺序时，对于结构数据来说不能只调整关键字的顺序，要注意整个记录的其他字段数据都要随之调整。也就是说，除了关键字段的顺序需按照排序要求进行交换，其他字段也要同步交换。当字段比较多时，这个交换是比较麻烦的。但幸运的是，结构记录虽然不支持整体输入输出，但支持整体赋值，所以在排序比较之后需要交换时可以直接通过结构赋值实现交换。

为了清楚起见，把问题求解模块化，为此可以定义几个函数如下：

```
void save(FILE * out,int n);                    //保存 n 个结构记录
void load(FILE * in,int * n);                   //加载文件,记录数为 * n
void sort(int n);                               //n 个结构对象排序,这里采用选择排序法
void disp(int n);                               //显示 n 个结构记录
void swapStud(struct stu * stu1, struct stu * stu2);   //交换两个结构对象
```

算法设计：

① 以读写(rb+)的方式打开一个原始数据文件。
② 调用 load 函数加载数据到 students[]，获得记录数 n。
③ 调用 disp 函数显示原始数据。
④ 调用 sort 函数在内存中排序。
⑤ //再次调用 disp 函数显示排序后的数据，这一步可以省略。
⑥ 关闭文件。
⑦ 以读写(wb+)的方式打开一个新数据文件。
⑧ 调用 save 函数把排序结果输出到文件中。
⑨ 初始化文件内部指针。
⑩ 再读入数据显示排序结果。

程序实现：

```
#001 #include<stdio.h>
#002 #include<string.h>
#003 #include<stdlib.h>
#004 #define MAX 40
#005 #define FILENAME "data5.dat"
```

```
#006 #define SORTEDFILE "data55.dat"
#008 struct stu{
#009     char name[20];
#010     char num[10];
#011     int dailyGrade;
#012     int midGrade;
#013     int endGrade;
#014     double endAverage;
#015 }students[MAX];
#017 void save(FILE * out,int n);
#018 void load(FILE * in,int * n);
#019 void sort(int n);
#020 void disp(int n);
#021 void swapStud(struct stu * stu1, struct stu * stu2);
#022 int main( ){
#024     int i=0,n,pos;
#025     char name[20];
#026     FILE * fp;
#027     if((fp=fopen(FILENAME,"rb+"))==NULL)   {
#029         printf("open error! strike any key exit!");
#030         getch(); exit(1);
#031     }
#033     rewind(fp);
#034     load(fp,&n);            //加载数据到 students[],n 是记录数
#035     printf("old file:\n");
#036     disp(n);
#038     sort(n);                //在内存中排序
#039     printf("sorted result in memory:\n");
#040     disp(n);
#041     fclose(fp);
#043     //如果文件不存在,不能用 rb+,新建文件用于读写应该用 wb+
#044     if((fp=fopen(SORTEDFILE,"wb+"))==NULL)   {
#046         printf("open error! strike any key exit!");
#047         getch(); exit(1);
#048     }
#050     save(fp,n);             //保存到文件中
#052     rewind(fp);
#053     load(fp,&n);            //加载排序后的文件
#054     printf("sorted file:\n");
#055     disp(n);
#057     fclose(fp);
#058     return 0;
#060 }
#061 void save(FILE * out,int n){
#063     fwrite(students,sizeof(struct stu),n,out);
```

```
#064 }
#066 void load(FILE * in,int * n){
#068     int i=0;
#069     while(!feof(in)){
#071         fread(&students[i],sizeof(struct stu),1,in);
#072         i++;
#073     }
#074     * n=i-1;
#075 }
#076 void disp(int n){
#078     int i;
#079     printf("%d\n",n);
#081     for(i=0;i<n;i++){
#083         printf("%s %s %d %d %d %.1f\n",students[i].name,students[i].num,
#084                students[i].dailyGrade,students[i].midGrade,
#085                students[i].endGrade,students[i].endAverage);
#086     }
#087 }
#088 void sort(int n) {              //按照总评大小降序
#090     int i,j,k;
#091     double d1,d2;
#092     for(i=0; i<n-1; i++){        //第i趟最大值所在的位置下标,i=0,1,…,n-2
#093         k=i;
#094         //printf("%f\n",students[i].endAverage);
#095         for(j=i+1; j<n; j++)  {
#097             d1=students[j].endAverage;
#098             d2=students[k].endAverage;
#099             if(d1>d2)
#100                 k=j;             //k总是记录着最高的元素下标
#101         }
#102         if (k !=i ){             //如果k不等于初始值,交换
#103             swapStud(&students[k],&students[i]);
#104         }
#105     }
#106 }
#108 //注意:结构不支持整体输入输出,但支持整体赋值
#109 void swapStud(struct stu * stu1, struct stu * stu2){
#111     struct stu tmp;
#112     tmp= * stu1;
#113     * stu1= * stu2;
#114     * stu2=tmp;
#115 }
```

10 低级程序设计

10.1 按位打印无符号整数

问题描述：

写一个能够按位显示无符号整数的函数 void displayBits(unsigned value)，该函数输出的二进制位每 8 位用一个空格分隔，测试之。提示：注意无符号整数的位数，这与系统有关，要求函数能否兼顾整数的字节数是 2 和 4 的两种情况。

输入样例 1：//2 字节的无符号整数　　输入样例 2：//4 字节的无符号整数

pls enter an unsigned integer:　　　　pls enter an unsigned integer:
65000　　　　　　　　　　　　　　　　1048576

输出样例 1：　　　　　　　　　　　　输出样例 2：

65000: 11111101 11101000　　　　　　1048576:00000000 00010000 00000000 00000000

问题分析：

程序中首先从键盘读入一个无符号整数 x，然后传给函数 displayBits 的 value。

在 displayBits 中先使用 sizeof 运算确定系统的无符号整数的字节数，然后按位处理。如果字节数是 4，则要循环处理 32 次，每次循环只获得 value 的一位。怎么获得一位呢？根据"与运算"的屏蔽作用，可以使用一个只有某一位为 1 的屏蔽码与 value 做"与运算"，如果从高位开始，屏蔽码 displayMask 取为 10000000 00000000 00000000 00000000，这只需令 displayMask = 1<<31，每次循环中要做两件主要的事情：

一是判断 value&displayMask 是真还是假，如果为真，则 value 的高位必为 1，否则必为 0；根据判断的结果输出 1 或 0。

二是令 value=<<1。

此外每输出一位还要考虑是否已经达到了 8 位，如果达到了 8 位则输出一个空格，实现二进制位 8 位一组的效果。

最后，循环结束后输出一个回车换行结束 displayBits。

算法设计：

① 输入一个无符号整数 x。

② 用 x 作为实参调用 displayBits，形参是 value。

　(i) 计算无符号整数的大小 usize，设置 displayMask；

　(ii) i=1 到 usize，循环做下面的事情

　　if（value&displayMask）为真输出 1，否则输出 0

　　value<<1；

　　if(i%8==0) 输出一个空格

　(iii) 循环结束后输出一个换行符。

程序实现:

```
#001 /*
#002  * displayBits.c : 显示无符号整数的二进制位
#003  */
#004 #include<stdio.h>
#006 void displayBits(unsigned );
#008 int main(void){
#010     unsigned x;
#011     printf("pls enter an unsigned integer:\n");
#012     scanf("%u",&x);
#014     displayBits(x);
#016     return 0;
#017 }
#019 void displayBits(unsigned value){
#021     unsigned i,usize,displayMask;
#022     usize=sizeof(unsigned);                        //字节数
#023     if(usize==2)
#024         displayMask=1<<15;                         //确定屏蔽码
#025     if(usize==4)
#026         displayMask=1<<31;
#027     usize *=8;
#028     printf("%u:",value);                           //二进制的位数
#029     for(i=1;i<=usize;i++){
#031         putchar(value&displayMask?'1':'0');        //输出 value 当前的高位
#032         value<<=1;                                 //value 左移 1 位
#033         if(i%8==0) putchar(' ');                   //空格分隔 8 位
#034     }
#035     putchar('\n');
#036 }
```

10.2 判断给定的整数是不是 2 的整数次幂

问题描述:

写一个能够判断整数是不是 2 的整数次幂的函数 bool is2exp(int n),测试之。

输入样例: 输出样例:

256   1

问题分析:

只需分析一下 2 的整数次幂的无符号整数 n 的特点,如 16 的二进制表示是

0000 0000 0000 0000 0001 0000

如果把它减 1,则

0000 0000 0000 0000 0000 1111

显然 n&(n−1)得 0,其他的 2 的整数次幂的无符号整数类似。因此可以得到结论,所有任

何无符号整数,如果它是 2 的整数次幂,则 !n&(n-1) 必为真,否则为假。

算法设计：

对于给定的无符号整数,直接返回 !n&(n-1)。

程序实现：

```
#001 /*
#002  * intPower2.c：判断无符号整数是不是 2 的正整数幂
#003  */
#004 #include<stdio.h>
#006 bool is2exp(unsigned int n){
#008     return !(n&(n-1));
#009 }
#011 int main(void){
#013     unsigned a;
#014     scanf("%u",&a);
#015     printf("%d\n",is2exp(a));
#017     return 0;
#018 }
```

10.3 把字符包装到无符号整型变量中

问题描述：

使用左移运算把 4 个字符包装到一个 4 字节的无符号整型变量中。方法是：先把第一个字符赋值给无符号整型变量,然后把变量左移 8 位,再用按位或运算把该变量和第二个字符组合在一起,以此类推,把第三、四个字符组合起来。写一个函数 packCharacters(char c[ ]),把 4 个字符传递给它。为了证实它们被正确地包装到无符号整型变量中,按位把字符包装前和包装后的值打印出来。

输入样例：	输出样例：
abcd	Before packing: 01100001 01100010 01100011 01100100
	Packed result: 01100001 01100010 01100011 01100100

问题分析：

每个字符 1 个字节,无符号整型数 4 个字节,刚好可以把 4 个字符组合到一个无符号整型当中。根据按位或的特点,首先把无符号整型初始化为 ~0

11111111 11111111 11111111 11111111

然后依次左移 8 位,并与字符做按位或运算,例如,对于字符数组"abcd",首先把 a 即 01100001 与左移 8 位之后的

11111111 11111111 11111111 00000000

按位或得

11111111 11111111 11111111 01100001

再左移 8 位,再与 b 即 01100010 按位或,即

11111111 11111111 01100001 00000000
00000000 00000000 00000000 01100010

得

11111111 11111111 01100001 01100010

以此类推,循环 4 次即把"abcd"组装为

01100001 01100010 01100011 01100100

为了显示字符和无符号整数的二进制形式,需要写两个辅助函数:一个是 displayCharacter,另一个是 displayBits,后者刚好是 10.1 节的打印函数,前者可以模仿后者写出。

packCharacter 函数算法设计:返回无符号整数,参数是要组装的字符数组 char c[4]。
① 无符号整型变量 uInt 初始化为~0。
② i=0 到 3 循环,组装 4 个字符 uInt<<8,uInt|=c[i]。
③ 返回结果 uInt。

函数测试的算法设计:
① 键盘输入 4 个字符到字符数组 c[4]。
② 调用 packCharacter 函数,把 4 个字符组装到无符号整数 uInt 中。
③ 使用 displayCharacter 函数显示 4 个字符的二进制表示。
④ 使用 displayBits 函数显示 uInt 的位。

函数测试程序:

```
#001 /*
#002  * packCharacter.c:组装 4 个字符到一个无符号整型变量中
#003  */
#004 #include<stdio.h>
#006 unsigned packCharacter(char c[]);
#007 void displayBits(unsigned value);
#008 void displayCharacter(char c);
#010 int main(void){
#012     char c[4];
#013     unsigned i,uInt;
#015     for(i=0;i<4;i++){
#016         c[i]=getchar();
#017         //如果不连续输入需要用 getchar()吸收没用的字符,如回车、空格等
#018     }
#020     uInt=packCharacter(c);
#022     for(i=0;i<4;i++)
#023         displayCharacter(c[i]);
#024     putchar('\n');
#026     displayBits(uInt);
#027     return 0;
#028 }
#030 unsigned packCharacter(char c[]){
#032     unsigned ui=~0;
```

```
#033        for(int i=0;i<4;i++){
#034            ui<<=8;
#035            ui|=c[i];
#036        }
#038        return ui;
#039   }
#040   void displayBits(unsigned value){
#042        unsigned i,usize,displayMask;
#043        usize=sizeof(unsigned);              //字节数
#044        if(usize==2)
#045            displayMask=1<<15;               //确定屏蔽码
#046        if(usize==4)
#047            displayMask=1<<31;
#048        usize *=8;
#049        //printf("%u:",value);               //二进制的位数
#050        for(i=1;i<=usize;i++){
#052            putchar(value&displayMask?'1':'0');   //输出 value 当前的高位
#053            value<<=1;                       //value 左移 1 位
#054            if(i%8==0) putchar(' ');         //空格分隔 8 位
#055        }
#056        putchar('\n');
#057   }
#059   void displayCharacter(char c){
#061        unsigned i,displayMask=1<<7;
#063        for(i=1;i<=8;i++)    {
#065            putchar(c&displayMask?'1':'0');   //输出 value 当前的高位
#066            c <<=1;                          //value 左移 1 位
#067        }
#068        putchar(' ');                        //空格分隔 8 位
#069   }
```

10.4 把包装到无符号整型变量中的字符解包装

问题描述：

用右移运算、按位与运算和屏蔽字编写一个函数 unpackCharacters，参数是 4 个字符组合而成的无符号整型变量。该函数把无符号整数解包成 4 个字符。解包方法是：把参数传递的无符号整数和屏蔽字（11111111 00000000 00000000 00000000）按位与，将结果再右移 24 位，把所得的值赋值给一个字符变量。类似的，再把这个无符号整数和屏蔽字（00000000 11111111 00000000 00000000）按位与，结果右移 16 位，再把值赋给第 2 个字符变量。以此类推，同样为了证实解包的正确，把解包前后的值都按位打印出来。

输入样例：

1633837924

输出样例：

Unpacking before: 01100001 01100010 01100011 01100100

```
Unpacked result:
a : 01100001
b : 01100010
c : 01100011
d : 01100100
```

问题分析：

设要解包的无符号整数 ui 为 01100001 01100010 01100011 01100100。首先把无符号整型数 mask 初始化为~0,即

11111111 11111111 11111111 11111111

然后它左移 24 位,根据按位与的特点,把 mask 与 ui 做按位与运算,即

11111111 00000000 00000000 00000000
01100001 01100010 01100011 01100100

结果为

01100001 00000000 00000000 00000000

再把结果右移 24 位得

00000000 00000000 00000000 01100001

赋值给字符变量 c 就是字符'a'的输出结果。

同理把 mask=~0 左移 16 位与 ui 按位与,即

11111111 11111111 00000000 00000000
01100001 01100010 01100011 01100100

结果为

01100001 01100010 00000000 00000000

再把结果右移 16 位

00000000 00000000 01100001 01100010

赋值给字符变量 c 就是字符'b'的输出结果,注意无符号整数赋给字符变量只取低 8 位。同样可以获得字符'c'和'd'。

unpackCharacters 函数算法设计：无返回值,参数是要解包的无符号整数。

① i=3 到 0,重复执行步骤②~⑤。

② 把 uInt4ch 与屏蔽字 mask=~0<<8*i 按位与。

③ 把按位与的结果右移 3*i 位。

④ 结果赋值字符变量 c。

⑤ 打印 c 字符的位序列。

测试函数 main 的算法设计：

① 输入 4 个字符组合的无符号整数 uInt4ch。

② 打印 uInt4ch 的位序列。

③ 调用 unpackCharacters 函数解包装并显示。

注：也可以给 unpackCharacters 函数增加一个字符数组参数,存储解包装的结果,主函数调用它之后在主函数中显示结果。

函数测试程序：

```
#001 /*
#002  * unpackCharacter.c: 解包无符号整型变量中的 4 个字符
#003  */
#005 #include<stdio.h>
#007 void unpackCharacters(unsigned);
#008 void displayBits(unsigned value);
#009 void displayCharacter(char c);
#011 int main(void){
#013     unsigned i,uInt;
#014     scanf("%u",&uInt);
#016     printf("Unpacking befor:");
#017     displayBits(uInt);
#019     unpackCharacters(uInt);
#021     return 0;
#022 }
#024 void unpackCharacters(unsigned ui){
#026     char c;
#027     unsigned mask;
#028     printf("Unpacked result:\n");
#029     for(int i=3;i>=0;i--){
#031         mask=~0<<(8*i);
#032         c=(ui&mask)>>(8*i);
#033         printf("%c:",c);
#034         displayCharacter(c);
#035         putchar('\n');
#036     }
#037 }
#038 void displayBits(unsigned value){
#040     unsigned i,usize,displayMask;
#041     usize=sizeof(unsigned);                    //字节数
#042     if(usize==2)
#043         displayMask=1<<15;                     //确定屏蔽码
#044     if(usize==4)
#045         displayMask=1<<31;
#046     usize *=8;
#047     //printf("%u:",value);                     //二进制的位数
#048     for(i=1;i<=usize;i++){
#050         putchar(value&displayMask?'1':'0');    //输出 value 当前的高位
#051         value<<=1;                             //value 左移 1 位
#052         if(i%8==0) putchar(' ');               //空格分隔 8 位
#053     }
#054     putchar('\n');
#055 }
#057 void displayCharacter(char c){
```

```
#059        unsigned i,displayMask=1<<7;
#061        for(i=1;i<=8;i++){
#063            putchar(c&displayMask?'1':'0');    //输出 value 当前的高位
#064            c <<=1;                             //value 左移 1 位
#065        }
#066        putchar(' ');                           //空格分隔 8 位
#067    }
```

10.5 用位段表示扑克牌信息

问题描述：

定义一个牌结构 bitCard，它包括 3 个成员，每个成员只占无符号整型数的几位。一个无符号整型变量中的 4 位取名 face(表示牌面值，取值 1,2,…,13 表示 A,2,3,…,J,Q,K)，2 位取名 suit(表示花色，取值 0,1,2,3 表示方块，红桃，梅花，黑桃)，1 位取名 color(表示牌的颜色，取值 0,1，表示红，黑)。要求定义一个函数 void fillCards(CARD deck[ ])生成一副新牌，定义另一个函数 void printCards(CARD deck[ ])按照输出样例的格式打印这副牌。其中 CARD 是由 typedef struct bitCard CARD 定义的别名。

输入样例：

无

输出样例：

```
Card:  1 Suit: 0 Color: 0 Card:  1 Suit: 2 Color: 1
Card:  2 Suit: 0 Color: 0 Card:  2 Suit: 2 Color: 1
Card:  3 Suit: 0 Color: 0 Card:  3 Suit: 2 Color: 1
Card:  4 Suit: 0 Color: 0 Card:  4 Suit: 2 Color: 1
Card:  5 Suit: 0 Color: 0 Card:  5 Suit: 2 Color: 1
Card:  6 Suit: 0 Color: 0 Card:  6 Suit: 2 Color: 1
Card:  7 Suit: 0 Color: 0 Card:  7 Suit: 2 Color: 1
Card:  8 Suit: 0 Color: 0 Card:  8 Suit: 2 Color: 1
Card:  9 Suit: 0 Color: 0 Card:  9 Suit: 2 Color: 1
Card: 10 Suit: 0 Color: 0 Card: 10 Suit: 2 Color: 1
Card: 11 Suit: 0 Color: 0 Card: 11 Suit: 2 Color: 1
Card: 12 Suit: 0 Color: 0 Card: 12 Suit: 2 Color: 1
Card: 13 Suit: 0 Color: 0 Card: 13 Suit: 2 Color: 1
Card:  1 Suit: 1 Color: 0 Card:  1 Suit: 3 Color: 1
Card:  2 Suit: 1 Color: 0 Card:  2 Suit: 3 Color: 1
Card:  3 Suit: 1 Color: 0 Card:  3 Suit: 3 Color: 1
Card:  4 Suit: 1 Color: 0 Card:  4 Suit: 3 Color: 1
Card:  5 Suit: 1 Color: 0 Card:  5 Suit: 3 Color: 1
Card:  6 Suit: 1 Color: 0 Card:  6 Suit: 3 Color: 1
Card:  7 Suit: 1 Color: 0 Card:  7 Suit: 3 Color: 1
Card:  8 Suit: 1 Color: 0 Card:  8 Suit: 3 Color: 1
Card:  9 Suit: 1 Color: 0 Card:  9 Suit: 3 Color: 1
Card: 10 Suit: 1 Color: 0 Card: 10 Suit: 3 Color: 1
```

```
Card: 11 Suit: 1 Color: 0 Card: 11 Suit: 3 Color: 1
Card: 12 Suit: 1 Color: 0 Card: 12 Suit: 3 Color: 1
Card: 13 Suit: 1 Color: 0 Card: 13 Suit: 3 Color: 1
```

问题分析：

首先要定义牌结构，用位段表示牌的信息。根据题目要求定义如下：

```
typedef struct bitCard{
    unsigned face:4;      //面值 1,2,…,11,12,13 表示 A,2,…,J,Q,K
    unsigned suit:2;      //花色 0,1,2,3 表示红心、方块、梅花、黑桃
    unsigned color:1;     //颜色 0,1 表示红和黑
}CARD;
```

然后声明一个能存储 52 张牌的 CARD 结构数组 CARD deck[52]；接下来就可以实现两个函数了。

函数 void fillDeck(DECK * wDeck)产生一副新牌。所谓新牌，就是每个花色的 13 张牌都是按照顺序出现的，13 张牌的 face 取值 1,2,3,…,11,12,13。由于 4 个花色的 13 张牌是重复取这些值的，所以可以使用 i%13+1 产生，这里 i 为循环控制变量，i 为 0～51。而花色取值 0,1,2,3，对于同一花色的牌来说，它们的花色值相同，所以可以用 i/13 产生 suit 的值。牌的颜色值只有 0 和 1，红心和方块的颜色值均为 0，假设红心和方块的牌相邻，所以它们的颜色值 0 可以用 i/26 产生。

函数 print(DECK * wDeck)，分两栏输出那副新牌，左边一栏为红色的牌，右边一栏为黑色的牌。可以使用两个循环控制变量 k1 和 k2，各自负责 26 张牌，但牌在 wDeck 中是从 0～51 的，如果对应 k1=0～25，那么 k2=(k1+26)～(k1+51)。循环 26 次，每次输出两张牌的 face、suit、color，检查测试用例的格式，输出格式应该为 Card:%3d Suit:%2d Color:%2d。

算法设计：

① 调用 fillDeck 生成一副新牌。

循环 52 次，i=0～51，每次生成一张牌

  使用 i%13+1 产生 face 为 1,2,3,…,13

  使用 i/13 产生 suit 为 0,1,2,3 的花色

  使用 i/26 产生 color 为 0,1 的颜色

   生成的顺序是花色为 0,1 的牌 color 是 0，

    花色为 2,3 的牌 color 是 1

② 按照格式要求输出这副牌。

  循环 26 次，k1=0～25，k2=26～51

   输出 k1 红色的一张，再输出 k2 黑色的一张，

   每张都输出 face,suit,color

程序实现：

```
#001 /*
#002  * bitCard.c：用位段存储数据
#003  */
#004 #include<stdio.h>
```

```
#006 typedef struct bitCard {
#007     unsigned face:4;           //面值 1,2,…,11,12,13 表示 A, 2, …,J, Q, K
#008     unsigned suit:2;           //花色 0,1,2,3 表示红心、方块、梅花、黑桃
#009     unsigned color:1;          //颜色 0,1 表示红和黑
#010 }CARD;
#012 void fillDeck(CARD *);
#013 void print(CARD *);
#015 int main(void){
#017     CARD deck[52];
#019     fillDeck(deck);
#020     print(deck);
#022     return 0;
#023 }
#025 void fillDeck(CARD * wDeck){
#027     int i;
#028     for(i=0;i<52;i++){
#030         wDeck[i].face=i%13+1;//(1,2,…,13)
#031         wDeck[i].suit=i/13;   //00000000000000 1111111111111 ……
#032         wDeck[i].color=i/26;  //0000000000000000000000000000 111…….
#033     }
#034 }
#036 void print(CARD * wDeck){
#038     int k1,k2;
#040     for(k1=0,k2=k1+26;k1<26;k1++,k2++)          //分两栏输出{
#042         printf("Card:%3d Suit:%2d Color:%2d ",   //第一栏
#043             wDeck[k1].face,
#044             wDeck[k1].suit,
#045             wDeck[k1].color);
#046         printf("Card:%3d Suit:%2d Color:%2d\n",  //第二栏
#047             wDeck[k2].face,
#048             wDeck[k2].suit,
#049             wDeck[k2].color);
#050     }
#051 }
```

第二部分 实验指导

本书中的程序设计是指高级语言程序设计，实际上是高级语言结构化程序设计。进行高级语言程序设计，首先要选定一种高级程序设计语言，然后再确定用哪个编译器。本教材选用 C 语言或 C++ 语言。由于 C++ 语言的结构化程序设计与 C 语言程序设计基本一致，所以在这里不太区分是 C 语言还是 C++ 语言，也就是源程序文件的扩展名可以是 .c，也可以是 .cpp。不过为了统一，大多数程序都用 .c 作为扩展名，对于 C 语言不支持的 C++ 的功能会用 .cpp 作为扩展名。C 或 C++ 语言的编译器有很多，本课程选择 gcc 或 g++ 编译器，其原因有两个：一是它是开源的，不涉及版权问题，在学习程序设计的同时让学生了解软件版权的重要性，鼓励学生使用正版软件或免费的开源软件；二是它的跨平台性，它起源于 UNIX/Linux 家族，现在在各种平台上都可以使用。

gcc(GNU[①]Compiler Collection,GNU 编译器套装),是一套编程语言编译器。它是以 GPL[②]

[①] GNU 计划，又称革奴计划，是由 Richard Stallman 在 1983 年 9 月 27 日公开发起的。它的目标是创建一套完全自由的操作系统。

[②] GPL 是 GNU 通用公共许可证,它要求：
- 软件以源代码的形式发布,并规定任何用户能够以源代码的形式将软件复制或发布给别的用户；
- 如果用户的软件使用了受 GPL 保护的任何软件的一部分,那么该软件就继承了 GPL 软件,并因此而成为 GPL 软件,也就是说,必须随应用程序一起发布源代码；
- GPL 并不排斥对自由软件进行商业性质的包装和发行,也不限制在自由软件的基础上打包发行其他非自由软件。

(GNU 通用公共许可证,即 GNU General Public License)及 LGPL[①] 许可证(GNU 宽通用公共许可证,即 GNU Lesser General Public License)所发行的自由软件,也是 GNU 计划的关键部分,它也是类 UNIX(Linux)及苹果电脑 Mac OS X 操作系统的标准编译器。gcc 原本只是 C 语言编译器,但它很快发展为可以编译 C++、Fortran、Pascal、Objective-C、Java 以及 Ada 等其他语言程序的编译器。g++ 就是 GNU 的 C++ 编译器,但由于 GNU 是把 C 和 C++ 编译器集成在一起开发的,gcc 是核心,g++ 是通过 gcc 来使用的,所以 gcc 和 g++ 都可以编译 c 语言源程序,而 g++ 用于编译 C++ 源程序。

不管是使用 gcc 还是 g++,它们都是可以在操作系统下运行的命令,并且可以带很丰富的选项。在 MS Windows 下,安装 MinGW32 软件包之后,就包含了 gcc/g++ 编译命令。也可以通过安装开源的 Code::Blocks、Dev-C++ 等包含 gcc/g++ 编译命令,并且它们已经是集成环境的默认编译器。也就是说,可以通过命令行或者集成开发环境使用 gcc 或者 g++ 编译器。

如果选择使用命令行环境编译,必须另外有可以编辑源程序的编辑软件,在 MS Windows 下最简单的编辑器是记事本软件(notepad),还有比较简单方便的 UltraEdit 软件,最为专业的编辑器当属 vi/vim/gvim 和 Emacs。如果选择集成开发环境,它就已经集成了比较好用的编辑器。

对于计算机专业的学生,建议首先学习命令行环境下的基本操作,包括熟悉常用的 DOS 或 Linux 操作系统的命令,熟悉 gcc/g++ 编译命令的常用选项,然后通过在命令行环境下运行生成的执行程序认识到自己已经设计出了简单的计算机软件了,这样一方面有助于学生理解源程序是如何被编译链接成计算机可以执行的程序并执行的,另一方面在命令行环境下使用计算机也是将来做系统维护等工作必需的基本功。

本部分总计 5 章,前 3 章从 3 个方面介绍基本的实验环境:一是命令行环境的建立和使用,二是集成开发环境的建立和使用,三是常用的编辑器介绍。

第 4 章介绍了测试与调试相关的问题,以 gdb 为例介绍了程序调试的基本技术。

第 5 章介绍了可以使初学者在 Windows 环境下进行图形程序设计的方法。本来传统的 DOS 环境下的 Turbo C 拥有一个比较丰富的图形库,用 Turbo C 就能比较容易的开发图形程序。但是现代的窗口系统和编译器 gcc 是不能直接支持它的,这给初学者用 C 语言画图带来了困难。第 5 章介绍了一个 gcc 编译器支持的图形库 GRX,它是一个可以在多个操作系统中使用的一个库,用起来比较方便,而且还间接支持 Turbo C 的图形库。

---

① LGPL 是 GNU 宽通用公共许可证,LGPL 是 GPL 的变种,也是 GNU 为了得到更多的甚至是商用软件开发商的支持而提出的。与 GPL 的最大不同是,可以私有使用 LGPL 授权的自由软件,开发出来的新软件可以是私有的而不需要是自由软件。所以任何公司在使用自由软件之前应该保证在 LGPL 或其他 GPL 变种的授权下。

1 命令行实验环境的建立

1.1 软件下载与安装

1.1.1 MinGW

MinGW 是 Minimalist GNU on Windows 的简称,MinGW 是一个开源的软件包,它除了提供了可以在微软的 Windows 环境下运行的编译器 gcc 和 g++ 之外,还有很多其他的 GNU 开发工具、实用程序等。MinGW 的官方网站 http://mingw.org,它也是 MSYS (Minimal SYStem 的简称)的主页,MSYS 提供一个类似 MS Windows 命令行的 UNIX shell,这个 shell 更适合 MinGW 开发环境,它不仅提供了一个命令行解释器,它还包括 UNIX/Linux 操作系统的一些小工具。在 MinGW 官网上可以下载得到 MinGW 和 MSYS 的最新版本。有两个自动安装程序:一个是图形界面(GUI)的 mingw-get-inst,另一个是命令行界面(CLI)的 mingw-get。mingw-get-inst-20120426 是最新的图形界面安装程序,启动后会在线下载并安装 MinGW 和 MSYS。也可以手动选择安装,即根据需要选择需要的模块,然后逐个下载下来(http://www.mingw.org/wiki/InstallationHOWTOforMinGW),可以有选择性地下载一些模块,如 gcc、g++、gdb、make 工具、一些运行时库和 Win32 api 等。对于手动选择安装模块下载来说,应该先创建一个安装目录如 C:\MinGW,然后把下载下来的所有压缩文件都复制到这个目录中,再用解压缩软件 7-zip 把它解压缩到当前目录中,将会自动生成安装子目录,包括 bin、include、lib 等。

不管是采用图形界面自动安装还是选择需要的模块手动安装,安装之后都需要设置一下环境变量,即在环境变量 Path 中添加 bin 子目录的安装路径,以保证将来在命令窗口中使用 gcc、g++、gdb 命令时能被找到。具体的设置方法是:打开"控制面板",选择"系统",在弹出的"系统属性"对话框中点击"高级"页面,单击"环境变量"按钮,在弹出的对话框中的"系统变量"列表中双击"Path",在弹出的编辑框中末尾,添加分号,再添加 bin 的安装目录,如安装目录是"c:\MinGW\bin",就把这个路径加进去,修改之后单击"确定"按钮即可。然后打开命令窗口,切换到工作目录下,就可以使用 gcc 或 g++ 编译链接源程序了。这里有几点需要注意:

(1) MinGW 软件包中的 gcc/g++ 命令不能在纯 DOS 环境下使用。如果有这样的需要,应该下载安装 DJGPP。DJGPP 是基于 GNU GPL 的支持 32 位 DOS 保护模式的 C/C++ 开发环境,其中包含 gcc/g++ 编译器,甚至还包含 grx 图形开发库(见本实验指导第 5 部分)。DJGPP 的主页是 http://www.delorie.com/djgpp/,在主页上点击 Zip picker,则进入选择下载页面 http://www.delorie.com/djgpp/zip-picker.html,在这里只需回答用什么系统(目前不支持 Vista 和 Windows 7),想干什么事情,选择一个下载的 ftp 站点,系统就会为你选择好供下载的各个模块的链接。

(2) 如果要在 Linux、Mac OS 下使用 gcc/g++ 命令,则不需要单独下载安装什么软件包,系统默认情况下都已经自动安装好 gcc 和 g++ 编译器。

如果觉得单独安装 MinGW 比较麻烦,可以省去这一步,直接安装 Code::Blocks 或 Dev C++,它们都集成了 gcc/g++ 编译器,同样可以建立命令行编译的环境。

1.1.2　TDM-G++

TDM-G++ 是一个用于 Windows 的编译套件(http://tdm-g++.tdragon.net/),它包含最近的、而且是稳定的 gcc 工具箱发行版本,还包含一些与 Windows 密切相关的补丁程序,以及免费开源的 MinGW 运行时 API 以替代 Microsoft 编译器和 SDK。它可以创建 Windows 98 以后的任何 Windows 版本的 32 位或 64 位的应用程序。它安装简单易升级,但只能在命令行使用 gcc/g++ 等命令。

1.2　在命令行使用 gcc 编译器

gcc 编译器是一个可以运行的工具,它的功能是编译链接 C/C++ 源程序,生成可执行程序。gcc 编译器命令有很多选项,不同的选项使得 gcc 具有不同的编译特征,如是否显示警告信息,是否优化编译过程,是否生成调试信息,是只编译还是编译链接都包含等。使用的时候可以给出所需要的选项,在命令行使用 gcc -help 或 gcc -target-help 可以显示出各种选项的帮助文档。下面通过实例介绍三个选项-c、-o 和-std 的用法。不给任何选项也是可以的,但这时有默认的编译方式。还有-g 选项在调试测试部分介绍,-l 选项在使用库的部分介绍。

首先要启动"命令窗口"(黑窗口,也叫控制台 console),如图 2.1.1 所示。假设操作系统是 Windows 7,选择左下角的 Windows 图标,在"搜索程序和文件"编辑框中输入 cmd 后回车即可启动命令窗口。或者选择左下角的 Windows 图标后继续选择"所有程序",再在应用程序列表中选择"附件"中的"命令提示符"同样可以弹出命令窗口。

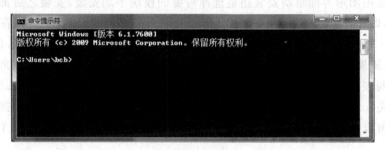

图 2.1.1　Microsoft Windows 命令窗口

假如已经编辑生成了一个源程序文件 hello.c,并已保存在 d:\work 目录下。编辑源程序文件的方法参见 3.1 节。

下面分两种情况介绍在命令行环境下把 hello.c 转换成可执行程序 hello.exe 的方法。

1.2.1　分步生成 hello.exe

(1) 先对源程序编译,即在命令窗口中切换到 D 盘,进入 Work 目录后,输入命令

gcc -c hello.c 回车

就把源程序编译生成目标文件 hello.o,实际上在这个编译之前,内部还有一个预处理过程(可以使用-E 选项只预处理不编译,有兴趣的读者不妨试试看,查看一下 hello.c 预处理后的样子)。也就是-c 选项是先对 hello.c 进行预处理,再对预处理之后的源程序编译,生成一个所谓的目标文件 hello.o。这个 hello.o 虽然是由机器语言指令构成的,但它还是不可以执行的。

(2) 链接目标文件 hello.o,链接的结果取名为 hello.exe,输入命令

```
gcc -o hello.exe hello.o 回车
```

就生成可执行文件 hello.exe。在这个链接命令中,表面来看只有一个 hello.o 被链接,实际上还有 hello.o 需要的系统库中的目标文件,因此需要把它们链接到一起形成最终的可执行程序。这里-o 选项就是把一些目标文件链接起来生成一个可执行文件。

当问题比较复杂的时候,程序就可能有多个源程序文件,因此把它们分别编译之后就有多个目标文件,例如,假设程序是 prog1.c,prog2.c,prog3.c,按照上述分步编译链接的过程,则需分别输入下面的命令

```
gcc -c prog1.c 回车
gcc -c prog2.c 回车
gcc -c prog3.c 回车
```

分别生成了 prog1.o、prog2.o 和 prog3.o,再输入

```
gcc -o prog.exe prog1.o prog2.o prog3.o 回车
```

生成最终的可执行程序 prog.exe。

1.2.2 一步生成 hello.exe

(1) 对于 hello.c 源程序,如果输入

```
gcc -o hello.exe hello.c 回车
```

则一步就生成了可执行程序 hello.exe。注意,这个命令要链接的部分是 hello.c,但是链接只能是.o 文件,所以其中隐藏了先编译源程序生成目标文件的阶段。

(2) 如果没指出链接后的可执行程序文件名,系统将使用一个默认名字:a.exe,即只输入

```
gcc hello.c 回车
```

这样生成了可执行程序 a.exe。在 Linux 操作系统下默认的文件名是 a.out。

(3) 对于由多个源程序文件 prog1.c、prog2.c、prog3.c 组成的程序,同样可以

```
gcc -o prog.exe prog1.c prog2.c prog3.c 回车,或
gcc prog1.c prog2.c prog3.c 回车
```

不论是分步编译链接,还是一步完成,在内部都要经历:对源程序进行预处理→编译生成目标文件→链接生成可执行文件的过程。可执行文件 hello.exe 生成之后就可以在命令行运行了。

hello.exe 回车 或 hello 回车

对于运行 a.exe 和 a.out 也是一样的方法。（注意对于 Linux 或 Mac OS，要使用含当前路径的写法：./a.out，才能找到 a.out 程序。）

注意：gcc 编译器默认是不支持 C99 或更新的标准的，如果要让程序支持 C99，需要在编译时增加一个编译选项 -std=c99，例如：

gcc -o -std=c99 hello.exe hello.c 回车

1.3 make 命令和 makefile 文件

一个软件工程项目中的源文件可以不计其数，往往要按类型、功能、模块分别放在若干个目录中。如何高效地对软件项目进行管理是软件开发过程中的一个重要内容。make 命令是在命令窗口中执行的一个命令，它是一个优秀的项目管理工具。它最基本的用途就是管理项目的编译、链接。它会按照某种规则、依赖关系对项目中的文件进行编译、链接或把它们安装到系统中。甚至还可以执行外部命令，如执行一些清理操作。在 make 命令执行过程中会自动检查各个模块的依赖关系，检查哪个模块最近做了修改，会自动编译被修改了的模块，自动链接成可执行文件。make 命令之所以能自动做这些事情，是因为所有管理的规则都已经写在一个 makefile 文件中了。makefile 是一个文本文件，是 make 命令需要的规则文件。它包含了编译器的设置，头文件、库文件的设置，要编译哪些模块，如何编译，如何链接，链接的结果是什么，编译链接时的依赖关系是什么等，还有一些清理、安装等外部命令。makefile 文件的书写有一套严格的规则，make 命令执行时就是按照 makefile 中规定的各种规则按照顺序去执行。makefile 文件还可以命名为 Makefile 或 makefile 加后缀的形式，如 Makefile.1、makefile.2，后缀的内容不限。

下面以学生成绩管理系统为例，看看简单的 makefile 文件是什么样子的：

```
#001 //makefile.1
#004 CC=gcc
#005 sgms: sgms.o input.o modify.o query.o statistic.o report.o
#006     $(CC) -o sgms sgms.o input.o modify.o query.o statistic.o report.o
#007 sgms.o: sgms.c input.h modify.h query.h statistic.h report.h
#008     $(CC) -c sgms.c
#009 input.o: input.c input.h
#010     $(CC) -c input.c
#011 modify.o: modify.c modify.h
#012     $(CC) -c modify.c
#013 query.o: qurey.c query.h
#014     $(CC) -c query.c
#015 statistic.o: statistic.c statistic.h
#016     $(CC) -c statistic.c
#017 report.o: report.c report.h
#018     $(CC) -c report.c
```

其中 $(CC)是宏替换，意思是 CC 用 gcc 替换。这个文件的书写有严格的要求，每个命令行必须用 Tab 键开始，不能用空格代替，如文件中的 ♯006 行、♯008 行等编译链接命令的开始必须按 Tab 键。这个例子大家比较容易看懂，但它还可以使用一些比较复杂的规则把它写得更简洁，但看起来就很难理解了，如上边那个学生管理项目的 makefile.1 可以写成下面 makefile.2 的样子：

```
//makefile.2
#001 CC=gcc
#002 sgms: sgms.o input.o modify.o query.o statistic.o report.o
#003     $(CC) -o sgms sgms.o input.o modify.o query.o statistic.o report.o
#004 sgms.o: sgms.cpp input.h modify.h query.h statistic.h report.h
#005     $(CC) -c sgms.c
#006 .c.o:
#007     $(CC) -c $*.c -o $*.o
```

makefile.1 从 ♯009 行到 ♯018 行的所有的 .c 编译成 .o 在 makefile.2 中只用 ♯006 行和 ♯007 行的一条规则就可以了，还有更复杂的规则这里就不做进一步介绍了。详细介绍可参考官方文档 http://www.gnu.org/software/make/manual/make.html。

大多数软件开发环境都支持 make 命令，但命名有所不同，例如，Visual C++ 的 make 是 nmake，MinGW/Codeblocks 里的 make 是 mingw32-make。makefile 中要编译的源程序文件编辑好之后就可以在命令窗口中输入

   mingw32-make 回车　　　　　　　　　　　　//这时自动找 makefile 命名的文件

或者

   mingw32-make -f makefile.1 回车　　　　　　//用 -f 选项指定一个 makefile 文件名

这时 mingw32-make 就会按照 makefile 中的内容逐个编译源文件，如果都编译成功，就会自动链接所有目标文件。可能在这个过程中发现某个源程序文件有错，经过编辑修改，可再次使用 mingw32-make，直到链接成功为止。

另外，介绍一个工具 CMake，它是一个跨平台的、开源软件，可以帮助我们生成需要的 makefile 文件或集成开发环境中的工程文件，它是大规模软件构建的工具，更多的介绍可以参考其官方网站 http://www.cmake.org/。

2 集成开发环境的建立

集成开发环境(Integrated Development Environment,IDE)是一个软件平台,有专门的图形界面,其中集成了编辑器、编译器、调试器,还有错误信息显示和各种调试结果的输出窗口。编译链接生成的可执行文件可以在集成环境中直接运行,使用非常方便,因此 IDE 是程序员比较喜欢的开发环境。集成了 C/C++ 编译器的 IDE 比较多,下面主要介绍集成了 gcc/g++ 的 IDE 的 Code::Blocks。

2.1 Code::Blocks

Code::Blocks 简称 CB,是一个开源跨平台的集成开发环境,是由纯 C/C++ 开发的产品,支持多种编译器,有一个默认的集成了 MinGW 开发包的版本,直接支持 gcc、g++ 编译器,具有插件式框架,经常更新,备受程序开发人员喜欢,其主界面如图 2.2.1 所示。

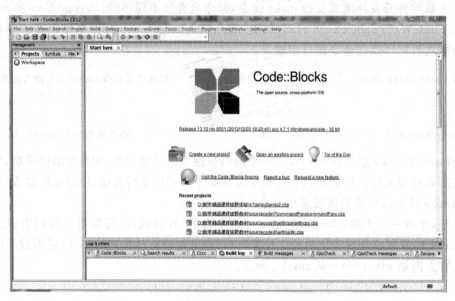

图 2.2.1

Code::Blocks 的官网是 http://www.codeblocks.org,其中提供了最新的二进制版本或源码版本的下载 codeblocks-13.12mingw-setup.exe(27 Dec 2013)和 codeblocks-13.12mingw-setup-TDM-G++-481.exe(下载地址 http://www.codeblocks.org/download s/26)比较早的版本有 8.02 或 10.05 或 12.11(下载地址是 http://www.codeblocks.org/downloads/5)。

可以先下载一个安装版本 8.02 或 10.05 或 12.11 或 13.12 并安装,再到它的论坛上的 nightly build(即官网的 nightly 链接)中下载到最新的升级包对其升级。目前较新的升级包是 CB_2015 0619_rev10341_win32.7z。下载的文件是.7z 格式,它是开源软件 7-zip 的压缩格式,把它用 7-zip 或 WinRAR 解压到安装目录覆盖即可。如果需要汉化,则下载一个中文语言包,对于 Code::Blocks13.12 来说,该语言包是 zh_CN_LC_MESSAGES_codeblocks.mo,在安装目录 C:\CodeBlocks\share\CodeBlocks 中建立 locale 子目录,在 locale 中再建立一个 zh_CN 子目录,并把该语言包复制到 zh_CN 中,然后重新启动 Code::Blocks,在主菜单中选择 Settings→Enviornment 命令,在弹出的对话框左侧图标栏中选中 View 选项,在右侧再选中 Internationalization (needs restart) 重新启动 codeblocks 之后,再在其下拉列表框中选择 Chinese (Simplified) 选项,确认后再次重新启动 Code::Blockss 即可。

2.1.1 Code::Blocks 的基本用法

Code::Blocks 基本用法同常用的软件用法很相似。

首先是使用它建立源文件。既可以通过菜单中的 File,也可以使用工具栏中的 Newfile。使用 File 菜单可以选择 New→Emptyfile 命令,也可以选择 New→File 命令,前者在集成环境的编辑窗口会产生默认的空文件 untitled1,然后单击工具栏的保存图标,弹出文件保存对话框,选择保存的目录,并给文件命名,默认是扩展名为.c 的源文件。接下来就可以在编辑窗口中录入你的程序代码了。如果使用的是后者 New→File,也可以打开 File 菜单进行选择或者单击 Newfile 图标,这时会弹出 New from template 对话框,请你选择文件类型,即选择 C/C++ 头文件、C/C++ 源文件还是空文件,然后单击 Go 按钮,接下来在向导的指引下,选择保存目录,命名文件名等,建立新文件。

使用工具栏中的 Newfile 与菜单类似。

源程序文件建好之后,就可以编译链接了,当然可能要反复修改、反复编译链接。如果编译或链接有错误,会在集成环境的底部的 Logs&other 窗口中显示出来。错误被修改之后,重新编译链接。如果编译链接没有错误,就可以执行了。如果只编译,选择 Build 菜单里的 Compile current file 即可。如果编译链接合起来一起进行,则需选择 Build 菜单里的 Build 或单击 Build 图标。如果想编译链接之后立即执行,则可以选择 Build 菜单里的 Build and run 或单击相应的图标。如果只是执行,只需选择 Build 菜单里的 Run 或单击三角形的 Run 图标。注意!程序运行的结果不会显示在集成环境的窗口里,而是在另一个命令窗口中显示。

2.1.2 建立一个工程

2.1.1 节是 CB 的简单使用,它仅仅适用于单个源程序文件的问题。然而实际问题求解常常需要建立多个源程序文件,当然其中只能有一个源程序文件包含 main 函数,其他源程序文件则包含系统的各个功能模块。这时就要先建立一个工程(project),把各个源程序文件以及对应的头文件加入到这个工程中,通过工程来管理这些文件。实际上只有一个源程序文件的问题也常常建立一个工程。建好工程之后,编译时可以逐个源程序进行编译,逐个编译之后再单击 Build 命令进行链接。也可以整个工程进行 Build,这时工程会自动检查哪个源文件被修改过,会自动编译被修改过的源文件,然后把编译产生的所有目标文件链接生成一个可执行文件。

下面简单介绍一下如何建立一个工程,如何向工程中添加文件和如何从工程中移除文件,如何关闭和打开一个工程等。

1. 建立一个新工程

建立一个新工程同建立一个单独文件一样,方法之一是选择 File 菜单,然后单击 New→Project 命令,这时弹出如图 2.2.2 所示的工程模板选择对话框,选择其中的控制台应用程序(console application)图标,单击 Go 按钮弹出选择语言的对话框,选 C 或 C++,单击 Next 按钮弹出对话框要求输入一个工程名(project title)和保存的路径(folder),如果输入工程名 test,路径设为 C:\,则会自动产生工程文件名 test.cbp,并自动在 C 盘建立工程目录 test,且把工程文件保存在 test 目录之中。之后,单击 Next 按钮,弹出对话框,选择编译器,问是否创建 debug 版本和 release 版本,均使用默认值即可,单击 Finish 按钮之后,工程建立完毕。这时整个工程会包含一个默认的 main.c 源文件,新建的工程如图 2.2.3 所示。然后可以修改 main.c 中的代码,删除不需要的行 printf("Hello world!\n"),添加自己的代码行。也可以把这个 main.c 整个从工程中移除,再加入自己的源文件。

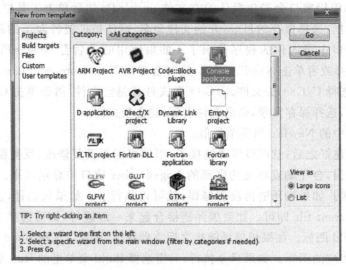

图 2.2.2 建立新工程的模板

从工程中移除文件的方法是,在图 2.2.3 左侧的工程管理子窗口中右击要移除的文件,在弹出的对话框中选择 remove file from project 选项,这时这个文件就从工程中移除,这个移除不是删除,如果要真正删除该文件,要用操作系统的资源管理器打开文件所在的文件夹,删除该文件,或在命令窗口中使用命令行删除它。

要向工程中添加自己的主程序文件,首先要把添加的文件复制到工程文件的目录中,然后在工程管理窗口中右击工程的名字,在弹出的对话框选择 add files 选项,这时会弹出文件选择对话框,找到要添加的主程序文件双击,这时会弹出一个版本对话框(Release 版本还是 Debug 版本),单击 Ok 按钮添加完毕。添加其他模块文件的方法相同。

在一个工程中新建文件,会弹出对话框,问是否 add file to active project,选中该选项,则新建立的文件就会包含在当前的工程中。

创建新工程也可以在开始页(Start here)中选择 Create a new project 图标。

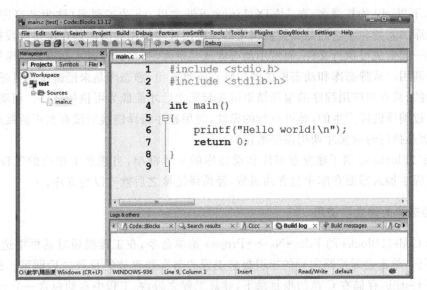

图 2.2.3 新建的工程界面

注意：默认的 C 语言工程是不支持 C99 或更新的标准的，如果要让工程支持 C99，需要在 Project 工程菜单中的 Build options→Compiler settings→Other options 中输入编译选项-std=c99。

2. 打开和关闭工程

打开一个已经建好的工程有下面三种方法：

（1）比较快捷的打开方式是在 CodeBlocks 的开始页中单击 Open an existing project 图标。

（2）也可以打开工程所在的目录，双击扩展名为.cbp 的工程文件，这时会自动启动 CodeBlocks，并打开工程。如果 CodeBlocks 事先已经打开，就会直接打开工程文件。

（3）选择 File→Open 菜单命令，在弹出的打开文件对话框中的右下角文件类型组合列表框中选择 Code::Blockss project files 选项，在文件列表里就会筛选出已经建立的工程文件名，如 test 工程，选择它，就会打开这个工程。

如果要开始一个新问题，就要关闭现有的工程。选择 File→Close project 菜单命令，就会关闭当前工程。也可以不关闭当前工程，这时再创建新工程会与原有工程同属于一个工作空间。即在一个工作空间中可以有多个工程，但当前工程的名字显示是高亮粗体的，称为活动工程，其他工程名字呈现一般状态，是非活动的工程。从一个工程切换到另一个工程，就是激活另一个工程，只需选择该工程的名字右击，在弹出的快捷菜单中选择 active project 命令即可。任何时候只能对活动的工程进行编译、链接、运行等操作。

2.1.3 构造自己的库

C/C++ 的库(library)是一些函数的集合，若干个 C/C++ 的关于某个方面的函数源程序文件被编译成目标文件之后，再打包在一起，作为一个工具库供本人或他人日后使用。这种库有静态库和动态库之分，静态库通常以 libxxx.a 或 libxxx.lib 命名，动态库在 MS

Windows 下以 .dll 为扩展名，在 UNIX/Linux 下通常以 .so 为扩展名（称为共享库）。静态库和动态库的差别在于它们是如何被调用的。应用程序使用静态库是在链接阶段把要用的库链接到一起形成可执行文件，而使用动态库或共享库，是在运行时才动态地把库加载到内存中以备调用。从静态库和动态库的调用特点不难看出，静态库是未经链接的目标程序，是不可执行的，只有与应用程序的编译结果链接起来之后才能成为可执行文件。而动态库/共享库是经过编译链接产生的，是可执行的模块，应用程序编译链接时没有真正链接所需的函数模块，而是执行的时候才调用需要的模块。

Code::Blocks 提供了建立静态库和动态库的工程框架，当建立了相应的工程之后，就可以在工程中加入需要在库中包含的函数，经编译链接之后就可以建立库。

1. 静态库的建立和使用

选择 Code::Blocks 的 File→New→Project 菜单命令，在工程模板对话框中选择 Static library 图标，单击之后按照向导的指引提供工程的名字和存放的目录之后即可。例如建立工程取名 testlib，存储在 C 盘的根目录下，建好工程之后，在工程中自动包含一个 main.c 文件，其中包含了几个示范函数的定义：

```
#001 // A function adding two integers and returning the result
#002 int SampleAddInt(int i1, int i2)
#003 {
#004     return i1 +i2;
#005 }
#006 // A function doing nothing ;)
#007 void SampleFunction1()
#008 {
#009     // insert code here
#010 }
#011 // A function always returning zero
#012 int SampleFunction2()
#013 {
#014     // insert code here
#015     return 0;
#016 }
```

修改或者替换这些函数，或者移除它，添加自己的函数模块文件。下面是在 testlib 中建立的两个函数模块文件：

//main.c

```
#001 #include<stdio.h>
#002 int AddInt(int i1, int i2)
#003 {
#004     return i1 +i2;
#005 }
#006 int Substract(int i1, int i2)
#007 {
```

```
#008     return i1-i2;
#009 }
#010 void Hello()
#011 {
#012     printf("Hello\n");
#013 }
```

```
//others.c
#001 int sumsN(int n)
#002 {
#003     int i,s=0;
#004     for (i=1;i<=n;i++)
#005         s+=i;
#006     return s;
#007 }
```

然后 build 这个工程就会自动产生包含这些函数的库文件 libtestlib.a。注意 testlib 工程只可以编译，不可以运行。为了能构使用 libtestlib.a 库还要建立库函数的头文件：

```
//testlib.h
#001 #ifndef TESTLIB_H
#002 #define TESTLIB_H
#003     int sumsN(int n);
#004     int AddInt(int i1, int i2);
#005     int Substract(int i1, int i2);
#006     void Hello();
#007 #endif // TESTLIB_H
```

下面测试一下 libtestlib.a 库。建立一个控制台应用程序工程 testtestlib，并建立 test.c：

```
#001 #include <stdio.h>
#002 #include <stdlib.h>
#003 #include "testlib.h"
#004 int main(void){
#006     Hello();
#007     printf("%d\n",sumsN(10));
#008     printf("%d\n",AddInt(3,5));
#009     printf("%d\n",Substract(3,5));
#010     return 0;
#011 }
```

这时如果对 test.c 进行编译，肯定会报错，错误信息是找不到 testlib.h。因此必须对这个测试工程做适当的设置，才能正确地找到所需的头文件。选择 Project→Build Options→Search Directories 选项，在 Compiler 页面中单击 Add 按钮，增加库头文件 testlib.h 所在的目录 testlib，如图 2.2.4 所示。这时再 build 还会报错，错误信息如下：

```
undefined reference to 'Hello()'
undefined reference to 'sumsN(int)'
undefined reference to 'AddInt(int, int)'
undefined reference to 'Substract(int, int)'
```

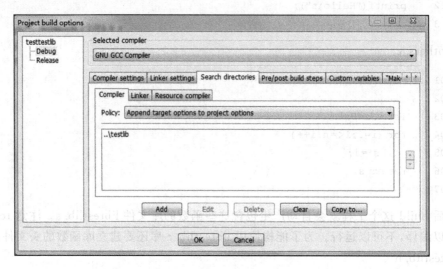

图 2.2.4　工程的头文件设置

意思是那些函数没有定义。还要告诉编译器链接的库是什么。同样是选择 Project 菜单中的 Build Options 命令,但这次是选择 Linker settings 选项,单击 Add 按钮,这时会弹出文件选择对话框,然后去找到 libtestlib.a 文件所在的位置,单击 OK 按钮,把 libtestlib.a 添加进去即可。

2. 动态库的建立和使用

与建立静态库工程类似,选择 Code::Blocks 的 File→New→Project 菜单命令,在工程模板对话框中选择 Dynamic Link Library 图标,单击之后按照向导的指引提供工程的名字和存放的目录之后动态链接库的工程就建立起来了。例如工程名叫 testdll,存储在 C 盘的根目录下。需要注意的是,动态链接库的工程中默认包含一个 C++ 源程序,即扩展名为.cpp 的源程序文件和一个包含函数原型的.h 头文件。但在.h 头文件中却把函数的原型放在了 extern "C" 的框架之内了:

```
#ifdef __cplusplus
extern "C"{
    int DLL_EXPORT get_id(void);
    int DLL_EXPORT add(int,int);
}
#endif
```

这说明,如果使用了 C++ 编译器,要把函数库中的函数作为 C 语言代码来处理。如果不用 C++ 编译器就可以把默认的头文件和源文件删除替换成.c 相关的文件。工程 testdll 是 C 语言版本的动态库,其中的.h 文件 testdll.h 和.c 源程序文件 testdll.c 分别如下:

```
//testdll.h
#ifndef TESTDLL_H
#define TESTDLL_H
#ifdef BUILD_DLL
    #define DLL_EXPORT __declspec(dllexport)
#else
    #define DLL_EXPORT __declspec(dllimport)
#endif
int DLL_EXPORT get_id(void);
int DLL_EXPORT add(int,int);
#endif //TESTDLL_H
```

注意在函数原型外部没有使用 extern "C" { ⋯ }。文件中的 __declspec(dllexport) 是告诉编译器用它修饰的函数是用于输出的，__declspec(dllimport) 是告诉编译器用它修饰的函数是用于输入的。输出是相对于库而言，输入是相对于使用库的应用程序而言，因此 DLL_EXPORT 的取值是输入还是输出由是否定义了 BUILD_DLL 来决定，当定义了 BUILD_DLL，则 DLL_EXPORT 用于输出，否则用于输入。所以在下面的库源程序文件中，#include 'testdll.h' 之前定义了 BUILD_DLL，这样 testdll.h 中的函数就是输出的库函数。

```
//testdll.c
#define BUILD_DLL 1
#include "testdll.h"
int DLL_EXPORT get_id(void)
{
    return 10;
}
int DLL_EXPORT add(int x,int y)
{
    return x+y;
}
```

编译链接 testdll 工程将产生三个文件：libtestdll.a、libtestdll.def 和 testdll.dll，其中 testdll.dll 就是动态链接库，libtestdll.a 中包含了 dll 库的输出符号列表，是使用 dll 库的应用程序链接时必需的一个文件。libtestdll.def 是一个文本文件。

```
EXPORTS
    SomeFunction @ 1
    add @ 2
```

在这个文件中自动生成了库输出函数的函数名单，它的作用如同 __declspec(dllexport)。如果库头文件中使用了 __declspec(dllexport)，在应用程序中就不需要这个 .def 文件了。

下面测试一下动态库 testdll。建立一个控制台应用程序工程 testtestdll，测试程序如下：

```
#001 #include <stdio.h>
```

```
#002 #include <stdlib.h>
#003 #include "testdll.h"
#004 int main(void){
#005     printf("Hello world!\n");
#006     printf("%d\n",get_id());
#007     return 0;
#008 }
```

这里没有定义 BUILD_LIB，因此这时嵌入的头文件 testdll.h 中 DLL_EXPORT 的含义是输入，因为现在是在使用 dll 库中的函数。

与静态库的使用类似，同样要对工程进行适当的配置才能使工程正确地编译和链接。在 Project 菜单中选择 Build Options 命令，添加库头文件的搜索路径 testdll 和要使用的库符号列表文件 libtestdll.a，具体方法同静态库。如果添加正确，就会编译链接生成可执行程序 testtestdll.exe，但这时运行会弹出一个消息框如图 2.2.5 所示，无法启动程序。出现这个错误的原因是应用程序找不到要用的动态库 testdll，testtestdll.exe 在运行的时候动态加载需要的库 testdll.dll 默认的搜索顺序是当前目录、windows 目录、PATH 中列出的各个目录，因此必须把 testdll.dll 放在这样的搜索位置。可以把 testdll.dll 复制到应用程序所在的目录中，也可以把它放在 windows 目录里，两种方法均可。

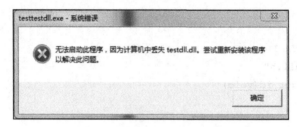

图 2.2.5　应用程序找不到动态库

2.2　其他集成环境

除了 Code∷Blocks 集成环境之外，还有很多其他集成环境，使用方法很类似，下面给以简单介绍。

2.2.1　Dev-C++

Dev-C++（下载地址为 http://sourceforge.jp/projects/sfnet_orwelldevcpp/）与 CodeBlocks 类似，也是一套集成了 MinGW 的 C/C++ 集成环境，Dev-C++ 的最新版本是 Windows Dev-Cpp 5.6.1 TDM-G++ x64 4.8.1 Setup.exe 和 Dev-Cpp 5.6.1 MinGW 4.8.1（日期：2014-02-13，大小：45.9 MB）（由 Orwell 更新）。它遵循 C++ 11 标准，同时兼容 C++ 98 标准。它是 NOI、NOIP 等比赛的指定工具，缺点是 Debug 功能弱。它还有一个便携版本(Dev-Cpp 5.6.1 TDM-G++ x64 4.8.1 Portable 和 Dev-Cpp 5.6.1 MinGW 4.8.1 Portable)(portable 版本即(1) 没有任何形式的安装；(2) 个人设置必须紧跟着软件，这就意味着不能使用注册表保存设置；(3) 在运行过的计算机上不留下任何痕迹)。直接支持

Windows API、OpenGL、Direct3D、OpenMP 等应用程序开发,支持中文,主界面如图 2.2.6 所示。

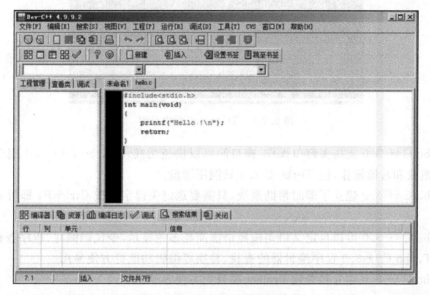

图 2.2.6 Dev-C++ 集成环境

2.2.2 RHIDE

RHIDE 是 Robert H. hne's IDE 的简称,是 DOS command 和 Linux Console 下的 C/C++ 集成开发环境,其界面与 DOS 时代的 Turbo C++ 3.0 和 Borland C++ 完全一致。在 Linux 下运行 rhide 完全不需 X Window,在 DOS 下是随 DJGPP 一起下载的,是在 Windows XP/2000 以下版本的 DOS 命令窗口运行,RHIDE 集成了 gcc/g++ 编译器,其主界面如图 2.2.7 所示。

图 2.2.7 RHIDE 集成环境

2.2.3 Turbo C/C++ 和 Win-TC

Turbo C 是美国 Borland 公司的产品,比较著名的版本是 1989 年推出的 Turbo C 2.0 和 1992 年推出的 Turbo C++ 3.0,其主界面如图 2.2.8 所示。

Turbo C++ 3.0 与 Turbo C 2.0 的主要区别如下:

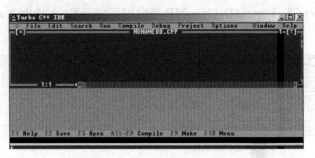

图 2.2.8　TC++ 3.0 的主界面

　　Turbo C++ 3.0 支持多窗口操作,窗口间可以快速切换。Turbo C++ 3.0 完全支持鼠标选择、拖放和右键操作,但 Turbo C 2.0 只能用键盘。

　　Turbo C++ 3.0 建立了即时帮助系统,只需要选定关键字后按 Ctrl+F1 即可查看详细的帮助。

　　Turbo C++ 3.0 可以自定义语句按照语法高亮多色显示,令代码编写、程序查错时更直观方便,Turbo C++ 3.0 程序编辑器的查找、替换等编辑功能更方便易用。

　　Turbo C++ 3.0 建立和管理 Project 项目更方便容易。

　　Turbo C++ 3.0 尽管可以使用鼠标,但它仍然是 MS-DOS 下的软件。使用起来还不如 Windows 下的软件灵活方便,为了弥补这个缺陷,WIN-TC 出现了,它是 Turbo C 2.0(简称 TC 2.0)的一种扩展形式,是在 TC 2.0 的基础上,增强了系统的兼容性和共享性,提供了 Windows 平台的开发界面,支持 Windows 平台下的基本编辑功能,例如剪切、复制、粘贴和查找替换等,比 TC 2.0 使用起来方便很多。它可以在 Windows XP 和 Windows 7(32 位)系统上运行,但不能在 Windows 7(64 位)系统上运行。

　　虽然 Turbo C/C++ 是基于 MS-DOS 的软件(包括编译器和集成环境),但是它的应用是非常广泛的,即使 Windows 窗口系统出现以后多年,仍然有很多人在使用它。几十年来,人们使用它开发了很多不错的软件,如何把它们移植到现代的 gcc 编译环境下为现代所用呢? GNU 开源软件 TurboC 可以帮助实现这个目的,详细见主页 http://www.sandroid.org/TurboC/index.html 。注意 TurboC 的拼写,不要与 Turbo C 混淆,TurboC 是一开源的链接库(含若干头文件),用于移植 MS-DOS 下的 Turbo C 的代码到 *inx(各种类 UNIX 系统)系统的 gcc 代码。TurboC 链接库实现了 MS-DOS 的 conio.h 到 ncurses 的映射,还提供了 MS-DOS 的 graphics.h 到 Xlib 图形库的映射。关于 MS-DOS 下的 Turbo C 图形程序还可以比较容易的借助 GRX 库(http://grx.gnu.de/)用 gcc 编译,详见本实验指导第 5 章 grx 图形库部分介绍。

2.2.4　Visual C++

　　Visual C++ 6.0,简称 VC 或者 VC 6.0,是微软 1998 年推出的一个功能强大的可视化的集成开发环境。在这个平台上不仅集成了编译器、编辑器、调试器,还集成了微软的 MFC 类库。用 VC 6.0 不仅可以进行非窗口的 C/C++ 程序设计,而且可以使用 MFC 类库进行丰富的图形和窗口程序设计和软件开发。在很多仍然需要使用 Windows XP 的场合,特别是在高等院校,Visual C++ 6.0 仍然是非常受欢迎的开发平台。微软比较新的 VC 开发环境是 VC 2010、VC 2012、VC 2013 等,它们功能更强大,用起来更方便。详细介绍这里就省略了。

2.2.5 Eclipse CDT

1. Eclipse CDT 简介

Eclipse 是著名的跨平台的自由集成开发环境。最初主要用来 Java 语言开发,通过安装不同的插件 Eclipse 可以支持不同的计算机语言,CDT 是 C/C++ Development Tooling 的简称,是 Eclipse 的一个插件,这个插件提供了全功能的 C/C++ 集成开发环境。集成环境包括工程创建、使用给定的编译器对代码编译链接执行,集成的代码编辑器支持语法高亮度、折叠、超链接导航、源码重构(refactor),以及可视化调试工具等。与其他 IDE 不同的是,它还集成了控制台窗口。注意:插件本身并不包括编译器,需要另外安装配置编译器,如可以使用 MinGW 包括的 gcc 编译器。主界面如图 2.2.9 所示。

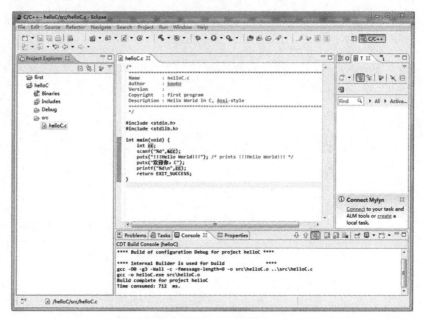

图 2.2.9 Eclipse CDT 系统的主界面

2. Eclipse CDT 的安装

首先到 Oracle 官网 http://www.oracle.com 下载 Java 的运行开发环境 JDK 或 JRE。然后安装 MinGW,MinGW 的下载和环境变量的设置的详细介绍见本实验指导 1.1.1 节。修改 mingw32-make 为 make。在 C:\MinGW32\bin 中找到 mingw32-make.exe,在 bin 目录下复制一份 mingw32-make.exe,将复制的副本改名为 make.exe,因为 Eclipse 要调用的是 make,不能识别 mingw32-make.exe,因此需要复制一份并改名。

最后,下载并解压安装 Eclipse IDE for C/C++ Developers,网址 http://www.eclipse.org/downloads/packages/eclipse-ide-cc-developers-includes-incubating-components/indigosr1。下载后解压到适当的位置,如 C:\eclipse。进入 C:\eclipse,把 Eclipse 可执行文件发送到桌

面快捷方式,就可直接使用了。

3. Eclipse CDT 的使用

单击桌面的 Eclipse 图标,就可以启动集成开发环境了。Eclipse CDT 开发 C/C++ 程序有一个基本要求,就是不管程序的大小,一定要先建立一个工程,建立工程时要选择编译器。基本的工程有 C 工程和 C++ 工程。对于它们又可以分为建立空工程或还建立 hello world 工程,后者拥有一个默认的源文件。如果建的是空工程,就可以添加主函数所在的程序文件,也可以添加更多的程序文件。如果建的是 hello world 工程,可以修改默认的源文件,添加其他文件。Eclipse CDT 在编辑程序过程中会实时提示错误,输入正确之后错误自然消失。编译运行的控制台窗口集成在界面的下部,在那里输出运行结果和等待键盘输入数据。

3 编 辑 器

3.1 vi 编辑器

如果使用的操作系统是 Linux 或 UNIX，不管是做系统管理还是程序设计，都很可能要使用 vi 编辑器。vi 编辑器是 Linux 和 UNIX 上最基本的文本编辑器，它工作在字符模式下，由于不需要图形界面，使它成了效率很高的文本编辑器。vi 和 emacs 并列成为类 UNIX 系统用户最喜欢的编辑器。vi 的增强版是 vim(vi improved 的简称)，及包含图形界面的 gvim。令人高兴的是，vim/gvim 也可以在 Windows 上使用。vim/gvim 是开源的免费软件，可以在其官方网站 http://www.vim.org 下载并获得各种帮助文档。vim 安装包里有一个 vimtutor 或者在启动之后使用 help 命令查看系统自带的帮助文档。vi/vim/gvim 编辑器的编辑方式与通常的全屏幕编辑器截然不同，它完全采用键盘操作，有比较丰富便捷的键盘操作命令，初学者会有一定的困难，但是掌握之后，就会爱不释手。下面以 vim/gvim 7.3 为例介绍它的用法。

vim 是一种模式编辑器，也就是它的行为因编辑器的模式不同而不同。当窗口的下部显示的是一个文件名或空时，则处于普通模式(Normal cmode)状态，在普通模式下，可以浏览或删除、复制、粘贴要编辑的文件。也可以自由切换到其他的模式，由输入的命令决定。如果窗口下部显示 insert 或插入，则表示当前处于插入模式或者输入模式(Insert mode)，在此模式下允许在光标的当前位置插入字符，输入结束之后按 Esc 键退出插入模式进入普通模式；如果窗口下部显示 visual 或可视，则表示当前处于可视模式(Visual model)，在可视模式下可以方便地选择文本块，进行操作。如果在普通模式下输入了冒号则进入了命令行模式(Command-line mode)，也称 ex 模式，这时它处于行编辑状态，在这个模式下可以进行设置、查找、替换文本等命令以及加载、保存、退出文件等操作。在任何非普通模式状态下按 Esc 键都将回到普通模式，在普通模式下输入 i 或 o 等则进入插入模式，输入 v 则进入可视模式，在普通模式下输入冒号将切换到命令行模式。

3.1.1 vim 的启动和退出

可以在开始菜单或桌面上找到 vim 或 gvim 启动它，如果在 Windows 的环境变量 path 中添加了 vim 的安装路径，也可以在 command 窗口中运行 vim 命令。

如果在启动之后要打开一个文档，只需输入

:r 文件名

注意这种方式加载的文件显示到光标位置之后，因此可以使用多次，结果可能是在不同的光标位置打开同一个文件。

如果在启动的同时打开文档，则需在 command 命令窗口中输入命令

vim 文件名

或

　　gvim 文件名

例如,要打开 d:\test1.c,可以在启动之后输入

　　:r d:\test1.c 回车

或者在启动时输入

　　vim d:\test1.c 回车

　　gvim 和 vim 启动之后的窗口分别如图 2.3.1 和图 2.3.2 所示,前者包含菜单栏和工具栏,是图形界面,后者没有,不是图形界面。

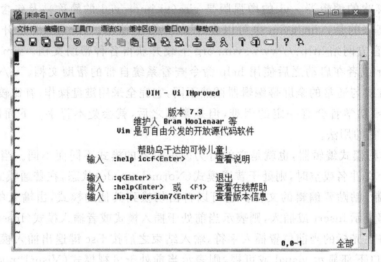

图 2.3.1　gvim 主界面

图 2.3.2　vim 主界面

用 gvim 打开一个文件之后编辑器的初始状态如图 2.3.3 所示。可以看到,打开文件时编辑器默认的模式是普通模式。如果没有做任何修改想退出,只需输入

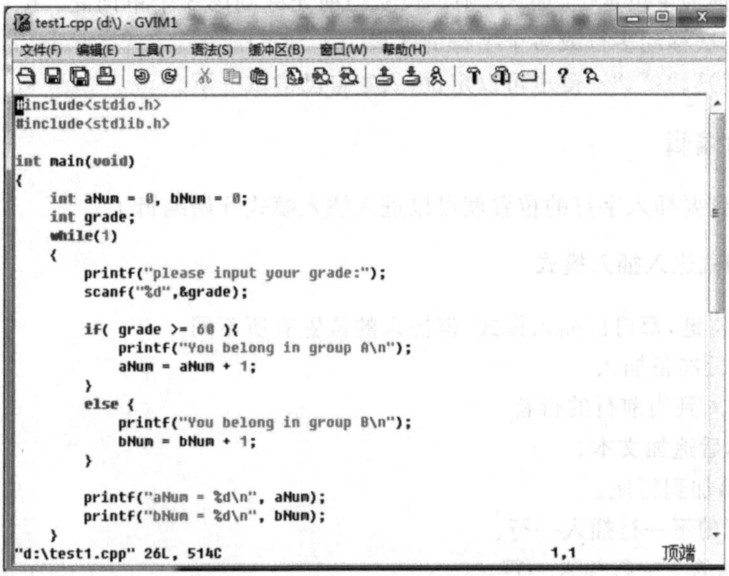

图 2.3.3　gvim 打开文件的初始状态

:q 回车

如果修改了文档,想保存后退出,在确保编辑器处于普通模式的状态下,输入

:wq 回车

如果修改了文档,想保存但不退出,在确保编辑器处于普通模式的状态下,输入

:w 回车 //或
:w 新文件名 回车 //或
:w!

如果修改后想不保存就退出,在确保编辑器处于普通模式的状态下,输入

:q! 回车

即可,其中! 表示强制执行它前面的命令。

3.1.2　在 vim/gvim 中移动光标

当 vim/gvim 处于普通模式的时候,光标全屏幕移动非常灵活方便,手指处于键盘的标准位置,击字符键 k 或 j 则向上或向下逐行移动,击 h、l 键则逐字向左或向右移动,如图 2.3.4 所示(四个方向的箭头键与 h、l、k、j 键的作用相同,但是熟练之后,h、l、k、j 键更好用)。

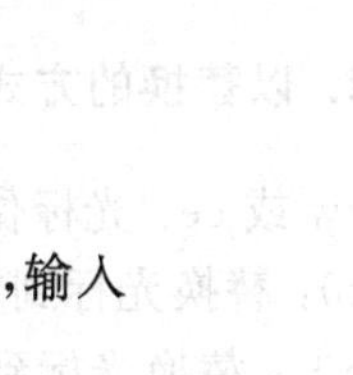

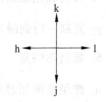

图 2.3.4　vim 普通模式下光标移动的方向字符

如果要向前翻页,只须按 Ctrl+f 快捷键,向后翻页只需按 Ctrl+b 快捷键。

直接定位到某一行的行首,只须用"行号 G"或"行号 gg",定位到本行的行尾用 $,而到本行的行首用 0。

可以以单词为单位定位,如 3w 则定位从当前光标到第 3 个单词处。h、j、k、l 前都可以加数字,达到每次移动多行或多个字符的效果。

还有"("、")"、"{"、"}"键也可以定位,大家自己尝试一下。

3.1.3 开始编辑

光标移动到要插入字符的位置就可以进入插入模式开始编辑了。

1. 普通模式进入插入模式

按下列字符键,都可以插入模式,但插入的位置有所不同。

i:在光标处准备插入。
I:文本插入到当前行的行首。
a:在光标后追加文本。
A:文本追加到行尾。
o:在光标的下一行插入一行。
O:在光标的上一行插入一行。

2. 以替换的方式进入插入模式

cw 或 ce:光标位于某个单词的第一个字符,替换这个单词进入插入模式。
c0:替换光标到本行的行首的文本,进入插入模式。
c$:替换光标到本行的行尾的文本,进入插入模式。
cc:替换光标所在行的下一行,进入插入模式,也可以数字+cc,替换多行。
r:用一个字符替换光标处的字符,数字+r,用一个字符替换光标处及以后的多个字符。

3. 删除文本

dd:删除一行,数字+dd,删除多行。
dw:删除一个单词,数字+dw,删除多个单词。
x:删除一个字符,数字+x,删除多个字符。

4. 复制和粘贴文本

yy 复制一行到缓冲区,p 粘贴缓存区的内容到光标处。数字+yy,复制多行到缓冲区。

5. 撤销与恢复

u:撤销刚刚用过的命令。
.:重复刚刚用过的命令。

3.1.4 使用 ex 模式的命令行

vim 具有很强的查找和替换功能,它依托于非常著名的正则表达式(regular

expression)(很多软件和工具都支持正则表达式)。正则表达式就是由一个或多个普通字符或元字符(metacharacters)组成的字符串。用正则表达式构成的字符串作为一个模式,去匹配文本中的字符,找到与正则表达式匹配的所有字符串。vim 提供了查找或替换与正则表达式匹配的文本的命令。

查找与正则表达式匹配的字符串,光标移动到第一个匹配的文本处,所有匹配的文本均用高亮方式显示,命令格式为:

:/正则表达式+回车

实际上更多的是在普通模式下直接输入

/正则表达式+回车

这样会直接进入 vim 的底行命令行编辑状态。

注意:查找命令可以配合 n 或 N 继续查找或反向继续查找。

用某个字符串替换与正则表达式匹配的文本,有几种格式:
(1) 用替换字符串替换当前行中第一个匹配的文本

:s/正则表达式/替换字符串/+回车

(2) 用替换字符串替换当前行中所有匹配的文本

:s/正则表达式/替换字符串/g+回车

(3) 用替换字符串替换文档所有行中所有匹配的文本

:%s/正则表达式/替换字符串/g+回车

最简单的正则表达式就是只包含普通字符的文本串,如一个单词。一个正则表达式可以写得非常复杂,因此要全面掌握它就有相当的难度了。它包含很多必须要正确理解元字符的含义和一些匹配规则。下面通过实例结合 vim 的查找和替换命令的使用,简单介绍一下正则表达式的基本用法(更系统的学习和讨论可参考 http://www.regular-expressions.info/ 和维基百科 http://en.wikipedia.org/wiki/Regular_expresion、百度百科的 http://baike.baidu.com/view/94238.htm)。假如有下面的 test.txt 文档。

```
111 ttt 11this is test
222 THIS IS A TEST
333 This is really a test
444 Blieve it, this is really a test
555 this is a test, better believe it
666 regular expression i beautifull
777 test text tast t t
888 thirtyfor four fourty
999 aaaaaaaaaa bbbbb
100 beg bag big bog
110 baochunbo2008@163.com
120 baobosir@tom.com
130 bad2334asdfdsf@233.c
```

【例 3.1】 最简单的正则表达式就是通常的字符串。如要查找或替换 really 这个单词，则 really 就可以作为一个正则表达式，对应的命令为

```
/really                    //查找单词 really
:%s/really/REALLY/g        //替换所有的 really 为 REALLY
```

但是如果使用命令

```
:%s/four/4/g
```

会替换所有的 four 为 4，这样在单词 thirtyfour、fourty 中的 four 也被替换了，这不是我们所希望的。怎么保证只替换独立单词 four 呢？请看

```
:%s/\<four\>/4/g
```

其中\<表示匹配单词首，\>表示匹配单词尾。

【例 3.2】 包含元字符点"."的正则表达式。

. 元字符匹配换行符以外的其他字符，如命令

```
/t.s
```

查找文档中的所有 t 开始 s 结尾的三个字符组成的字符串，中间的点代表是除换行符以外的字符。匹配的字符串有 tes tas tus，所有匹配的字符串都会高亮显示。这时可以用普通模式下的 n 命令和 Shift-N 向前向后翻阅。

【例 3.3】 匹配文档中的某一行的末尾元字符"$"或开始元字符"^"，如命令

```
/test$                     //查找以 test 结尾的行
/^this                     //查找以 this 开始的行
```

【例 3.4】 重复匹配。

元字符"*"重复匹配 0 次或多次前面出现的字符或正则表达式，如

```
/a*        匹配 0 次 a 出现到多次出现 a
/aa*       匹配字符 a 和 0 次 a 出现到多次出现 a，注意此时 * 只解释它前面那一个 a。
```

元字符\+ 重复匹配 1 次或多次前面出现的字符或正则表达式，其中反斜杠\解释后面的字符为元字符，如

```
/a\+
/\(ab\)\+    匹配 ab 作为一项出现 1 次或多项，注意括号前要加\
```

元字符\? 重复匹配 0 次或 1 次前面出现的字符或正则表达式，如

```
/a\?
```

【例 3.5】 去掉空格。

```
:%s/\s\+$//
```

删除每行末尾的空格，\s 表示空格，\+ 出现 1 次或多次，// 之间无空格。

【例 3.6】 删除行首的一位到多位数字。

```
:%s/^[0-9][0-9]*//
```

其中[0-9]表示 0～9 的一个数。

【例 3.7】 将所有的 bag、beg、big、bog 替换为 bug。

```
:%s/b[aeio]g/bug/g
```

其中[aeio]表示匹配其中的一个字符。

【例 3.8】 查找匹配的 email 地址。

```
/[a-z0-9]\+@[a-z0-9]\{1,10\}.[a-z]\{2,4\}
```

其中\{1,10\}和\{2,4\}表示前面的字符或正则表达式重复 1～10 次或重复 2～4 次。

3.1.5 在 vim 中执行外部命令

vim/gvim 允许在编辑器的 ex 模式下执行外部命令,如

```
:!dir
```

查看当前目录。或者直接切换到命令窗口(也叫 shell)

```
:sh
```

运行所需要的命令之后用 exit 返回到编辑器。

3.1.6 可视模式

传统的 vi 没有可视模式,vim/gvim 增加了可视模式。在普通模式下按 v 键即可进入可视模式。在可视模式下,当移动光标时可以看到选中的行文本块,如果再输入 Ctrl-Q,则进入到选块状态。对于移动光标选中的行块或列块可以进行剪切、删除等操作。

3.2 Emacs 编辑器

3.2.1 Emacs 简介

Emacs 是一种强大的文本编辑器,它与 vi 编辑器齐名,在程序员和其他以技术工作为主的计算机用户中广受欢迎。EMACS,即 Editor MACroS(宏编辑器)的缩写,最初由 Richard Stallman 于 1975 年在 MIT 协同 Guy Steele 共同完成。这一创意的灵感来源于 TECMAC 和 TMACS,它们是由 Guy Steele、Dave Moon、Richard Greenblatt、Charles Frankston 等人编写的宏文本编辑器。Emacs 自诞生以来,演化出了众多分支,其中使用最广泛的是 1984 年由 Richard Stallman 发起并由他维护至今的 GNU Emacs,它还有一个分支叫 XEmacs。Emacs 使用了 Emacs Lisp 这种有着极强扩展性的编程语言,从而实现了包括编程、编译乃至网络浏览等功能的扩展。

Emacs 不仅仅是一个编辑器,它也是一个整合环境,或可称它为集成开发环境。它整合的功能可以让使用者置身于全功能的操作系统中。在编辑器功能的基础上,Emacs 还包含了一个命令环境,称为"bourne-shell-like"的 shell:EShell。

Emacs既可以在文本终端上使用,也可以在图形用户界面(GUI)环境下运行。Emacs是跨平台的,既可以在类UNIX系统(如Linux)上运行,又可以在苹果操作系统Mac OS X和微软的Microsoft Windows上运行。

Emacs采取的编辑方式是对不同类型的文本进入相应的编辑模式即"主模式"(major mode)。Emacs针对多种文档定义了不同的主模式,包括普通文本文件、各种编程语言的源文件、HTML文档、LaTeX文档以及其他类型的文本文件等。每种主模式都有特殊的Emacs Lisp变量和函数,使用户在这种模式下能更方便地处理这一特定类型的文本。例如,各种编程的主模式会对源文件文本中的关键字、注释以不同的字体和颜色显示。主模式还提供诸如跳转到开头或者结尾的命令。Emacs还能进一步定义"次模式"(minor mode)。每一个缓冲区(buffer)只能关联于一种主模式,却能同时关联多个次模式。比如,编写C语言的主模式可以同时定义多个次模式,每个次模式有着不同的缩进风格(indent style)。

Emacs支持对多种文字的文本编辑,包括UTF-8在内的诸多编码系统,使得世界上大多数语言的使用者都能通过Emacs进行文本处理。Emacs还能进行多种语言的拼写检查。

3.2.2 Emacs软件下载和安装

在Emacs的官方网站http://www.gnu.org/software/emacs/,或直接到北京交通大学的镜像站点http://mirror.bjtu.edu.cn/gnu/emacs/windows/下载Windows版的安装包emacs-24.1-bin-i386.zip,下载后直接解压到某个位置,假设解压到c:\emacs-24.1,进入c:\emacs-24.1\bin目录,运行addpm.exe安装Emacs之后就会在计算机的开始菜单中产生Emacs启动项。国内的水木社区网站http://www.newsmth.net/nForum/#!board/Emacs有Emacs论坛。Emacs的启动界面如图2.3.5所示。

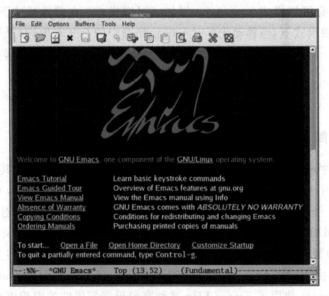

图2.3.5 Emacs标准界面

3.2.3 Emacs配置

Emacs用户可以根据自身的需要和偏好对编辑器进行定制。强大而自由的个人定制功能是 Emacs 受到广泛欢迎的重要原因之一。定制 Emacs 主要有三种方法。

第一种方法是使用 Emacs 的交互式定制功能。Emacs 提供了图形化的交互界面，使用户能够对可定制的公共变量进行设置。这种方法使 Emacs 的初学者不需要接触 Emacs Lisp 代码即可完成定制。

第二种方法是将一系列按键记录为宏，调用宏可以重复进行已经记录的一系列复杂操作。宏可以保存并命名，以便按名调用，不过同一时刻只能存在一个匿名的宏。

第三种方法是通过使用 Emasc Lisp 完成 Emacs 的定制。这种方法最为复杂，但也提供了更多的灵活性和更强大的功能。用户通常将个人定制的 Emacs Lisp 代码保存在一个名为.emacs 的配置文件中，Emacs 程序启动时便读取这一文件，完成用户要求的配置。用户可以通过.emacs 文件重设变量、重新定义按键的绑定（key bindings）以及定义新的命令，以方便用户个人的使用。很多高级用户的.emacs 文件的个性化配置长达数百行甚至更多，这些个人的定制使他们的 Emacs 不仅与默认配置的功能不同，而且每个人的 Emacs 之间也千差万别。这种差异能很好地满足不同个性的偏好和不同工作的需求。这种定制方法虽然比较复杂，但也是人们最喜欢的一种。下面简单介绍一下这种定制的方法。

启动 Emacs 后在 Option 菜单中随便更改一下设置，如取消 Case-Insensitive Search 之后，选择 Save Options，这一步不是多余的，因为默认情况下 Emacs 不会在一启动的时候就生成.emacs 配置文件和.emacs.d 目录。注意这样生成的.emacs 和目录默认是在 C:\Users\<username>\AppData\Roaming 下，当然也可以把它移到安装目录里。然后再用 Elisp 语言修改.emacs 文件，或者在寻找别人配置文件替换这个.emacs。本课程平台提供了作者的一个.emacs 文件，仅供参考。在.emacs 文件中定义了主目录在哪里，默认的目录是什么，设置了窗口的字体、字体颜色和背景颜色，窗口的大小等。比较重要的是设置了具有一定智能的编译命令，即 F9 功能键，按 F9 键之后，首先检查当前目录是否存在 makefile 文件，如果有就使用 mingw32-make -k 命令编译当前缓冲区的源程序。如果没有 makefile 文件，则判断当前文件是 C 语言程序还是 C++ 程序。如果是 C 语言程序，就使用 gcc 编译器编译当前文件，如果是 C++ 语言程序就使用 g++ 编译器编译当前文件。使用作者的.emacs 配置文件，Emacs 启动之后如图 2.3.6 所示。

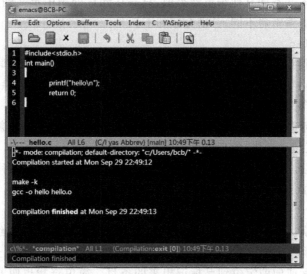

图 2.3.6 配置之后的 Emacs

3.2.4 Emacs 的基本用法

Vim 编辑器采用的是控制和编辑分离的模式,而 Emacs 编辑器采用的是把控制与编辑混合的方式,下面是一些最基本的操作。

1. 建立或者打开一个文件

Emacs 建立和打开一个文件均使用组合快捷键 C-x C-f(C 表示按[Ctrl]键),即先按住 Ctrl 再按 x 键,这时在 Emacs 的状态栏显示 C-x-,等待你再按 Ctrl-f,再按 Ctrl-f 之后,状态栏显示 find file ~/ 或 find file 你的主目录,等待你输入文件名,假如输入了 test.c 回车,如果这个文件在当前目录中不存在,将建立这个文件;如果这个文件存在,将打开这个文件。由于文件的扩展名是.c,所以这时 Emacs 的主模式是 C 语言模式,在主菜单中会增加一个 c 菜单。这里输入的文件已经存在,所以在窗口中会显示这个文件的代码,见图 2.3.6 的上部。退出 Emacs 的快捷键是 C-x C-c,退出并保存的快捷键是 C-x C-s。

2. 导航

打开一个文件之后,要在整个窗口中编辑,就必须在窗口中漫游。同 vim 类似(但没有 vim 方便),只需使用主键盘区(即 Ctrl/Alt(美式键盘 Meta)/Shift 和各种字符键配合)就可以进行所有操作,不使用鼠标和方向键。

可以逐字(C-b 和 C-f)、逐词(M-b 和 M-f)、逐行(C-p 和 C-n)、逐段(M-} 和 M-{)、逐屏(M-v 和 C-v)移动光标,或者移动到行首(C-a)、句首(M-a)、甚至是整个文档的首部(M-<),移动到行尾(C-e)、句尾(M-e)甚至是文档尾(M->)。还可以直接到窗口的中部等。图 2.3.7 是 Emacs 的基本导航示意图。

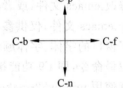

图 2.3.7 Emacs 的基本导航

3. 编辑

在 emacs 下输入文本同其他编辑器类似,只需在光标处用中英文输入法输入即可。但很多操作都与普通的编辑器不同,分别介绍如下。

(1) 插入空行 C-o。

(2) 删除。逐个字符删除文本 C-d(删除光标所在的字符),逐个单词删除 M-d(删除光标开始的单词),删除句 C-k(删除光标开始的句子),删除段落 M-k(删除光标开始的段落),删除空行 C-x C-o,等等。

(3) 可以用鼠标选择一个区域,也可以用键盘标记一个区域,C-@ 激活标记,然后让光标移动,所经过的区域被选中,然后就可以对其做其他操作。

(4) 复制和粘贴。emacs 的删除有两种:一种是 delete 即 C-d;一种是 killing 即 C-k。Killing 删除相当于放到剪贴板中,从剪贴板取回就相当于粘贴,用 C-y 粘贴的是最近一次 killing 的内容。

(5) 查找和替换。emacs 的查找分为四类:简单查找、增量查找、词组查找和正则查找。C-s 进入向后增量查找状态,C-r 进入向前增量查找状态,即边输入边查找,重复按 C-s 或 C-r 后会逐个向后或向前定位到已标记出来的条目。简单查找也叫非增量查找,输入命令格式是"C-s Ret string Ret",先输入 C-s,进入增量模式,然后按回车则进入简单模式,再输入要找的字符串,最后回车就开始逐个查找了。词组查找用 M-s w,正则查找用 C-M s 和 C-M r,采用正则表达式进行模糊查找,类似 Vim 的正则表达式查找。

替换命令格式"M-x replace-string Ret oldstring Ret newstring Ret",先输入 M-x replace-string,再回车,然后输入源字符串,回车,再输入替换的字符串,回车,开始查找替换。如果用 M-% 命令,找到之后会问是否替换。

4. 编译链接

当程序修改好或输入完了之后就要编译链接,只需按功能键 F9,程序如果没有错误,编译链接成功就生成了可执行程序,这时就可以按 M-! 进入命令行状态,输入可执行的程序即可运行,结果默认显示到状态栏,也可以显示专门的窗口中。

Emacs 支持多窗口,每个窗口显示一个缓冲区的内容,缓冲区可以是打开的文件,也可以是命令输出等。C-x 2 把当前窗口垂直划分为 2,C-x 3 把当前窗口水平划分为 2。C-x o 在窗口之间切换。C-x 4 b 在另一个窗口中打开一个缓冲。

4 程序测试与调试

4.1 程序的错误类型

不管是什么样的问题,也无论是谁写的程序,都可能出现这样或那样的错误(常称错误为 bug)。有的错误比较容易发现,有的则比较隐蔽,有的甚至很难发现。常见的错误类型有三种:编译错误、运行错误和逻辑错误。

4.1.1 编译链接错误

编译错误是指在编译时出现的错误。这类错误通常属于语法错误,即存在不符合 C/C++ 语法规则的语句。这种错误出现时就会在一个信息窗口(CodeBlock 环境是 log & others 窗口中的 build message 子窗口,而 VC 6.0 是在 output 窗口中的 build 子窗口中)中列出错误信息,显示可能出现错误的语句行号,程序员可以根据这些信息去查找修改。例如:

\sourcecode\ch4\continue.c 11 error: expected ';' before "while"

告诉我们,在第 11 行有一个错误:在 while 前期望一个分号";",很可能是在 while 前面的语句缺少分号。类似的还有丢掉"(",""等。又如

\sourcecode\ch4\continue.c 11 error: 'score' was not declared in this scope

反馈在 11 行有一个错误:score 没有声明。还有,如果表达式 sum+=score 的加号和等号分开了 sum + =score 就会有下面的错误信息:

error: expected primary-expression before '=' token

有时可能有多处错误,这可能是真有多处错误,还可能是因为一处出错引起了后面的多处错误,因此在修改错误的时候要先改第一个错误,这样再次编译时就可能没有错误了。

语法错误是初学者最容易犯的错误,不要害怕出错,因为语法错误总可以找到,改正过来是比较容易的。

在集成环境中的编译一般是用 build,build 是几步合起来做的,首先是预处理,其次是编译,最后是链接,这三步都有可能出错。链接时可能因找不到函数定义或库而出现链接错误。

4.1.2 运行错误

运行错误是指在程序运行时发生的错误,往往是因为语义不正确导致。语句虽然没有语法错误,但要求计算机去做不能做或不该做的事情,势必导致错误。如 0 做除数的整数除法(实型数据做除法,除数为 0 不会出现运行时错误,其结果是无穷大),这时系统弹出的消息框如图 2.4.1(左)所示,可以点击调试按钮去使用调试工具调试(CodeBlocks 集成的调试

工具是 gdb),调试结果显示如图 2.4.1(右)所示。

"异常处理 unhandled exception in … : Integer Divided by Zero"

说明程序出现了整数用 0 除的错误。也可以直接关闭程序,手工查错或用其他工具调试。再如用 scanf 函数时,初学者经常在变量名前忘记了取地址运算符 &,这样在程序运行时就会导致运行时错误,程序被迫停止。

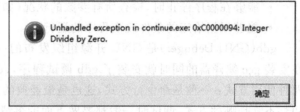

图 2.4.1 运行时产生的错误信息和调试结果

4.1.3 逻辑错误

逻辑错误是指编译通过,运行也会有结果,但结果不正确。这不正确的结果是因为程序中存在逻辑上的错误。这种逻辑错误可能是算法错误导致,如明明要做加法运算,程序中却做了减法,运算方法本身不符合实际。还有可能是漏写了或多写了什么符号使语句发生了逻辑上的变化导致。这类错误比较隐蔽,系统不会给出任何提示,出错后不易查找,常常使初学者感到困惑。下面列举一些常见的逻辑错误。

- 累加求和时,求和变量忘了初始化,累乘时,求积变量初始化了 0,导致结果不正确。
- 比较两个整型数相等时,用了赋值运算"=",没用关系运算"==",导致判断条件错误,从而判断错误。
- 用比较两个实数相等作为逻辑条件,导致判断条件错误,从而判断出错。
- 用 scanf 函数时,变量的格式与变量的实际类型不符,导致没能正确读到数据。
- 因错误条件或者意外的标点符号导致程序死循环。
- 在不该有分号的地方写了分号,导致程序结构发生变化,结果出错。如 for 语句的()后、while 和 if 语句的条件后等。

其他错误现象请参考主教材各章每一章列出的常见错误。

4.2 程序排错

如果发现程序中有逻辑错误或运行错误,必须想办法查出它到底错在哪里,错误的根源是什么。怎么找错呢?当然需要仔细地思考出错的原因,分析各种可能的线索,多问一些为什么,如之前是否出现过类似的情况?程序里哪些东西刚刚修改过?可能因为输入某些数据时会发生错误,这时就要看看引起错误的数据里有没有什么特别之处。如果能检查出程序的哪一部分导致结果不正确,就可以将精力集中在这一部分上。寻找程序的错误根源并改正的过程称为**程序调试**(**Debugging**)。程序调试的基本思想就是分析、跟踪程序的运行过程,查看程序在运行过程中各个变量的变化情况,从而检查程序的算法是否正确,找到问题的根源所在。程序调试可分为使用调试器和不使用调试器两种方法。

4.2.1 使用调试器调试

一个调试器具有 4 项基本功能：
- 能够运行程序，设置所有能影响程序运行的参数(如变量、函数的参数)。
- 能够让程序在指定的位置(断点)处停止，断点可以是一个条件表达式。
- 能够在程序停止时，检查所有参数的状况(如变量,函数参数的值)。
- 能够根据给定的条件改变程序的运行。

gdb(GNU Debuger)是 GNU 开源组织发布的一个功能比较强大的命令行调试工具。在安装 gcc 编译器的同时就安装了 gdb 调试程序，gdb 当然具备上述 4 项基本功能。它有两种使用方式：一种是命令行方式，这也是最经典的方式；另一种是在集成环境的窗口中使用。不管是哪种方式，调试时一般都要做下面的事情：

加载要调试的程序(编译时使用-g 选项生成的可执行程序)、查看源码、设置断点、设置参数或变量的值、运行程序、单步跟踪、查看参数或变量的值，每做一步都要观察 gdb 的反馈信息。

下面看一个求一元二次方程根的例子。一元二次方程的一般形式为

$$ax^2 + bx + c = 0$$

其中 a、b、c 为任意整数。它的根可能是两个不相等的实根，或者是相等的实根，或者不存在实根，这完全由根的判别式 b^2-4ac 决定，根的一般形式如下

$$x_{1,2} = -\frac{b}{2a} \pm \sqrt{\frac{b^2-4ac}{2a}}$$

这个问题求解的基本算法为：
(1) 用户输入一组系数 a、b、c；
(2) 计算根的判别式；
(3) 由判别式大于等于零和小于零打印出不同的根。

请看下面的程序实现是否有错。

```
#001 /*
#002  *   equ2.c:求一元二次方程的根
#003  */
#004 #include<stdio.h>
#005 #include<math.h>
#006 int main(void){
#008      int a, b, c, deltx;
#009      double p, q, x1, x2;
#011      printf("please input the factor a,b and c of axx +bx +c=0\n");
#012      scanf("%d,%d,%d",&a,&b,&c);
#014      deltx=b * b -4 * a * c;
#015      p=-b /(2 * a);
#016      q=sqrt(deltx)/(2 * a);
#018      printf("deltx :%d\n", deltx);
#020      if( deltx >0){
```

```
#021            x1=p +q;
#022            x2=p -q;
#023            printf("the root is %f and %f \n", x1, x2);
#024        }
#025        else if (deltx==0){
#026            x1=x2=p;
#027            printf("the two real root is equal : %f\n", x1);
#028        }
#029        else
#030            printf("no exist any real root\n");
#031        return 0;
#032    }
```

现在测试一下,看看运行情况如何。可能对某些系数,程序的计算结果是正常的,但对于有些系数,程序的运行结果却不符合实际,甚至发生了错误,问题出在什么地方呢?这时我们就可以借助调试工具 gdb 了。注意使用 gdb 之前,对程序编译链接时必须用-g 选项,即

```
gcc -g -o equ2 equ2.c
```

只有这样才能生成含有调试信息的可执行程序 eqa2.exe。用 gdb 调试过程如下:
(1) 在命令窗口运行

```
gdb equ2
```

(2) 查看源程序,输入

```
list 命令或 l
```

这时在 gdb 中会显示程序源码的一部分,再输入一次 list,接着显示第二部分,可以根据需要使用多次,如图 2.4.2 所示。注意:gdb 中的大多数命令均可以简写为一个首字符。
(3) 设置执行的断点,gdb 设置断点有三种不同的形式
指定某行为断点

```
break 行号
```

如 break 6 或简写为 b 6,则运行时就会在程序的第 6 行设置了一个断点,编号为 1,根据需要可以设置多个断点,每个断点都对应一个编号。
设置函数断点,指定在某个函数定义的开始处停下来

```
break 函数名
```

如 break funcname,则运行时就会在 funcname 函数的开始位置停下来。
设置条件断点

```
break 行号 if 条件表达式
```

如 break 15 if a==0,则运行时如果 a 为 0,就在第 15 行停下来。
如果不需要某个断点了,可以删除它

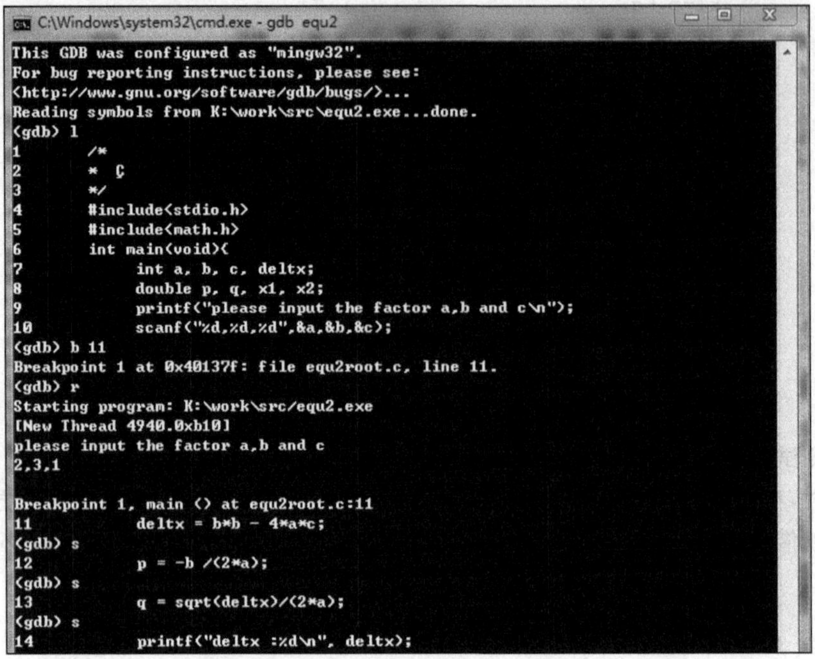

图 2.4.2 命令行 gdb 调试过程

delete 或 d 断点号

如 delete 1,则删除了 1 号断点。

也可以查看一下当前有几个断点,每个断点的断点号是几

info b 或简写为 i b

(4) 用 run 命令开始程序的调试执行

run 或 r

程序将停止在第一个断点处。

(5) 单步跟踪和继续执行

当在某个断点停下来后,让程序继续运行就是恢复。单步跟踪只恢复执行一步,每执行一步就停在那里,等待继续发布命令。gdb 用于单步跟踪有两条命令。一是 step 命令,恢复执行到下一步,下一步如果遇到函数调用,它会进入该函数(前提是此函数被编译有 debug 信息,即使用-g 选项编译了)

step 或 s

二是 next 命令,恢复执行到下一步,但如果下一步是函数调用,则不进入被调用的函数,而是整个函数调用作为一步,执行完毕后停止在函数调用的下一个语句。

next 或 n

这两个命令多次反复使用就可以对程序进行单步跟踪。如图 2.4.2 所示。也可以使用 continue 命令或 c 继续执行函数或继续执行到下一个断点。

(6) 查看变量的值

每当程序运行停止在某个断点或单步执行到某个语句时，都可以使用 print 命令查看程序中某个表达式或变量的当前值。

  print a 或 p a

则打印变量 a 的当前值。如果使用

  display 变量或表达式

则在单步跟踪过程中会自动显示该变量或表达式的值。

(7) 设置变量的值，在程序调试运行过程中使用 set 命令强行修改变量的值，在继续运行或单步跟踪时，查看程序的其他变量的变化情况，如

  set a = 0

强行让 a 等于 0，这时可以查看程序中的 p、q 的变化。

在调试的时候，因 14 行设置了一个断点，所以当程序运行后，输入 a、b、c 为 2、3、1，停止在第 14 行，这时用单步跟踪，查看一下 a、b 和 p、q 的值，发现 p = 0，这个结果显然不正确，问题出在哪里了呢？仔细分析后恍然大悟，两个整数相除结果必为整数，但 p 是实数，所以为了准确地得到计算结果，必须修改第 15 行为

  p=-b/(2.0 * a)

或者

  p=(double)-b/(2.0 * a)

前者采用隐式转换，后者是显式转换，把整数除法转换为实数除法。

如果运行程序时输入 a、b、c 为 0、3、2，则程序会发生运行时错误。再次用 gdb 调试，在执行到第 15 行时有错误信息 "program received signal SIGFPE, Arithmetic exception. ... at eqa2.c:15"，其含义是程序在运行到第 15 行的时候接收到一个信号 SIGFPE，程序发生了算术异常。也就是程序的运行时错误是在运行到第 15 行时发生的。错误的根源就在这里，仔细分析一下，原因还是两个整数相除，除数不能为零。如果把它像上面那样改成浮点数相除，运行时就不会出错，p 的值为无穷大。即使不会出错，也应该避免出现这种情况。命令行 gdb 的调试过程如图 2.4.2 所示。

上述是命令行的 gdb 调试。gdb 调试器已经集成到 Code::Blocks 集成环境中。在集成环境中用 gdb 调试非常直观。在集成界面中上述命令都有对应的菜单项或工具按钮，如图 2.4.3 所示。但是要特别注意，在 CodeBlocks 中调试程序有一个前提，就是必须在一个工程(project)中使用。也就是要先建一个工程，把你的程序文件添加到那个工程中。在一个工程中，允许有两个版本同时存在：一个是 release 发行版，一个是 debug 调试版。调试就是使用调试版进行编译链接(build)，调试完成之后再切换到 release 版，记得要重新 build (即 rebuild)。另外在建立工程的时候，工程的路径名中不要含中文名字。如果在 release 版中执行 debug(start)，则会有信息 "(no debugging symbols found)" 出现在 Debugger 信息窗口中，这说明在这个版本中不能调试。

开始调试之前一般要先设置一些断点(breakpoint)。在 CodeBlocks 中设置断点是采用

交互式。在要设置断点的行号后单击空白的灰色区域,就会出现一个红圆点,表示这行是一个断点,如果要取消这个断点,只需再单击一次,红圆点即消失。点击 start 命令或按 F8 键开始调试,单击 step into 或 next line 或快捷键 Shift-F7 或 F7 键进行单步跟踪。完整的图形调试界面如图 2.4.3 所示。

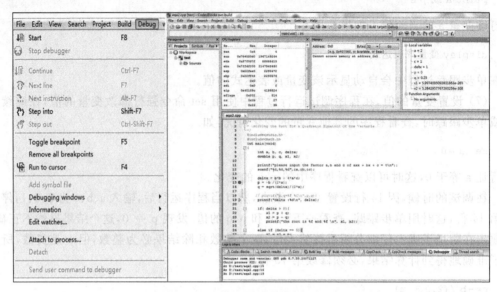

图 2.4.3　CodeBlocks 中使用 gdb 调试

从图 2.4.3 中可以看到,当我们启动调试的时候,会打开很多窗口。现在只需关注两个窗口:一个是处于中间的源程序窗口,它显示要调试的程序;另一个是 watch 窗口,它可以检测程序中变量或参数的值,展开其中的 Local variables 选项,会看到程序中所有的局部变量,当进行单步调试时这些变量的值会动态变化,也可以根据需要修改其中某个变量的值或者增加新的变量或表达式,展开 Function arguments 选项会看到函数的参数。还有函数调用堆栈窗口,给出函数调用的过程,如果要停止调试只需单击 Stop debugger 按钮,这时将关闭并退出所有调试窗口,回到正常的程序设计环境。

4.2.2　不使用调试器调试

除了使用调试器进行调试之外,手工检查也是常用的方法。用手工的方式检查某些变量是否能够得到期望的结果。一个比较有效的方法是在适当的地方或者可疑的地方,插入一些打印语句 printf 作为诊断工具。在运行期间打印某些变量的值,检查它们的值是否正确。在调试之后再删除它们。也可以制作一个调试版本,定义一个 DEBUG 宏,用 #if (DEBUG) 执行诊断打印语句。

采用注释的办法暂时注释掉一些代码,减小有关的代码区域,调试无误后再恢复它们也是很有效的方法。逐段调试,分而治之。

缩减输入数据,设法找到导致失败的最小输入。

循环边界检查,查看是否存在循环次数差 1 的错误。

乍看起来,使用调试器调试程序会省力,设置好后就可以自动跟踪程序运行,但这种方法往往使调试者自己不动脑思考,过分依赖工具。另外程序比较大的时候跟踪也很费时,很容易在复杂数据结构和控制流的细节中迷失方向,反而会适得其反。比较好的方法是仔细思考,并辅以在关键位置加设打印语句。

为了使程序容易调试,另一个值得注意的问题就是养成良好的编程风格,使程序易阅读,易维护,这样会加快调试的进程,提高调试效率。

4.3 程 序 测 试

程序调试已经找出了造成某种程序错误的根源并修改正确了,是不是就没有问题了呢?回答是 NO,很可能还隐藏着其他的错误,因为在运行时候所使用的数据可能是比较片面的。可能漏掉了一些死角或者有些路径根本就没有被执行过。为了确保程序在任何情况下都能正常运行,必须精心设计一些条件,看看程序是否都能正常地做出反应,看看能否发现更多的错误,这个过程就是软件测试。测试的目标是发现错误,而不是证明其正确性。发现了错误还要进一步调试,查找错误的原因。测试和调试是交替进行的。

软件测试是比较复杂的,是软件工程的重要组成部分,它有丰富的理论和方法。专业的软件开发公司有专门的软件测试团队从事软件测试。在这里我们从程序设计的角度,介绍程序员在设计完程序时或在程序设计过程中进行的自测。对初学程序设计人来说,这一点非常重要,自己要懂得如何测试自己的程序,可以简单称其为程序测试(当然完全可以认为是在做标准的软件工程测试)。前面的每个例题,我们都做了相应的测试。测试的时候要把程序看成是错误的,目的是力争发现其中的错误,同时通过测试也可以在某种程度上证明程序的正确性。4.2 节的一元二次方程求根程序经过调试发现了错误之后,修改了 p 的计算公式,增加了处理判断 a 是否等于零的内容之后程序实现的新版本为:

```
#001 /*
#002  *   eqa2.c:求一元二次方程的根修改版
#003  */
#004 #include<stdio.h>
#005 #include<math.h>
#006 int main(void){
#008     int a, b, c, deltx;
#009     double p, q, x1, x2;
#011     do{
#012         printf("please input the factor a,b and c \n");
#013         printf("notice: a!=0 and they are seperated by comma\n");
#014         scanf("%d,%d,%d",&a,&b,&c);
#015         if(a==0)
#016             printf("warning: your a is zero, please try again\n");
#017     }while( a==0 );
#019     deltx=b * b - 4 * a * c;
#020     p=-b /(2.0 * a);
#021     q=sqrt(deltx)/(2 * a);
#023     printf("deltx :%d\n", deltx);
#025     if( deltx >0){
```

```
#026            x1=p +q;
#027            x2=p -q;
#028            printf("the root is %f and %f \n", x1, x2);
#029        }
#030        else if (deltx==0){
#031            x1=x2=p;
#032            printf("the two real root is equal : %f\n", x1);
#033        }
#034        else{
#035            printf("no exist any real root\n");
#036        }
#037        return 0;
#038 }
```

现在就可以测试这个程序了。怎么测试呢？按理要保证对所有可能的 3 个整数的组合，程序都能正常运行。但这是不太可能的，也是没有必要的。那么到底用什么样的数据进行测试呢？可以通过查看程序的内部结构，设计一些特别的、具有代表性的数据，使得当程序运行时能够执行到各种可能的路径，这样的数据称为**测试用例**，这个选择数据的过程可以称为**设计测试用例**。如果有选择结构，则可以根据不同的分支设计测试用例，如果涉及循环，可以包含循环一次、循环多次以及一次循环也不执行的测试用例。现在的程序有 3 条主要执行路径，分别对应条件 deltx＞0、deltx＜0 和 deltx＝0 这 3 个分支，另外还有一种极端情况，就是系数 a 为零，因此至少要设计 4 个测试用例：

(1) 0,10,2   //a = 0
(2) 3,4,1   //deltx = 4
(3) 1,4,4   //deltx = 0
(4) 4,3,2   //deltx = -23

当然还可以给出更多的测试用例，比如输入的不是整数是小数会怎么样？输入了字符数据又会如何？或者其他比较有代表性的极端情况的数据。设计测试用例时要有意地选择一些不适当的数据，以检查程序是否能对于一些不正确的数据做出反馈。测试要以一种使人信服的方式来证明测试数据包含了所有可能的情况。可以看到，测试是测试用例的有限集合。

上述测试用例是根据代码的内部逻辑结构来设计的，这种测试在软件工程测试中称为**白盒测试**，有时需要假设不知道内部代码的内容或者真的不知道内部代码的细节，只知道它的输入和输出，这时的测试称为**黑盒测试**，或者叫**功能测试**。在学习函数程序设计时，对每个函数都要采用这种功能测试方法进行测试。

如果一个系统的规模比较大，有多个函数、多个文件，则增量测试是一种既快又经济的方法。所谓增量测试，就是始终保持一个可工作程序的过程，即在开发初期建立一个可运作单元，随着新代码的逐步加入，测试和排错也在同步进行，这时错误最可能出现在新加入的代码中。当然也可能出现在和源代码有联系的程序块中。因此扩充程序时需要不断测试新加入的代码与可运作单元之间的联系，这使得调试的范围变小，减小查错区域，更容易发现错误。也可用非增量测试，各个模块分别测试，然后再集成测试。

5 GRX 图形库介绍

常常有问题需要用 2D 图形展示，如数据的直方图、饼形图、折线图、曲线图等，还有二维游戏等，仅仅用 C/C++ 语言自身是不能绘制图形的。C/C++ 绘图必须要有另外的图形库支持。能在多个平台上使用的，比较简单易学的图形库是 GRX。

5.1 生成 GRX 图形库

GRX 图形库是一个 gcc 编译器支持的 2D 图形库，并且可以在很多平台上使用它，如 Linux 控制终端、X11 和 Win32(基于 MinGW)，甚至在 DOS 环境都可以运行，实际上它就是起源于 DOS 环境下用 gcc 编译器绘图的需求。GRX 的最新版本是 2.4.9，其官方网站是 http://grx.gnu.de/。GRX 库是以源码的形式提供的，我们必须把源码转换成相应的图形库才能使用。首先打开 http://grx.gnu.de/download/index.html 网页下载 grx249.tar.gz 或 grx249.zip，以及 readme 文件，然后参考 readme 中的安装步骤即可轻松安装，具体步骤如下：

(1) 选择一个安装目录，如
DJGPP：C:\DJGPP\
Mingw：C:\MINGW\
Linux：/usr/local/src/
本书使用的安装目录是 C:\Program Files\CodeBlocks\MinGW。

(2) 解压。
把 grx249.tar.gz 或 grx249.zip 解压到安装目录中，这时会自动创建一个子目录 contrib/grx249，进入 grx249 子目录，编辑 makedefs.grx 文件可以定义一些编译相关的参数，以便定制系统，当然也可以不用编辑它，完全使用其中的默认值。

(3) 编译链接生成库。
GRX 提供了使用 make 工具编译链接需要的 makefile。切换到 grx249/src 子目录，运行 make 命令对库的源码进行编译链接，格式如下

```
make -f <your makefile>
```

其中 make 是一个命令，对于 MingW 版本来说要替换成 mingw32-make，<your makefile>是一个文本文件，默认的名字是 makefile，其中包含 make 命令编译链接时的具体规则(参见本实验指导 1.3 节)，它在 MingW 版本下要替换成 makefile.w32。在 GRX 系统中提供了不同环境下的 makefile，如

```
makefile.dj2 (DOS/DJGPPv2)
makefile.w32 ( Win32/Mingw)
makefile.lnx ( Linux/console)
```

```
makefile.x11 (Linux/X11)
```

因此对于 MingW 来说,make 命令的格式就是

```
mingw32-f make -f makefile.w32
```

make 编译链接之后会在 grx249\lib\win32 目录下生成 GRX 图形库 libgrx20.a,在 grx249\include 下生成几个头文件,如 grx20.h 等,同时在 grx249\bin 下还会生成几个实用程序,如 modetest.exe 是测试各种图形模式的程序。为了方便使用,可以先把 libgrx20.a 复制到 mingw\lib 里,把几个头文件复制到 mingw\include 中。

注意:使用 makefile.w32 在 64 位的 Windows 操作系统下编译 grx 图形库不成功。

(4) 编译测试程序 demogrx。

系统在 grx249\test 的子目录中包含一个完整的测试程序 demogrx,切换到 test 子目录,运行与前面同样的 make 命令,编译这个测试程序,

```
mingw32-make -f makefile.w32
```

结果生成一个 demogrx.exe 程序,demogrx 运行结果如图 2.5.1 所示。该测试程序窗口应用程序,界面中含各种图形功能的测试模块,单击测试按钮即可测试各种图形的功能。

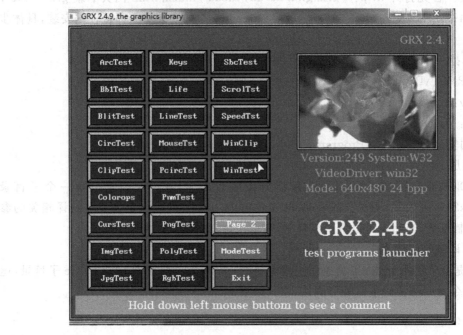

图 2.5.1 demogrx 的运行结果

(5) 编译测试程序 bccbgi。

在 grx249\test\bgi 子目录中包含一个 bccbgi 测试程序,它与 Turbo C/C++ 的图形程序设计测试程序完全一致。切换到 bgi 子目录中同样运行

```
mingw32-make -f makefile.w32
```

这时就产生了 bccbgi.exe 程序,bccbgi 的运行结果如图 2.5.2 所示。该程序是 DOS 环境下

的程序，不支持鼠标，按任意键可以测试各种图形功能。

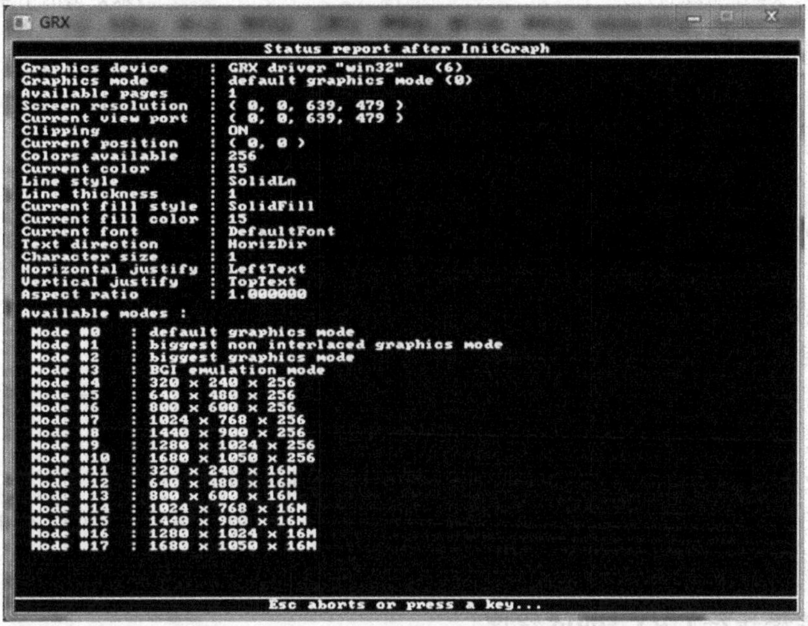

图 2.5.2　bccbgi 的运行结果

5.2　GRX 图形程序设计

5.2.1　GRX 的 Hello World！

下面的程序在 638×478 的矩形窗口中画两个矩形，在矩形的中央绘制一个字符串"Hello, GRX world"。

```
#001  #include <string.h>
#002  #include <grx20.h>
#003  #include <grxkeys.h>
#004  int main(){
#006    char *message="Hello, GRX world";
#007    int x, y;
#008    GrTextOption grt;
#009    GrSetMode( GR_default_graphics );   //使用默认的图形模式 638*478 的绘图窗口
#010    grt.txo_font=&GrDefaultFont;        //设置文本的字体、前景色、背景色、方向和对齐
#011    grt.txo_fgcolor.v=GrWhite();
#012    grt.txo_bgcolor.v=GrBlack();
#013    grt.txo_direct=GR_TEXT_RIGHT;
#014    grt.txo_xalign=GR_ALIGN_CENTER;
#015    grt.txo_yalign=GR_ALIGN_CENTER;
#016    grt.txo_chrtype=GR_BYTE_TEXT;
#017    GrBox( 0,0,GrMaxX(),GrMaxY(),GrWhite() );   //画一个大矩形
```

```
#018        GrBox(4,4,GrMaxX()-4,GrMaxY()-4,GrWhite());        //再画一个,相差4个像素
#019        x=GrMaxX()/2;                                       //取矩形的中点
#020        y=GrMaxY()/2;
#021        GrDrawString(message,strlen(message),x,y,&grt);     //绘字符串
#022        GrKeyRead();                                        //读键盘操作
#023        return 0;
#024    }
```

这个 hello 程序体现了 GRX 图形程序设计的基本框架。

(1) 在程序的开始要包含 GRX 库相关的头文件,如 grx20.h 和 grxkeys.h 等。

(2) 绘图之前要先把视频显示器设置为绘图模式,如果不设置,默认是文本模式,文本模式是不能绘图的。

(3) 然后是关于文本的一些设置,包括字体、前景色、背景色、文字方向、对齐方式等。

(4) 接下来就可以画几何图形,绘字符串了。

(5) 最后是交互操作,可以读用户的键盘操作或鼠标操作。

当然(3)、(4)、(5)未必一定要有,顺序也可能有变化,但如果没有#022行的读用户键盘操作,运行结果就会一闪而过。

5.2.2 编译运行 GRX Hello 程序

GRX 图形程序可以在命令行编译运行,也可以在集成环境中编译运行。

1. 在命令行编译运行

首先要确保 libgrx20.a 已经复制到了 mingw\lib 里,相关的头文件已经复制到了 mingw\include 中。然后输入下面的命令即可以编译连接 hellogrx.c,生成可执行的应用程序 hellogrx.exe。

```
gcc -o hellogrx.exe hellogrx.c -lgrx20 -mwindows 回车
```

其中-lgrx20 是链接 libgrx20.a 的库选项,-mwindows 选项为单击可执行程序时不会出现 Console 控制台窗口。hellogrx.exe 的运行结果如图 2.5.3 所示。

图 2.5.3 Hello GRX

2. 在 Code∷Blocks 中编译运行

首先要建立一个工程,如 testgrx。同样是确保把 5.1 节生成的 GRX 库 libgrx20.a 复

制到 MingW 的 lib 目录中,同时不能忘记把对应的头文件 grx20.h 和 grxkeys.h 从 grx 的 include 中复制到 MingW 的 include 中(也可以不复制,采用设置寻找路径的方法,即在 project 的 Build option 中设置头文件的路径,选择 search directories→Compiler 页面,单击 Add 按钮,添加头文件所在的路径即可)。

然后配置所需要的库,在 project 菜单运行 build option→linker settings 命令,单击 Add 按钮依次添加要链接的库 libgrx20.a 以及 GRX 图形库的底层支持库 gdi 即 libgdi32.a (这个库在 mingw\lib 里),注意两个库的添加顺序,如图 2.5.4 所示。这样就可以在 CodeBlocks 中使用 GRX 图形库了。

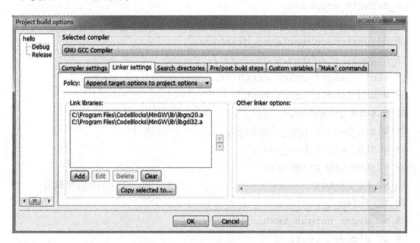

图 2.5.4 配置链接时需要的图形库

5.2.3 GRX 基本绘图函数

所有要在程序中使用的数据结构和 GRX 图形库的函数原型都在下面的头文件中声明

```
grdriver.h      //图形驱动相关的操作
grfontdv.h      //字体相关的操作
grx20.h         //绘制相关的结构和函数
grxkeys.h       //平台无关的键盘操作
```

因此要先包含它们。

1. 设置视频显示模式(video modes)

在任何图形程序开始之前,都要先确定一个视频显示模式。系统支持的视频显示模式是一个枚举类型 GrGraphicsMode 包含的一个符号常量。GRX 图形库是通过 GrSetMode 函数指定视频显示模式的,函数原型如下:

```
int GrSetMode( int GraphicsMode , … );    //参数个数是可变的
```

其中第一个参数是显示模式的符号常量,例如

```
GrSetMode(GR_default_graphics);
```

设置视频显示模式为 GR_default_graphics，它对应一个宽 638、高 478 个像素的绘图窗口。它是众多视频显示模式的一种，在下面枚举类型中定义。

```
typedef enum _GR_graphicsModes {
    GR_80_25_text,
    GR_default_text,
    GR_width_height_text,
    GR_biggest_text,
    GR_320_200_graphics,
    GR_default_graphics,
    GR_width_height_graphics,
    GR_biggest_noninterlaced_graphics,
    GR_biggest_graphics,
    GR_width_height_color_graphics,
    GR_width_height_color_text,
    GR_custom_graphics,
    GR_width_height_bpp_graphics,
    GR_width_height_bpp_text,
    GR_custom_bpp_graphics,
    GR_NC_80_25_text,                    //NC: no clipping,非裁剪
    GR_NC_default_text,
    GR_NC_width_height_text,
    GR_NC_biggest_text,
    GR_NC_320_200_graphics,
    GR_NC_default_graphics,
    GR_NC_width_height_graphics,
    GR_NC_biggest_noninterlaced_graphics,
    GR_NC_biggest_graphics,
    GR_NC_width_height_color_graphics,
    GR_NC_width_height_color_text,
    GR_NC_custom_graphics,
    GR_NC_width_height_bpp_graphics,     //bits per plane,每个颜色平面的位数
    GR_NC_width_height_bpp_text,
    GR_NC_custom_bpp_graphics,
} GrGraphicsMode;
```

其中有些模式在设置时有可选的参数，如 GR_width_height_color_graphics 可以有 3 个可选的参数：int width、int height 和 GrColor colors，因此可以像如下这样设置：

```
GrSetMode(GR_width_height_color_graphics,800,
600,16);
```

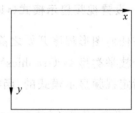

图 2.5.5　图形显示模式的坐标系

注意上述显示模式符号常量里有几乎一半是文本模式，如果设置了文本模式，就不能在该模式的窗口里绘制各种图形，包括绘制字符串。对于绘图

显示模式来说其坐标系与通常的坐标系不同，x 轴的正向是从左向右，但 y 轴的正向是从上到下，即坐标原点在左上角，可以用图 2.5.5 直观地看一下绘图的坐标系。如果把这种坐标系称为左手坐标系，那么通常的坐标系就属于右手坐标系了。

可以用函数

```
int GrCurrentMode(void);
```

获得当前的视频显示模式，而使用函数

```
void GrSetModeHook(void (*callback)(void));
```

可以设置一个回调函数 callback，即每当视频显示模式发生变化的时候，调用 callback 指针指向的函数。使用函数

```
int GrAdapterType(void);
```

可获得视频适配器（adapter）的类型，返回值是下面的符号常量（在 grx20.h 中定义的）之一：

```
typedef enum _GR_videoAdapters {
       GR_UNKNOWN=(-1),       /* not known (before driver set) */
       GR_VGA,                /* VGA adapter */
       GR_EGA,                /* EGA adapter */
       GR_HERC,               /* Hercules mono adapter */
       GR_8514A,              /* 8514A or compatible */
       GR_S3,                 /* S3 graphics accelerator */
       GR_XWIN,               /* X11 driver */
       GR_WIN32,              /* WIN32 driver */
       GR_LNXFB,              /* Linux framebuffer */
       GR_SDL,                /* SDL driver */
       GR_MEM                 /* memory only driver */
} GrVideoAdapter;
```

2. 创建图形上下文（Graphics contexts）

图形上下文简称 Gc，是指一组绘图区域，用 GrContext 结构类型表示。它可能位于系统的显存（video memory），也可能位于系统的主存。系统主存的 Gc 与显存的 Gc 具有同样的组织结构。当 GrSetMode 被调用之后，系统会创建一个默认的、映射到整个显示屏幕 Gc，注意，未必是实际的显示屏幕，这里的显示屏幕的大小与设置的视频显示模式有关。从表面看来我们是向屏幕绘制图形，实际上在系统的内部，我们是向一块特定的存储区域绘制内容，只不过默认情况下，该内存刚好与显示窗口对应。一般的 Gc 不是与显示窗口对应，这就要求我们在绘制完了之后应该使用特别的函数把它们传送到显示窗口指定的区域。GrContext 结构定义如下：

```
typedef struct _GR_context GrContext;
struct _GR_context {
    struct _GR_frame  gc_frame;    /* frame buffer info */
```

```c
    struct _GR_context * gc_root;   /*拥有帧缓冲的图形 Gc 指针*/
    int gc_xmax;                    /*最大 x 坐标 (width -1) */
    int gc_ymax;                    /*最大 y 坐标 (height -1) */
    int gc_xcliplo;                 /*低 X 方向裁剪限制*/
    int gc_ycliplo;                 /*低 Y 方向裁剪限制*/
    int gc_xcliphi;                 /*高 X 方向裁剪限制*/
    int gc_ycliphi;                 /*高 Y 方向裁剪限制*/
    int gc_xoffset;                 /*离根的基 x 偏移*/
    int gc_yoffset;                 /*离根的基 y 偏移*/
    int gc_usrxbase;                /*用户窗口的最小 x 坐标 */
    int gc_usrybase;                /*用户窗口的最小 y 坐标 */
    int gc_usrwidth;                /*用户窗口的宽度 */
    int gc_usrheight;               /*用户窗口的高度 */
    #define gc_baseaddr    gc_frame.gf_baseaddr
    #define gc_selector    gc_frame.gf_selector
    #define gc_onscreen    gc_frame.gf_onscreen
    #define gc_memflags    gc_frame.gf_memflags
    #define gc_lineoffset  gc_frame.gf_lineoffset
    #define gc_driver      gc_frame.gf_driver
    };
```

可以用函数

```c
    GrContext * GrCreateContext(int w,int h,char far * memory,GrContext * where);
```

在系统主存中创建新的 Gc,其中 memory 和 where 可以使用 NULL。当前的图形上下文可以用函数

```c
    void GrSetContext(GrContext * context);
```

设置,如果 context 参数为 NULL,则该函数将把当前的 Gc 重置为整个显示屏幕 Gc。当前的 Gc 也可以用函数

```c
    GrContext * GrSaveContext(GrContext * where);
```

保存。函数

```c
    void GrDestroyContext(GrContext * context);
```

将释放 Gc 的内存。当前 Gc 的范围可以用下面 4 个函数获得

```c
    int GrMaxX(void);
    int GrMaxY(void);
    int GrSizeX(void);
    int GrSizeY(void);
```

整个显示屏幕的大小可以用下面 2 个函数获得

```c
    int GrScreenX(void);
    int GrScreenY(void);
```

还可以创建子图形上下文

```
GrContext * GrCreateSubContext(int x1,int y1,int x2,int y2,
                    const GrContext * parent,GrContext * where);
```

这样就可以在一个上下文开辟几个子区域对应不同的子上下文。下面是使用 Gc 的例子：

```
GrContext * grc;   //图形 Gc 的指针
    if( (grc=GrCreateContext( w,h,NULL,NULL ))==NULL ){
      ...//处理错误
      }
    else {
      GrSetContext( grc );
      ...//绘制 drawing
      ...//可能使用 bitblt 把绘制的东西转移到屏幕 Gc
      GrSetContext( NULL ); /*设置为屏幕 Gc */
      GrDestroyContext( grc );
      }
```

或者

```
static GrContext grc; /* 非指针！*/
    if( GrCreateContext( w,h,NULL,&grc ))==NULL ) {
      ...//处理错误
      }
    else {
      GrSetContext( &grc );
      ...//绘制一些东西
      ...//可能使用 bitblt 把绘制的东西转移到屏幕 Gc
      GrSetContext( NULL ); /*设置为屏幕 Gc */
      GrDestroyContext( &grc );
      }
```

3. 色彩管理

GRX 图形库支持两种色彩管理模式：色彩表间接模式和 RGB 直接模式。前者仅支持 2 位的 EGA 和 6 位的 VGA。后者支持 256 色和 32768 色的 VGA。RGB 模式的色彩组成如下：

256: rrrgggbb,红绿各 3 位,蓝 2 位
32767: xrrrrrgggggbbbbb,RGB 每个组分占 5 位

当调用 GrSetMode 之后，会自动定义两个颜色：黑和白，它们的索引可以用下列函数返回

```
int GrBlack(void);
int GrWhite(void);
```

GRX 图形库支持 5 种写模式（每种模式描述了实际颜色位与要被设置的位之间的运算

方式）：

```
#define GrWRITE      0UL           /* write color */
#define GrXOR        0x01000000UL  /* to "XOR" any color to the screen */
#define GrOR         0x02000000UL  /* to "OR" to the screen */
#define GrAND        0x03000000UL  /* to "AND" to the screen */
#define GrIMAGE      0x04000000UL  /* blit: write, except given color */
```

当前图形模式的色彩数可以由函数

```
int GrNumColors(void);
```

获得，而未使用的颜色数由函数

```
int GrNumFreeColors(void);
```

获得。颜色可以用函数

```
int GrAllocColor(int r, int g, int b);
```

分配，或者用函数

```
int GrAllocCell(void);
```

确定。对于后者可以用函数

```
void GrSetColor(int color, int r, int g, int b);
```

设置色彩值。

如果只想使用 EGA 的 16 种颜色，可以使用

```
GrColor * GrAllocEgaColors( void );
```

返回 16 种颜色的 GrColor 数组。下面是使用 16 种颜色的基本程序框架：

首先定义一个全局指针，在设置图形模式之后初始化

```
GrColor * egacolors;
...
int your_setup_function( ... )
{
    ...
    GrSetMode(...)
    ...
    egacolors=GrAllocEgaColors();
    ...
}
```

然后把下面的定义加入到主头文件中

```
extern GrColor * egacolors;
#define BLACK       egacolors[0]
#define BLUE        egacolors[1]
```

```
#define GREEN           egacolors[2]
#define CYAN            egacolors[3]
#define RED             egacolors[4]
#define MAGENTA         egacolors[5]
#define BROWN           egacolors[6]
#define LIGHTGRAY       egacolors[7]
#define DARKGRAY        egacolors[8]
#define LIGHTBLUE       egacolors[9]
#define LIGHTGREEN      egacolors[10]
#define LIGHTCYAN       egacolors[11]
#define LIGHTRED        egacolors[12]
#define LIGHTMAGENTA    egacolors[13]
#define YELLOW          egacolors[14]
#define WHITE           egacolors[15]
```

现在就可以用这 16 种颜色了。

4．绘制几何图形

```
void GrPlot(int x, int y, GrColor c);                              //画点
void GrLine(int x1, int y1, int x2, int y2, GrColor c);            //画线
void GrHLine(int x1, int x2, int y, GrColor c);                    //画水平线
void GrVLine(int x, int y1, int y2, GrColor c);                    //画垂直线
void GrBox(int x1, int y1, int x2, int y2, GrColor c);             //画矩形
void GrCircle(int xc, int yc, int r, GrColor c);                   //画圆
void GrEllipse(int xc, int yc, int xa, int ya, GrColor c);         //画椭圆
void GrCircleArc(int xc, int yc, int r, int start, int end,
      int style, GrColor c);        //画圆弧,start 和 end 是 10 倍的角度,所以整个圆是 0, 3600
void GrEllipseArc(int xc, int yc, int xa, int ya, int start, int end,
      int style, GrColor c);
void GrPolyLine(int numpts, int points[][2], GrColor c);           //画折线
void GrPolygon(int numpts, int points[][2], GrColor c);            //画多边形
```

所有这些图形函数都相对当前图形上下文而言,最后一个参数都是色彩的索引。角度是从 x 轴的正向开始,逆时针的。style 参数是下列常数之一

```
#define GR_ARC_STYLE_OPEN      0     //只是一条弧
#define GR_ARC_STYLE_CLOSE1    1     //封闭的弓形
#define GR_ARC_STYLE_CLOSE2    2     //封闭的扇形
```

5．绘制非裁剪图形

在使用计算机处理图形信息时,计算机内部存储的图形往往比较大,而屏幕显示的只是图形的一部分。确定图形中哪些部分落在显示区内,哪些落在显示区之外,以便只显示落在显示区内的那部分,这个过程称为裁剪。前面的一组绘制几何图形函数默认是裁剪方式,GRX 图形库还支持一组非裁剪的绘制图形的函数:

```
void GrPlotNC(int x,int y,GrColor c);
void GrLineNC(int x1,int y1,int x2,int y2,GrColor c);
void GrHLineNC(int x1,int x2,int y,GrColor c);
void GrVLineNC(int x,int y1,int y2,GrColor c);
void GrBoxNC(int x1,int y1,int x2,int y2,GrColor c);
void GrFilledBoxNC(int x1,int y1,int x2,int y2,GrColor c);
void GrFramedBoxNC(int x1,int y1,int x2,int y2,int wdt,const GrFBoxColors * c);
void grbitbltNC(GrContext * dst,int x,int y,GrContext * src,
                int x1,int y1,int x2,int y2,GrColor op);
GrColor GrPixelNC(int x,int y);
GrColor GrPixelCNC(GrContext * c,int x,int y);
```

6. 绘制自定义线型图形

一般图形绘制函数绘制的线是一个像素宽的连续线，GRX 图形库还支持自定义线型的图形绘制。线型结构定义如下：

```
typedef struct {
   GrColor lno_color;             /* 显色 */
   int     lno_width;             /* 线宽 */
   int     lno_pattlen;           /* 线型的长度,画和不画的个数 */
   unsigned char * lno_dashpat;   /* 画和不画的模式 */
} GrLineOption;
```

例如，白色的、线宽是 3 二进制位的、线型是 2 段的，绘制段是 6 二进制位，非绘制段是 4 二进制位的线型定义如下：

```
GrLineOption mylineop;
   ...
   mylineop.lno_color=GrWhite();
   mylineop.lno_width=3;
   mylineop.lno_pattlen=2;
   mylineop.lno_dashpat="\x06\x04";
```

绘制自定义线型的图形函数有：

```
void GrCustomLine(int x1,int y1,int x2,int y2,const GrLineOption * o);
void GrCustomBox(int x1,int y1,int x2,int y2,const GrLineOption * o);
void GrCustomCircle(int xc,int yc,int r,const GrLineOption * o);
void GrCustomEllipse(int xc,int yc,int xa,int ya,const GrLineOption * o);
void GrCustomCircleArc(int xc,int yc,int r,
                int start,int end,int style,const GrLineOption * o);
void GrCustomEllipseArc(int xc,int yc,int xa,int ya,
                int start,int end,int style,const GrLineOption * o);
void GrCustomPolyLine(int numpts,int points[][2],const GrLineOption * o);
void GrCustomPolygon(int numpts,int points[][2],const GrLineOption * o);
```

7. 绘制颜色填充图形

封闭的几何图形可以用单一的颜色填充：

```
void GrFilledBox(int x1, int y1, int x2, int y2, GrColor c);
void GrFramedBox(int x1, int y1, int x2, int y2, int wdt, const GrFBoxColors * c);
void GrFilledCircle(int xc, int yc, int r, GrColor c);
void GrFilledEllipse(int xc, int yc, int xa, int ya, GrColor c);
void GrFilledCircleArc(int xc, int yc, int r, int start, int end, GrColor c);
void GrFilledEllipseArc(int xc, int yc, int xa, int ya,
       int start, int end, GrColor c);
void GrFilledPolygon(int numpts, int points[][2], GrColor c);
void GrFilledConvexPolygon(int numpts, int points[][2], GrColor c);
```

其中 GrFramedBox 用于绘制 Motif 风格的阴影盒子和普通的帧盒子，它的内部和 4 个边界使用 5 种不同的色彩，它们在 GrFBoxColors 中定义：

```
typedef struct {
      GrColor fbx_intcolor;
      GrColor fbx_topcolor;
      GrColor fbx_rightcolor;
      GrColor fbx_bottomcolor;
      GrColor fbx_leftcolor;
} GrFBoxColors;
```

而 GrFilledConvexPolygon 可以用于填充凸多边形，也可以填充那些边界没有和水平扫描线相交两次以上的凹多边形。所有其他的凹多边形都可以用 GrFilledPolygon 填充。

在当前图形上下文中，任何像素的色彩值都可以用函数

```
int GrPixel(int x,int y);
```

获得。某规则的区域可以使用下面的函数

```
void GrBitBlt(GrContext * dest,int x,int y,GrContext * source,
      int x1,int y1,int x2,int y2,int oper);
```

在一个图形上下文内被转移或在不同的图形上下文之间转移。其中 oper 是某种运算，如 write、XOR、OR 和 AND，它控制源像素和目标像素如何相结合。如果 dest 或者 source 为 NULL，则默认为当前的 Gc。

8. 绘制图案填充图形

填充图案或者用 bitmap，或者用 pixmap，因此图案填充类型定义为二者的 union：

```
/* BITMAP: 显示模式无关的、具有两种颜色的、8 位宽的填充图案,确保 typeflag 为 0 */
   typedef struct _GR_bitmap {
      int    bmp_ispixmap;         /* type flag for pattern union */
      int    bmp_height;           /* bitmap height */
```

```
        char    *bmp_data;              /* pointer to the bit pattern */
        GrColor bmp_fgcolor;             /* foreground color for fill */
        GrColor bmp_bgcolor;             /* background color for fill */
        int     bmp_memflags;            /* set if dynamically allocated */
    } GrBitmap;
/* PIXMAP: 存储在与显存一致的 layout 中的、显示模式相关的、要使用 bitblt 函数填充的填充
图案,type flag 置非 0 */
    typedef struct _GR_pixmap {
        int     pxp_ispixmap;            /* type flag for pattern union */
        int     pxp_width;               /* pixmap width (in pixels) */
        int     pxp_height;              /* pixmap height (in pixels) */
        GrColor pxp_oper;                /* bitblt mode (SET, OR, XOR, AND, IMAGE) */
        struct _GR_frame pxp_source;     /* source context for fill */
    } GrPixmap;
/* 填充图案 union */
    typedef union _GR_pattern {
        int       gp_ispixmap;           /* nonzero for pixmaps */
        GrBitmap  gp_bitmap;             /* fill bitmap */
        GrPixmap  gp_pixmap;             /* fill pixmap */
    } GrPattern;
```

下面一组宏常量可以方便地访问上述结构的成员:

```
#define gp_bmp_data              gp_bitmap.bmp_data
#define gp_bmp_height            gp_bitmap.bmp_height
#define gp_bmp_fgcolor           gp_bitmap.bmp_fgcolor
#define gp_bmp_bgcolor           gp_bitmap.bmp_bgcolor

#define gp_pxp_width             gp_pixmap.pxp_width
#define gp_pxp_height            gp_pixmap.pxp_height
#define gp_pxp_oper              gp_pixmap.pxp_oper
#define gp_pxp_source            gp_pixmap.pxp_source
```

利用 C 编译器的字符数组和静态结构很容易构建一个 Bitmap,只需注意改变前景色和背景色即可。Pixmap 的创建比较难一些,它要复制显存的阵列,有下面 3 个函数用于创建 pixmap:

```
    GrPattern *GrBuildPixmap(const char *pixels,int w,int h,
            const GrColorTableP colors);                    //使用颜色索引数组创建
    GrPattern *GrBuildPixmapFromBits(const char *bits,int w,int h,
            GrColor fgc,GrColor bgc);                       //使用 bitmap 创建
    GrPattern *GrConvertToPixmap(GrContext *src);           //转换图形 Gc 为 pixmap
```

其中 pixels 是指向二维字符数组(w*h)的指针,数组元素是颜色表中的索引,因此最多 256 色。有了填充的 pattern 之后就可以使用下面的函数绘制图案填充的几何图形了:

```
    void GrPatternFilledPlot(int x,int y,GrPattern *p);
    void GrPatternFilledLine(int x1,int y1,int x2,int y2,GrPattern *p);
```

```
void GrPatternFilledBox(int x1,int y1,int x2,int y2,GrPattern * p);
void GrPatternFilledCircle(int xc,int yc,int r,GrPattern * p);
void GrPatternFilledEllipse(int xc,int yc,int xa,int ya,GrPattern * p);
void GrPatternFilledCircleArc(int xc,int yc,int r,int start,int end,
                              int style,GrPattern * p);
void GrPatternFilledEllipseArc(int xc,int yc,int xa,int ya,
                               int start,int end,int style,GrPattern * p);
void GrPatternFilledConvexPolygon(int numpts,int points[][2],GrPattern * p);
void GrPatternFilledPolygon(int numpts,int points[][2],GrPattern * p);
void GrPatternFloodFill(int x, int y, GrColor border, GrPattern * p);
```

9. 图像操作

GRX 库定义图像类型为

```
#define GrImage GrPixmap
```

因此 GrImage 和 GrPixmap 类似，使用时可以互相转换。

```
GrImage * GrImageBuild(const char * pixels,
    int w,int h,const GrColorTableP colors);
GrImage * GrImageFromContext(GrContext * c);
void GrImageDisplay(int x,int y, GrImage * i);
void GrImageDisplayExt(int x1,int y1,int x2,int y2, GrImage * i);
void GrImageFilledBoxAlign(int xo,int yo,int x1,int y1,
                           int x2,int y2,GrImage * p);
void GrImageHLineAlign(int xo,int yo,int x,int y,int width,GrImage * p);
void GrImagePlotAlign(int xo,int yo,int x,int y,GrImage * p);
void GrImageDestroy(GrImage * i);
```

10. 绘制文本

GRX 库支持字体加载功能。字体种类包括：

```
字体文件名              字体种类      字体描述
pc<W>x<H>[t].fnt        pc        VGA font, fixed
xm<W>x<H>[b][i].fnt     X_misc    X11, fixed, miscellaneous group
char<H>[b][i].fnt       char      X11, proportional, charter family
cour<H>[b][i].fnt       cour      X11, fixed, courier
helve<H>[b][i].fnt      helve     X11, proportional, helvetica
lucb<H>[b][i].fnt       lucb      X11, proportional, lucida bright
lucs<H>[b][i].fnt       lucs      X11, proportional, lucida sans serif
luct<H>[b][i].fnt       luct      X11, fixed, lucida typewriter
ncen<H>[b][i].fnt       ncen      X11, proportional, new century schoolbook
symb<H>.fnt             symbol    X11, proportional, greek letters, symbols
tms<H>[b][i].fnt        times     X11, proportional, times
```

其中 w 为字体的宽，h 为字体的高，b 是黑体，i 是斜体。

GrFont 是字体结构，字体文件加载之后在内存中产生一个 GrFont，返回 GrFont 的指针。系统内置了 pc 系列的字体：

```
extern   GrFont          GrFont_PC6x8;
extern   GrFont          GrFont_PC8x8;
extern   GrFont          GrFont_PC8x14;
extern   GrFont          GrFont_PC8x16;
```

即 pc 系列的字体是不用加载的。其他的字体必须使用下面的函数加载或卸载：

```
void GrSetFontPath(char * path_list);        //设置字体路径
GrFont * GrLoadFont(char * name);            //加载字体
void GrUnloadFont(GrFont * font);            //卸载字体
```

下面的函数

```
void GrTextXY(int x,int y,char * text,GrColor fg,GrColor bg);
```

以标准字体 pc8x14 和标准方向在当前 Gc 中绘制文本。

下面的函数绘制字符或字符串必须事先设置 GrTextOption 的内容：

```
void GrDrawChar(int chr,int x,int y,const GrTextOption * opt);   //绘一个字符
void GrDrawString(void * text,int length,
    int x,int y,const GrTextOption * opt);                        //绘制字符串
```

其中 GrTextOption 定义如下：

```
typedef struct _GR_textOption {              /* text drawing option structure */
    struct _GR_font     * txo_font;          /* font to be used */
    union _GR_textColor txo_fgcolor;         /* foreground color */
    union _GR_textColor txo_bgcolor;         /* background color */
    char    txo_chrtype;                     /* character type (see above) */
    char    txo_direct;                      /* direction (see above) */
    char    txo_xalign;                      /* X alignment (see above) */
    char    txo_yalign;                      /* Y alignment (see above) */
} GrTextOption;
typedef union _GR_textColor {                /* text color union */
    GrColor       v;                         /* color value for "direct" text */
    GrColorTableP p;                         /* color table for attribute text */
} GrTextColor;
```

文本可以通过设置 txo_direct 的值旋转，但增量只能是 90 度，txo_direct 取下面宏常量：

```
#define GR_TEXT_RIGHT       0    /* normal */
#define GR_TEXT_DOWN        1    /* downward */
#define GR_TEXT_LEFT        2    /* upside down, right to left */
#define GR_TEXT_UP          3    /* upward */
#define GR_TEXT_DEFAULT     GR_TEXT_RIGHT
```

文本还可以通过设置 txo_xalign 和 txo_yalign 的值确定对齐方式，它们取下面的符号常量：

```
#define GR_ALIGN_LEFT            0          /* X only */
#define GR_ALIGN_TOP             0          /* Y only */
#define GR_ALIGN_CENTER          1          /* X, Y   */
#define GR_ALIGN_RIGHT           2          /* X only */
#define GR_ALIGN_BOTTOM          2          /* Y only */
#define GR_ALIGN_BASELINE        3          /* Y only */
#define GR_ALIGN_DEFAULT         GR_ALIGN_LEFT
```

11. 键盘操作

GRX 库支持平台无关的键盘输入，在头文件 grxkeys.h 中定义了各个键对应的符号常量，如：

```
#define GrKey_Control_A        0x0001
#define GrKey_Control_B        0x0002
#define GrKey_Control_C        0x0003
...
#define GrKey_A                0x0041
#define GrKey_B                0x0042
#define GrKey_C                0x0043
...
#define GrKey_F1               0x013b
#define GrKey_F2               0x013c
#define GrKey_F3               0x013d
...
#define GrKey_Alt_F1           0x0168
#define GrKey_Alt_F2           0x0169
#define GrKey_Alt_F3           0x016a
```

可以看出字符键对应的是它的 ASCII 码，用 GrKeyType 类型存储键码

```
typedef unsigned short GrKeyType;
```

如果函数

```
int GrKeyPressed(void);
```

返回值非零表示已经按了某个键，键值用函数

```
GrKeyType GrKeyRead(void);
```

读得，这个函数执行的时候等待用户键盘操作。另外还有一个函数

```
int GrKeyStat(void);
```

返回一些键的状态字，具体定义如下：

```
#define GR_KB_RIGHTSHIFT        0x01       /* right shift key 释放 */
#define GR_KB_LEFTSHIFT         0x02       /* left shift key 释放 */
#define GR_KB_CTRL              0x04       /* CTRL 释放 */
```

```
#define GR_KB_ALT            0x08        /* ALT 释放 */
#define GR_KB_SCROLLOCK      0x10        /* SCROLL LOCK 激活 */
#define GR_KB_NUMLOCK        0x20        /* NUM LOCK 激活 */
#define GR_KB_CAPSLOCK       0x40        /* CAPS LOCK 激活 */
#define GR_KB_INSERT         0x80        /* INSERT state 激活 */
#define GR_KB_SHIFT          (GR_KB_LEFTSHIFT | GR_KB_RIGHTSHIFT)
```

12. 鼠标操作

应用程序可以使用下面的函数

```
int   GrMouseDetect(void);
```

测试鼠标是否可用，如果没有可用鼠标返回 0。鼠标必须使用下面的函数之一初始化：

```
void GrMouseInit(void);
void GrMouseInitN(int queue_size);
```

前者提供一个默认大小的鼠标事件队列（GR_M_QUEU_SIZE 128），后者允许用户指定队列的大小。退出系统时常常使用

```
void GrMouseUnInit(void);
```

释放鼠标。鼠标的光标可以用下面的函数设置

```
void GrMouseSetCursor(GrCursor * cursor);
void GrMouseSetColors(GrColor fg,GrColor bg);
```

其中 GrCursor 是图标结构，定义如下：

```
typedef struct _GR_cursor {
    struct _GR_context work;      /* work areas (4) */
    int    xcord,ycord;           /* cursor position on screen */
    int    xsize,ysize;           /* cursor size */
    int    xoffs,yoffs;           /* LU corner to hot point offset */
    int    xwork,ywork;           /* save/work area sizes */
    int    xwpos,ywpos;           /* save/work area position on screen */
    int    displayed;             /* set if displayed */
} GrCursor;
```

可以用下面的函数创建自己的光标

```
GrCursor * GrBuildCursor(char far * pixels,int pitch,int w,int h,
                         int xo,int yo,const GrColorTableP c);
```

但常常使用系统默认的光标即可。使用下面的函数显示图标和删除图标：

```
void GrMouseDisplayCursor(void);
void GrMouseEraseCursor(void);
```

鼠标光标可以用下面的函数设置它的显示模式

```
void GrMouseSetCursorMode(int mode,...);
```

其中 mode 是下列之一：

```
#define GR_M_CUR_NORMAL    0      /* 只是光标 */
#define GR_M_CUR_RUBBER    1      /* 附有橡皮筋矩形框 */
#define GR_M_CUR_LINE      2      /* 附有橡皮筋 */
#define GR_M_CUR_BOX       3      /* 附有一个矩形框 */
```

鼠标光标显示模式的设置参数因模式不同而不同

```
GrMouseSetCursorMode(M_CUR_NORMAL);
GrMouseSetCursorMode(M_CUR_RUBBER,xanchor,yanchor,GrColor);
GrMouseSetCursorMode(M_CUR_LINE,xanchor,yanchor,GrColor);
GrMouseSetCursorMode(M_CUR_BOX,dx1,dy1,dx2,dy2,GrColor);
```

下面的函数用于获得下一个鼠标或键盘事件

```
void GrMouseGetEvent(int flags,GrMouseEvent * event);
```

其中 flags 是事件类型，event 是下面定义的结构指针：

```
typedef struct _GR_mouseEvent {     /* mouse event buffer structure */
    int    flags;                   /* event type flags (see above) */
    int    x,y;                     /* mouse coordinates */
    int    buttons;                 /* mouse button state */
    int    key;                     /* key code from keyboard */
    int    kbstat;                  /* keybd status (ALT, CTRL, etc..) */
    long   dtime;                   /* time since last event (msec) */
} GrMouseEvent;
```

下面的宏定义给出了各种鼠标事件的标识位 flags：

```
#define GR_M_MOTION           0x001         /* mouse event flag bits */
#define GR_M_LEFT_DOWN        0x002
#define GR_M_LEFT_UP          0x004
#define GR_M_RIGHT_DOWN       0x008
#define GR_M_RIGHT_UP         0x010
#define GR_M_MIDDLE_DOWN      0x020
#define GR_M_MIDDLE_UP        0x040
#define GR_M_BUTTON_DOWN      (GR_M_LEFT_DOWN | GR_M_MIDDLE_DOWN | \
                               GR_M_RIGHT_DOWN | GR_M_P4_DOWN | GR_M_P5_DOWN)
#define GR_M_BUTTON_UP        (GR_M_LEFT_UP | GR_M_MIDDLE_UP | \
                               GR_M_RIGHT_UP | GR_M_P4_UP | GR_M_P5_UP)
#define GR_M_BUTTON_CHANGE (GR_M_BUTTON_UP | GR_M_BUTTON_DOWN )
#define GR_M_LEFT             0x01          /* mouse button index bits */
#define GR_M_RIGHT            0x02
#define GR_M_MIDDLE           0x04
#define GR_M_P4               0x08          /* wheel rolls up */
#define GR_M_P5               0x10          /* wheel rolls down */
```

```
#define GR_M_KEYPRESS        0x080         /* other event flag bits */
#define GR_M_POLL            0x100
#define GR_M_NOPAINT         0x200
#define GR_COMMAND           0x1000
#define GR_M_EVENT           (GR_M_MOTION | GR_M_KEYPRESS | \
                             GR_M_BUTTON_CHANGE | GR_COMMAND)
```

当执行 GrMouseGetEvent 函数之后,event 将获取事件的 flags,从而可以根据 flags 的不同做出不同的响应。

GRX 库提供比较丰富的例子,大家可以在系统安装路径中找到 test 子目录,切换到 test 子目录之后,使用

```
buildw32-make -f makefile.w32
```

即可整体编译链接,生成一个比较完整的 demogrx 执行程序,以及若干个可以独立运行的模块程序。下面看几个 GRX 绘图的实例。

【例 5.1】 在一个窗口里绘制点、线、矩形、圆。

```
#001 #include <stdio.h>
#002 #include <stdlib.h>
#003 #include "grx20.h"
#004 #include "grxkeys.h"
#006 int main(int argc,char * * argv){
#008       int       xc,yc;                                     //圆心
#009       int       xr,yr;                                     //半径
#010       GrSetMode(GR_default_graphics);                      //设置视频显示模式:默认的图形模式
#011       GrColor red=GrAllocColor(255,0,0);                   //定义颜色
#012       GrColor green=GrAllocColor(0,255,0);
#013       GrColor blue  =GrAllocColor(0,0,255);
#014       GrTextXY(0,0,"press any key to continue",GrWhite(),GrBlack());
#015       xc=GrSizeX() / 2;
#016       yc=GrSizeY() / 2;
#017       GrLine(0,yc,GrSizeX(),yc,GrWhite());                 //绘制交叉线
#018       GrLine(xc,0,xc,GrSizeY(),GrWhite());
#019       xr=110;
#020       yr=110;
#021       GrEllipse(xc,yc,xr,yr,red);                          //绘制红色的圆
#022       GrBox(xc-xr,yc-yr,xc+xr,yc+yr,red);                  //绘制矩形
#023       GrKeyRead();                                         //按任意键
#024       xr=140;
#025       yr=110;
#026       GrEllipse(xc,yc,xr,yr,green);                        //绘制绿色的椭圆
#027       GrBox(xc-xr,yc-yr,xc+xr,yc+yr,green);                //绘制矩形
#028       GrKeyRead();
#029       xr=110;
#030       yr=140;
```

```
#031      GrEllipse(xc,yc,xr,yr,blue);                //绘制蓝色的椭圆
#032      GrBox(xc-xr,yc-yr,xc+xr,yc+yr,blue);
#033      GrKeyRead();                                //按任意键输出第二幅图
#034      GrClearScreen(GrBlack());                   //用黑色清屏
#035       GrLineOption o1,o2,o3,o4;                  //设置线型
#036       o1.lno_color    =GrAllocColor(255,0,0);
#037       o1.lno_width    =1;
#038        o1.lno_pattlen=4;
#039        o1.lno_dashpat="\5\5\24\24";
#040        o2.lno_color    =GrAllocColor(255,255,0);
#041        o2.lno_width    =2;
#042        o2.lno_pattlen=6;
#043      o2.lno_dashpat="\5\5\24\24\2\2";
#044       o3.lno_color    =GrAllocColor(0,255,255);
#045       o3.lno_width    =30;
#046       o3.lno_pattlen=8;
#047       o3.lno_dashpat="\5\5\24\24\2\2\40\40";
#048       o4.lno_color    =GrAllocColor(255,0,255);
#049       o4.lno_width    =4;
#050       o4.lno_pattlen=6;
#051       o4.lno_dashpat="\2\2\2\2\10\10";
#052      GrCustomLine(0,yc,GrSizeX(),yc,&o1);        //用线型 o1 绘制虚线
#053      GrCustomLine(xc,0,xc,GrSizeY(),&o2);        //用线型 o2 绘制虚线
#054      //GrKeyRead();
#055      int i;
#056      for(i=xc;i<=2*xc;i+=2)                      //用点绘制一条正弦曲线
#057          GrPlot(i,yc-200*sin((i-xc)*3.141/180),GrWhite());
#058      GrKeyRead();
#059      GrCustomBox(50,50,550,350,&o3);             //用线型 o3 绘制矩形
#060      GrCustomCircle(300,200,50,&o4);             //用线型 o4 绘制圆
#061     GrTextXY(0,GrSizeY()-20,"press any key to quit",GrWhite(),GrBlack());
#062      GrKeyRead();
#063      return(0);
#064 }
```

运行结果如图 2.5.6 所示。

【例 5.2】 绘制如图 2.5.7 所示的扇形图。

```
#001 #include <stdio.h>
#002 #include <stdlib.h>
#003 #include "grx20.h"
#004 #include "grxkeys.h"
#006 #define PI 3.1415926
#008 int main(int argc,char **argv){
#010     char str[30]="deg";
#011     int i;
```

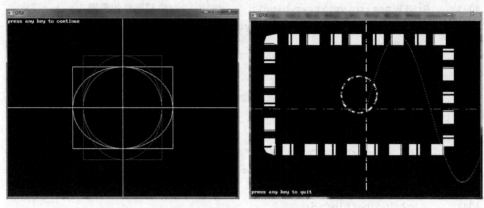

图 2.5.6 基本几何图形绘制

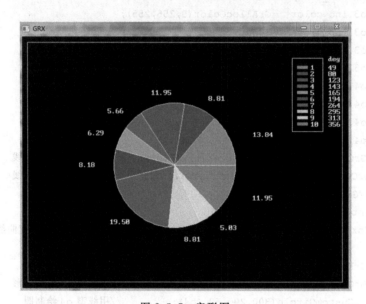

图 2.5.7 扇形图

```
#012      float values[10]={22,14,19,9,10,13,31,14,8,19};
#013      char * categories[10]={"1","2","3","4","5","6","7","8","9","10"};
#014      double x,y,bega,enda,midangle;
#015      float total=0;
#016      int radius,begangle,endangle;
#018      GrSetMode(GR_default_graphics);         //设置默认的视频图形显示模式 638 * 478
#019      GrBox(10,10,628,468,GrWhite());
#020      for(i=0;i<=9;i++) total+=values[i];
#021      begangle=0;
#022      radius=119;
#023      GrBox(530,40,590,180,GrWhite());        //绘制一个矩形框
#024      GrTextXY(600,35,str,GrWhite(),GrBlack());            //输出角度
#025      for(i=0;i<=9;i++){
#027          endangle=360 * values[i]/total+begangle;
```

```
#028        bega=begangle * PI/180;                              //转换为弧度
#029        enda=endangle * PI/180;
#030        midangle=(bega+enda)/2;                              //扇形中心处的夹角
#031        x=290+cos(midangle) * radius * 1.5;                  //百分比数字的位置
#032        y=240-sin(midangle) * radius * 1.2;
#033        sprintf(str,"%3.2f",values[i]/total * 100);          //百分比数字字符串
#034        GrTextXY(x,y,str,GrWhite(),GrBlack());               //输出文字
#035        //结束时有误差,endangle+4 弥补缝隙,arc 函数的角度单位是度的 10 倍
#036   //绘制扇形,先绘制无边线的填充扇形,再绘制白色的无填充的扇形,style 为 2 是封闭的弧
#037        GrFilledCircleArc(300,245,radius,begangle * 10,
                    (endangle+4) * 10,2,i+3);
#038        GrCircleArc(300,245,radius,begangle * 10,
                    (endangle+4) * 10,2,GrWhite());
#039        GrFilledBox(540,55+12 * i,560,60+12 * i,i+3);
#040     GrTextXY(565,52+12 * i,categories[i],GrWhite(),GrBlack());   //输出文字
#041        begangle=endangle;                                   //下一个扇形开始处
#042        sprintf(str,"%d",endangle);                          //每个扇形的结束角度
#043        GrTextXY(600,52+12 * i,str,GrWhite(),GrBlack());     //输出角度
#044      }
#046      GrKeyRead();              //至少要有一个读键盘操作,这样绘图完毕之后会看到结果
#048      GrSetMode(GR_default_text);
#049      return 0;
#050 }
```

5.2.4 用 GRX 库编译 Turbo C 图形程序

大家都知道,Turbo C 编译器有着比较悠久的历史(见本实验指导的 2.2.3 节),它有一个非常丰富好用的 graphics 图形库,人们已经使用该图形库设计了很多优秀的图形应用程序,遗憾的是,它原来只能在 MS-DOS 下使用。GRX 图形库包含一个 BCC2GRX 子库,它允许 GRX 用户编译用 Turbo C 写的图形程序,只需包含 libbcc.h 头文件,链接 grx20 图形库即可。下面的两个用 Turbo C 图形库设计的程序都很容易用 gcc 编译器编译链接,生成的程序可以在 Windows、Linux 和 Mac OS 平台上运行。

【例 5.3】 绘制如图 2.5.8 所示的椭圆。

```
#001 #include <stdio.h>
#002 #include <stdlib.h>
#003 #include <conio.h>
#004 #include <math.h>
#005 #include <libbcc.h>
#007 int main(void){
#009    int   gd, gm;
#010    int   err;
#011    int   x, y, xr, i;
#013    gd=DETECT;
#015    initgraph(&gd,&gm," ");         //初始化图形显示模式:默认为 638x478
```

图 2.5.8 BGI 绘制的椭圆

```
#017    err=graphresult();              //如果初始化失败
#018    if (err !=grOk) {
#019      fprintf(stderr, "Couldn't initialize graphics\n");
#020      exit(1);
#021    }
#022    x=getmaxx()/2;                   //获得窗口的宽和高
#023    y=getmaxy()/2;
#024    char xy[20];
#025    sprintf(xy,"%dx%d",2*x,2*y);     //把宽 x 高转换为字符串
#026    outtextxy(10,20,xy);             //在指定位置输出 638x478
#027    getch();
#028    for (i=-10; i <=10; i+=2) {      //绘制椭圆
#029      cleardevice();
#030      for (xr=1; xr <=x && xr <y ; xr +=x/16)
#031        ellipse(x,y,0,360+i,xr,xr * y/x);
#032      getch();
#033    }
#035    for (i=1; i <=10; i++) {         //再次绘制椭圆
#036      cleardevice();
#037      for (xr=1; xr <=x && xr <y ; xr +=x/16)
#038        ellipse(x,y,0,360 * i,xr,xr * y/x);
#039      getch();
#040    }
#041    closegraph();                    //恢复到普通文本模式
#042    return 0;
#043 }
```

【例 5.4】 贪吃蛇游戏。

贪吃蛇游戏是一款经典的小游戏,一条蛇在封闭的围墙里,围墙里随机出现一个食物,

通过按键盘四个光标键控制蛇向上下左右四个方向移动,蛇头撞倒食物,则食物被吃掉,蛇身体长一节,同时记 10 分,接着又出现食物,等待蛇来吃,如果蛇在移动中撞到了墙壁,或蛇头碰到自己的身体而出现交叉,则游戏结束。

游戏的实现可以比较复杂(有菜单界面,有操作按钮等,房子的墙壁、蛇和食物都做得很逼真,还可以有关卡等),也可以很简单,下面的实现就是非常简单的一种,用一个小矩形表示蛇的一节身体,身体每增加一节,就增加一个矩形块。蛇头用两节表示,蛇的初始状态只有蛇头,如图 2.5.9 所示。

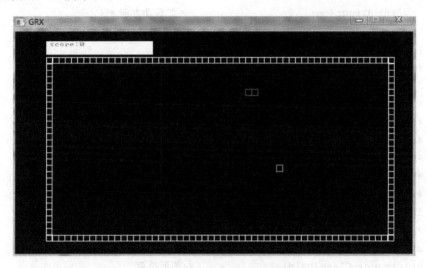

图 2.5.9 贪吃蛇游戏的初始界面

蛇移动时必须从蛇头开始,所以蛇不能向相反的方向移动,如果不按任何键,蛇会自行在当前方向上前移,但按下有效方向键后,蛇头朝着该方向移动,一步移动一节身体。按下有效方向键后,先确定蛇头的位置,从蛇头新位置开始画出蛇,这时,由于未清屏的原因,原来蛇的位置和新蛇的位置相差一个单位,看起来蛇会多一节身体,因此必须将蛇的最后一节用背景色覆盖。食物的出现与消失也是画矩形块和覆盖矩形块。

为了便于实现,定义两个结构类型:食物 Food 与蛇 Snake,见 snake.h。为了操作方便用字符键代表方向键,字符键 a 表示左,d 表示右,s 表示下,w 表示上。具体实现见 snake.c。

```
#001 //snake.h
#002 #ifndef SNAKE_H
#003 #define SNAKE_H
#005 #define LEFT 'a'
#006 #define RIGHT 'd'
#007 #define DOWN 's'
#008 #define UP 'w'
#009 #define ESC 27
#011 #define N 200              /*蛇的最大长度*/
#013 char key;                  /*控制按键*/
#015 struct Food{
```

```
#017        int x;                          /*食物的横坐标*/
#018        int y;                          /*食物的纵坐标*/
#019        int yes;                        /*判断是否要出现食物的变量*/
#020 }food;                                 /*食物的结构*/
#022 struct Snake{
#024        int x[N];
#025        int y[N];
#026        int node;                       /*蛇的节数*/
#027        int direction;                  /*蛇移动方向*/
#028        int life;                       /* 蛇的生命,0活着,1死亡*/
#029 }snake;
#030 #endif
#032 //snake.c
#033 #include <stdlib.h>
#034 #include <conio.h>
#035 #include <time.h>
#036 #include <stdio.h>
#037 #include <libbcc.h>
#039 #include "snake.h"
#041 int score=0;
#042 //int gamespeed=200;                   //蛇运行速度
#044 static void Init(void);                //图形驱动
#045 static void Close(void);               //图形结束
#046 static void Game_interface(void);      //游戏界面
#047 static void GameOver(void);            //结束游戏
#048 static void GamePlay(void);            //游戏过程
#049 static void PrScore(void);             //输出成绩
#051 //主函数
#052 int main(void){
#054       Init();
#055       Game_interface();
#056       GamePlay();
#057       Close();
#058       return 0;
#059 }
#061 //图形驱动
#062 static void Init(void){
#064       //int gd=9,gm=2;
#065       int gd=DETECT,gm=2;
#067       initgraph(&gd,&gm," ");
#068       cleardevice();
#069 }
#071 // 开始画面,左上角坐标为(50,40),右下角坐标为(610,460)的围墙
#072 static void Game_interface(void){
#074       int i;
```

```
#076        setcolor(LIGHTCYAN);              //setbkcolor(LIGHTGREEN);
#077        setlinestyle(SOLID_LINE,0,1);     //设置线型
#078        for(i=50;i<=600;i+=10) {          //画边框
#080            rectangle(i,40,i+10,49);      //上边框
#081            rectangle(i,451,i+10,460);    //下边框
#082        }
#083        for(i=40;i<=450;i+=10){
#085            rectangle(50,i,59,i+10);      //左边框
#086            rectangle(601,i,610,i+10);    //右边框
#087        }
#088 }
#090 // 游戏主函数
#091 static void GamePlay(void){
#093     int i;
#095     srand(time(NULL));                   //随机数发生器
#096     food.yes=1;                          //1表示需要出现新食物,0表示已经存在食物
#097     snake.life=0;                        //活着
#098     snake.direction=1;                   //方向往右
#099     snake.x[0]=100;   //
#100     snake.y[0]=100;
#101     snake.x[1]=110;
#102     snake.y[1]=100;
#103     snake.node=2;                        //蛇的初始节数
#105     PrScore();                           //输出得分
#106     while(1) {                           //可以重复玩游戏,按 Esc 键结束
#108         while( !kbhit() ) {              //在没有按键的情况下,蛇自己移动
#110             if(food.yes==1) {            //需要出现新食物
#112                 food.x=rand()%400 +60;
#113                 food.y=rand()%350 +60;
#114                 while(food.x%10 !=0)     //食物随机出现后必须让食物能够在整格内,
#115                     food.x++;            //这样才可以让蛇吃到
#116                 while(food.y%10 !=0)
#117                     food.y++;
#118                 food.yes=0;              //画面上有食物了
#119             }
#120             if(food.yes==0)  {           //画面上有食物了就要显示
#122                 setcolor(GREEN);
#123                 rectangle(food.x,food.y,food.x +10,food.y -10);
#124             }
#126             for(i=snake.node-1;i>0;i--){ //蛇的每个环节往前移动,也就是贪吃蛇的关键算法
#128                 snake.x[i]=snake.x[i-1];
#129                 snake.y[i]=snake.y[i-1];
#130             }
#132             //1,2,3,4表示右,左,上,下四个方向,通过这个判断来移动蛇头
#133             switch(snake.direction) {
```

```
#135                    case 1:
#136                        snake.x[0] +=10;     //每节的长短为 10
#137                        break;
#138                    case 2:
#139                        snake.x[0] -=10;
#140                        break;
#141                    case 3:
#142                        snake.y[0] -=10;
#143                        break;
#144                    case 4:
#145                        snake.y[0] +=10;
#146                        break;
#147                }
#149            for(i=3;i<snake.node;i++) {  //从蛇的第四节开始判断是否撞到自己
#151                if((snake.x[i]==snake.x[0]) && (snake.y[i]==snake.y[0])) {
#153                    GameOver();                      //显示失败
#154                    snake.life=1;
#155                    break;
#156                }
#157            }
#158            if((snake.x[0]<55) || (snake.x[0]>595) ||
#159              (snake.y[0]<55) || (snake.y[0]>455)) {  //蛇是否撞到墙壁
#161                GameOver();                           //本次游戏结束
#162                snake.life=1;                         //蛇死
#163            }
#164            if(snake.life==1)          //以上两种判断以后,如果蛇死就跳出内循环,重新开始
#165                break;
#166            if((snake.x[0]==food.x)&&(snake.y[0]==food.y)){  //吃到食物以后
#168                setcolor(BLACK);                      //把画面上的食物东西去掉
#169                rectangle(food.x,food.y,food.x+10,food.y-10);
#170                snake.x[snake.node]=-20;
#171                snake.y[snake.node]=-20;
#173                // 新的一节先放在看不见的位置,下次循环就取前一节的位置
#175                snake.node++;                         //蛇的身体长一节
#176                food.yes=1;                           //画面上需要出现新的食物
#177                score +=10;
#178                PrScore();                            //输出新得分
#179            }
#181            setcolor(RED);                            //画出蛇
#183            for(i=0;i<snake.node;i++)
#0184           rectangle(snake.x[i],snake.y[i],snake.x[i]+10,snake.y[i]-10);
#186            for(i=0;i<50000000;i++);                  //Sleep(gamespeed);
#188            setcolor(BLACK);                          //用黑色去除蛇的最后一节
#189            rectangle(snake.x[snake.node-1],snake.y[snake.node-1],
#190              snake.x[snake.node-1]+10,snake.y[snake.node-1]-10);
```

```
#191              } //endwhile(!kbhit)
#193          if(snake.life==1)                     //如果蛇死就跳出循环
#194             break;
#196          key=getch();                          //接收按键
#198          if (key==ESC)
#199             { Close();exit(0);}                //break; 按 Esc 键退出
#202          switch(key){
#204             case UP:
#205                if(snake.direction !=4)         //判断是否往相反的方向移动
#206                   snake.direction=3;
#207                break;
#208             case RIGHT:
#209                if(snake.direction !=2)
#210                   snake.direction=1;
#211                break;
#212             case LEFT:
#213                if(snake.direction !=1)
#214                   snake.direction=2;
#215                break;
#216             case DOWN:
#217                if(snake.direction !=3)
#218                   snake.direction=4;
#219                break;
#220          }
#221       }//endwhile(1)
#222 }
#224 //游戏结束
#225 static void GameOver(void){
#227    cleardevice();
#228    PrScore();
#229    setcolor(RED);
#230    settext
#231    outtextxy(200,200,"GAME OVER");
#232    getch();
#233 }
#235 //输出成绩
#236 static void PrScore(void){
#238    char str[10];
#239    setfillstyle(SOLID_FILL,YELLOW);
#240    bar(50,15,220,35);
#241    setcolor(BROWN);
#242    sprintf(str,"score:%d",score);
#243    outtextxy(55,16,str);
#244 }
#245 //退出图形模式
```

```
#246 static void Close(void){
#248     closegraph();
#249 }
```

从上面的例子可以看到,Turbo C 图形库的接口与 GRX 图形库的接口不同,但基本架构类似,首先要使用 initgraph 初始化图形模式,然后才能进行各种设置(求窗口的宽和高,设置前景色、背景色),进一步就可以绘制各种几何图形(含文本字符),最后要使用 closegraph 函数关闭图形模式,恢复到默认的文本模式。如果设计 Turbo C 环境的图形程序,要包含 graphics.h 头文件,现在把已经写好的 Turbo C 图形程序用 GRX 库和 gcc 编译器编译,要包含 libbcc.h 头文件。Turbo C 图形库中包含的所有函数原型均可以在这两个头文件中看到,下面仅仅列出它们,限于篇幅这里就不举例了。

Turbo C 图形库接口:

```
void        detectgraph(int * graphdriver,int * graphmode);
void        initgraph(int * graphdriver, int * graphmode, char * pathtodriver);
void        closegraph(void);
void        setgraphmode(int mode);
char        * getmodename( int mode_number );
void        graphdefaults(void);
char        * getdrivername( void );
char        * grapherrormsg(int errorcode);
int         getmaxx(void);
int         getmaxy(void);
int         getmaxcolor(void);
void        getviewsettings(struct viewporttype  * viewport);
void        setviewport(int left, int top, int right, int bottom, int clip);
void        getlinesettings(struct linesettingstype  * lineinfo);
void        setlinestyle(int linestyle, unsigned upattern, int thickness);
void        clearviewport(void);
unsigned getpixel(int x, int y);
void        putpixel(int x, int y, int color);
void        bar3d(int left,int top,int right,int bottom,int depth, int topflag);
void        rectangle(int left, int top, int right, int bottom);
void        fillpoly(int numpoints, void * polypoints);
void        fillellipse( int x, int y, int xradius, int yradius );
void        getarccoords(struct arccoordstype  * arccoords);
void        floodfill(int x, int y, int border);
void        setfillpattern( char  * upattern, int color);
void        setfillstyle(int pattern, int color);
void        getimage(int left, int top, int right, int bottom, void  * bitmap);
void        putimage(int left, int top,  void  * bitmap, int op);
unsigned imagesize(int left, int top, int right, int bottom);
void        gettextsettings(struct textsettingstype  * texttypeinfo);
void        settextjustify(int horiz, int vert);
void        settextstyle(int font, int direction, int charsize);
```

```
void        setrgbpalette(int color, int red, int green, int blue);
void        setusercharsize(int multx, int divx, int multy, int divy);
void        setwritemode( int mode );
void        outtext(const char * textstring);
void        outtextxy(int x, int y, const char * textstring);
int         textheight(const char * textstring);
int         textwidth(const char * textstring);
int         registerbgifont(void * font);
int         installuserfont(const char * name);
int         getpalettesize(void);
void        getpalette(struct palettetype * palette);
void        setallpalette( const struct palettetype * palette);
```

以及

```
void restorecrtmode(void);
int getgraphmode(void);
int getmaxmode(void);
void getmoderange(int gd, int * lomode, int * himode);
int graphresult(void);
int getx(void);
int gety(void);
void moveto(int x, int y);
void moverel(int dx, int dy);
int getbkcolor(void);
int getcolor(void);
void cleardevice(void);
void setbkcolor(int color);
void setcolor(int color);
void line(int x1, int y1, int x2, int y2);
void linerel(int dx, int dy);
void lineto(int x, int y);
void drawpoly(int numpoints, void * polypoints);
void bar(int left, int top, int right, int bottom);
void circle(int x, int y, int radius);
void ellipse( int x, int y, int stangle, int endangle,
        int xradius, int yradius);
void arc(int x, int y, int stangle, int endangle, int radius);
void getaspectratio(int * xasp, int * yasp);
void setaspectratio( int xasp, int yasp );
void getfillsettings(struct fillsettingstype * fillinfo);
void getfillpattern(char * pattern);
void sector( int x, int y, int stangle, int endangle,
     int xradius, int yradius);
void pieslice(int x, int y, int stangle, int endangle, int radius);
unsigned setgraphbufsize(unsigned bufsize);
```

```
struct palettetype * getdefaultpalette(void);
int installbgidriver(char * name, void * detect);
int registerfarbgidriver(void * driver);
int registerfarbgifont(void * font);
void textlinestyle(int on);
void setpalette(int colornum, int color);
void set_BGI_mode_pages(int p);
int get_BGI_mode_pages(void);
void set_BGI_mode_whc(int * gd, int * gm, int width, int height, int colors);
int getmodemaxcolor(int mode);
int getmodemaxx(int mode);
int getmodemaxy(int mode);
int setrgbcolor(int r, int g, int b);
void setactivepage(int p);
int getactivepage(void);
void setvisualpage(int p);
int getvisualpage(void);
```

实验发现，设置文本字体样式的 Turbo 函数 void settextstyle(int font, int direction, int charsize) 用 GRX 库编译时只能使用默认的字体，即第一个参数 font 只能使用 0，其他的字体 1~4 不起作用。可能还会有其他的函数功能存在不足，此处没有一一验证，大家在使用的时候要特别注意。

第三部分 实　　验

　　遵循教学大纲,精心安排了10次实验课,每个实验的内容基本上按照从复习概念、理解内容、程序改错,到实际问题编程求解的框架展开。

实验1　熟悉环境和基本功训练
实验2　程序设计入门实验
实验3　选择程序设计实验
实验4　循环程序设计实验
实验5　函数程序设计实验
实验6　数组程序设计实验
实验7　指针程序设计实验
实验8　结构程序设计实验
实验9　文件程序设计实验
实验10　低级程序设计实验

1 实验准备

1.1 实验目的

- 熟悉本课程的课程网站
- 检查英文打字的能力
- 学会常用编辑器的基本用法
- 掌握基本的 DOS 命令或 Linux 命令的用法
- 掌握编译命令 gcc/g++ 的基本用法
- 熟悉集成开发环境 Code∷Blocks 的基本用法

1.2 实验内容

1.2.1 熟悉课程网站

本课程的课外任何活动都是通过一个课程平台 cms.fjut.edu.cn 进行的,它是在开源的 moodle 学习平台基础上建立的自主学习平台,每个学生都要先登录网站进行注册,然后选课。成为该课程平台的一个成员之后,才能使用课程平台上的教学资源。在这个平台上师生可以进行互动,教师发布教学资源、布置作业和开展各项活动。在这个平台上,学生学习课程,进行自测和提交作业。在线评测作业是自动评判的,老师可以给出各种各样的反馈信息,有些作业老师也要逐个手工评阅,如实验报告。大家必须先熟悉课程平台的基本内容,逐渐适应这种学习形式。

1.2.2 英文打字练习

英文打字是计算机类学生的基本功,程序员在程序设计的时候要有娴熟的英文打字技能。在正式实验之前,大家先检查自己的打字能力。打字技能不好的同学要有意识地进行训练,要加快提高自己的打字技能,要求尽快达到能够快速盲打的水平。

英文打字练习可以使用在线打字训练网站如 http://www.52wubi.com/dzlxrj/24.html。也可以下载安装打字练习软件进行练习,如金山打字通 http://www.51dzt.com/。

1.2.3 命令练习

用命令窗口控制使用计算机是计算机类学生的另一基本功。对于初学编程的同学,最好在命令窗口中使用编译命令进行源程序的编译链接,生成可执行程序之后就可以在命令窗口中运行自己编写的程序了。在命令行下进行编译链接执行,可以帮助大家进一步理解编程的过程。

各种操作系统都有自己的命令窗口,基本命令基本一致。Windows 系统的命令窗口默认是一个"黑窗口",在其中只可以输入各种各样的命令,然后回车执行命令。对于 Windows7(Windows XP 类似)而言,启动命令窗口的方法有两种:一种是单击桌面任务栏(在屏幕的最下边)最左边的 Windows 图标,这时会弹出一个向上的菜单,其中最下面的一项是一个编辑框(框内有斜体的文字"搜索程序和文件"),在这个编辑框中输入 cmd 再按回车键,就会弹出一个"黑窗口",这就是命令窗口;另一种方法是在任务栏单击 Windows 图标之后,在弹出的上拉菜单中把鼠标移到"所有程序"选项上,这时菜单内容会变成各种程序名和文件夹名,然后滑动菜单栏右侧的滑动杆,找到"附件"文件夹,单击它,在其中找到"命令提示符"选项,单击它就会弹出命令窗口。Linux 类的操作系统中的命令窗口称为命令终端(xterm),在 Windows 下可以运行 MinGW 下的 MSYS(这个要单独安装)仿真 Linux 类的命令终端。

在这个练习中,先熟悉几个基本的 DOS 命令。如在当前目录中的查看命令 dir、创建目录命令 md 和改变当前目录命令 cd。命令窗口打开之后默认的目录是"C:\user\bcb"(bcb 是用户名),如果想在 D 盘上建立一个你自己的工作目录,就要切换盘符,这时要在命令窗口中输入"d:回车"。请大家在 D 盘建立一个自己的目录,用自己的名字缩写命名,例如 bcb。

1.2.4 编辑练习

使用编辑软件录入源程序是每个程序员必须经历的事情。请使用简单好用的记事本软件 notepad 和功能强大的 ultraedit 软件,进行文件的基本操作。具体的操作包括建立新文件、打开已有文件、编辑修改文件和保存文件等。

首先使用记事本软件,输入教材中关于计算机的几个英文描述,然后把它保存到你的工作目录中,命名为 computer.txt。

再使用 ultraedit 软件,输入如下的源程序,不含行号,命名为 hello.c 或 hello.cpp,保存到工作目录中。

```
#001 /*
#002  Hello
#003 */
#005 #include<stdio.h>
#006 int main(void){
#008     printf("Hello,World!\n");
#009     return 0;
#010 }
```

然后再使用 ultraedit 或 notepad 软件建立主教材 1.4 节中的猜数游戏源程序文件,逐行输入,命名为 guessnumber.c,保存到工作目录中。

1.2.5 编译练习

先查看编译器 gcc 或 g++ 的安装位置。它是在安装集成开发环境 Code::Blocks 时自动安装的,当然也可能是独立安装 MinGW(其中含 g++/gcc)或 TDM G++ 包含的。如果用的是集成开发环境中的 gcc 或 g++,默认的安装位置是 C:\Program Files(x86)\

CodeBlocks\MinGW\bin。在计算机上打开命令窗口，使用 cd 命令找到这个安装路径，查看其中是否有 g++ 或 gcc。找到之后再切换到 D 盘的工作目录下，运行一下 gcc 或 g++，即输入

```
gcc 回车  //或者 g++ 回车
```

看看有什么信息产生，如果产生的信息是：

```
gcc: fatal error: no input files
compilation terminated.
```

说明安装配置正确。如果产生的信息是

```
'gcc' 不是内部或外部命令，也不是可运行的程序或批处理文件。
```

则说明操作系统不认识你输入的命令 gcc。明明安装了它为什么又不认识呢？这是因为系统安装之后配置不正确，没有输入正确的安装路径，请参考本书第二部分的 1.1 节重新配置。

1. 命令行编译练习

首先打开命令窗口，使用 cd 命令进入到你自己的工作目录，如我的目录是 D:\bcb，切换到 D 盘之后输入命令 cd bcb，就进入了我的工作目录 D:\bcb。

然后开始编译练习。下面是用编译器 gcc 编译已经输入的源程序 hello.c 的基本过程；如果要编译 hello.c 则需要使用 gcc 编译器。g++ 与 gcc 的使用格式完全相同。

编译源程序 hello.c 生成目标文件 hello.o：

```
gcc -c hello.c 回车
```

这时可以用 dir 命令查看目录中文件列表的变化。

链接目标文件生成可执行文件 hello.exe：

```
gcc -o hello.exe hello.o 回车
```

再用 dir 命令查看目录中文件列表的变化。

运行可执行文件 hello.exe 查看结果：

```
hello.exe 回车
```

以上是先编译后链接，分两步生成可执行文件。也可以不用任何选项，一步直接生成可执行文件，这时默认的可执行文件的名字是 a.exe。

```
gcc   hello.c 回车
```

再用 dir 命令查看目录中文件列表的变化。

接下来就可以运行 a.exe，查看运行结果了。

```
a.exe 回车
```

还可以不用默认的可执行文件名，自己使用 -o 选项生成可执行文件，例如

```
gcc -o hello.exe hello.c 回车
```
注意现在是直接对 hello.c 进行的。

2. 集成环境编译链接练习

启动 CodeBlocks,在集成环境下编辑、编译、链接 hello.c,运行可执行程序 hello.exe,与命令行方法进行对比。

2　程序设计入门实验

2.1　实验目的

- 熟悉程序设计环境
- 理解数据存储的类型,变量的概念
- 能够进行简单的整数、实数的算术运算
- 掌握数据的输入输出基本格式

2.2　实验内容

再一次练习源程序的编辑、编译、链接、可执行程序运行这一过程。打开 DOS 命令窗口,切换到 D 盘,进入你自己的工作目录,然后一字不差地(包括注释、空行、空格在内)输入下面的程序,取名为 f2c.c,保存到你的工作目录中。

```c
/*
华氏温度转化为摄氏温度 celsius=5 * (fahr-32)/9
*/
#include<stdio.h>
int main(void){
    int   fahr;                                     //变量声明
    int   celsius;
    scanf("%d",&fahr);                              //输入
    celsius=5 * (fahr-32)/9;                        //计算
    printf("fahr:%d \t celsius:%d\n", fahr, celsius);  //输出结果
    return 0;
}
```

然后编译 f2c.c 生成 f2c.o,链接 f2c.o 生成 f2c.exe,接下来运行 f2c.exe 观察运行结果。要理解为什么会是那样的结果。

2.2.1　程序基础练习

把下列程序段(1)至(2)(不包括行号)分别插入到下面的基本程序框架内,阅读程序,给出运行结果(请先不要用计算机编译运行)。

```c
#include<stdio.h>
int main(void)
{
    /******* ? ********/          //在此插入下列程序段
    return 0;
```

}

(1) basic1.c

```
#001    int a,b,c,delt;
#002    a=3;
#003    b=5;
#004    c=2;
#005    delt=b*b-4*a*c;
#006    printf("delt=%d\n",delt);
```

如果程序中的 a、b、c 由用户运行时输入,程序该如何修改。

(2) basic2.c

```
#001    int a,b;
#002    float result;
#003
#004    a=8;
#005    b=5;
#006    result=-b/(2.0*a);
#007
#008    printf("%f\n",result);
```

如果程序中的 a、b、c 由用户运行时输入,程序该如何修改。

2.2.2 程序改错

程序中存在的错误可能是语法错误,也可能是非语法错误(运行时错误、逻辑错误)。查看下面两个程序存在什么样的错误。有错误请改正,但一般不改变程序的整体结构。

(1) basicErr1.c

```
#001 #include<stdio.h>
#002 int main(void)
#003 {
#004    int a,b,c;
#005    a=2,
#006    b=3
#007    a +b=c;
#008    printf(a +b=%d\n,c)
#009
#010 }
```

(2) basicErr2.c

```
#001 #include<stdio.h>
#002 int main(void)
#003 {
#004    int a,b;
#005    float av2;
```

```
#006
#007      av2= (a +b) /2;
#008
#009      printf("%.1f /n", av2);
#010
#011      return 0;
#012 }
```

2.2.3 问题求解

(1) 简单的整数计算

问题描述：

写一个程序按照公式 $y=ax^3+8$ 对于给定的 a 和 x 计算 y 的值，假设 a 和 x 是整数。

输入样例：   输出样例：

2 3   62

(2) 求平均温度

问题描述：

写一个程序求某个城市的年平均气温。键盘输入一年四季(春夏秋冬)各个季节的平均温度，计算年平均气温，其结果精确到 1 位小数。

输入样例：   输出样例：

10.2,30.5,20.6,-5.8   13.9

(3) 数字加密

问题描述：

写一个程序对一个四位整数加密后输出。方法是将该数每一位上的数字加 9，然后除以 10 取余，作为该位上的新数字，最后将第 1 位和第 3 位上的数字互换，第 2 位和第 4 位上的数字互换，组成加密后的新数。提示首先把该四位数整数的每一位用求余运算和除法运算分离出来，然后再用题中方法求出每位加密后的新数字。例如，如果输入 1257，每位加 9 除 10 求余得 0146，交换后得 4601。

输入样例：   输出样例：

1257   4601

3 选择程序设计实验

3.1 实验目的

- 理解可以作为逻辑判断的条件：常量、变量、表达式及其组合
- 理解逻辑真和逻辑假的含义
- 能够运用单分支选择结构、双分支选择结构、多分支选择结构解决实际问题
- 理解算法的流程图
- 掌握布尔型、复合语句、运算的优先级、条件运算等

3.2 实验内容

3.2.1 程序基础练习

把下列程序段(1)至(5)分别插入到下面的基本程序框架内,阅读程序,给出运行结果(请不要用计算机运行)。

```
#include<stdio.h>
int main(void)
{
    /******* ? *******/        //在此插入下列程序段
    return 0;
}
```

(1) if1.c

```
#004    int x=2;
#005    int y=4;
#006    printf("Hi\n");
#007    if(x>4)
#008      if(y>3)
#009        printf("Bye\n");
#010
#011    x=6;
#012    if(x>4)
#013      if(y>3)
#014        printf("Bye\n");
```

(2) if2.c

```
#004    int grade=60;
#005    if( grade <60 )
```

```
#006        printf("Failed\n");
#007    else
#008        printf("Passed\n");
```

(3) if3.c

```
#004    int grade=50;
#005    if( grade >=60 )
#006        printf("Passed\n");
#007    else{
#008        printf("Failed\n");
#009        printf("you must take this course again\n");
#010    }
```

(4) if4.c

```
#004    int grade1=85;
#005    int grade2=55;
#007    printf("The student with the grade %d ",grade1);
#008    grade1 >=60 ? printf( "Passed\n") : printf( "Failed\n");
#010    printf("The student with the grade %d ",grade2);
#011    grade2 >=60 ? printf( "Passed\n") : printf( "Failed\n");
```

(5) if5.c

```
#004    int grade1=85;
#005    int grade2=55;
#007     if(grade1 >=60 && grade2 >=60)
#008        printf("Passed\n");
#009     else
#010        printf("Failed\n");
```

3.2.2 程序改错

程序中存在的错误可能是语法错误,也可能是非语法错误(运行时错误、逻辑错误)。查看下面两个程序存在什么样的错误。有错误请改正,但一般不改变程序的整体结构。

(1) ifErr1.c

```
#001 #include<stdio.h>
#002 int main(void)
#003 {
#004    int x=2, y=1;
#005    if( x=2 )
#006        x=x +2;
#007    else
#008        y=y +2;
#009    printf("x,y:%d, %d\n", x, y);
#010    x=2; y=10;
```

```
#011        if(x);
#012            y=y / x;
#013        printf("x,y:%f %f\n", x, y);
#014        return 0;
#015 }
```

(2) ifErr2.c

下面的程序在语法上没有错误,如果想实现的结果是输出

$$$$$
&&&&&

该如何修改程序？如果想实现的输出是

#####
&&&&&

呢？再如果想实现输出

#####
$$$$$

呢？

```
#001 #include<stdio.h>
#002 int main(void)
#003 {
#004        int x=5,y=9;
#005
#006        if(y==8)
#007        if(x==5)
#008        printf("#####\n");
#009            else
#010        printf("$$$$$\n");
#011        printf("&&&&&\n");
#012
#013        return 0;
#014 }
```

3.2.3　问题求解

(1) 三角形判断

问题描述：

键盘输入三个整数,判断它们是否可以构成一个三角形,输出相应的信息。

输入样例：　　　　　　　　　　输出样例：

3 4 5　　　　　　　　　　　　3,4,5 are the edges of a triangle

输入样例:

1 2 5

输出样例:

1,2,5 are not the edges of a triangle

(2) 简单的计算器

问题描述:

编写一个简单的计算器程序,用户指定两个整数,以及要进行的运算(+,-,*,/ 或%),根据用户的输入,计算相应的运算结果。

输入样例:

2+3

输出样例:

2+3=5

4 循环程序设计实验

4.1 实验目的

- 掌握循环结构的三要素
- 掌握计数控制循环、标记控制循环的基本方法
- 理解 while、for 与 do-while 的不同
- 学会用误差精度控制循环
- 熟悉 break/continue 的用法
- 掌握循环嵌套结构

4.2 实验内容

4.2.1 程序基础练习

把下列程序段(1)至(8)分别插入到下面基本程序框架内,阅读程序,给出运行结果。

```
#include<stdio.h>
int main(void)
{
    /******** ? ********/      //在此插入下列程序段
    return 0;
}
```

写出程序的运行结果(请先不要在计算机上执行)。

(1) loop1.c

```
#001 int x=1;
#002 while( x <10){
#003     if( x%2==0)
#004         printf("%d ", x);
#005     x++;
#006 }
#007 printf("\n");
```

(2) loop2.c

```
#001 int grade;
#002 int sum=0;
#003 printf("please input your grade:\n");
#004 scanf("%d", &grade);     //grade 的值自己确定
```

```
#005 while( grade !=-1 ) {    //循环 5 次
#006     sum +=grade;
#008     scanf("%d", &grade);
#009 }
#010 printf("sum=%d\n", sum);
```

(3) loop3.c

```
#001    int n=5;
#002    int p=1;
#003    do {
#004        p=p * n;
#005        n--;
#006    }while( n>0 );
#007    printf("p=%d\n", p);
```

(4) loop4.c

```
#001    int i, j;
#002    for( i=1; i <=5; i++){
#003        for( j=1; j <=i; j++){
#004            pirntf(" * ");
#005        }
#006        printf("\n");
#007    }
```

(5) loop5.c

```
#001    int i,j;
#002    for(i=0; i <5; i++) {
#003        for(j=0; j <5-i; j++) {
#004            pirntf(" * ");
#005        }
#006        printf("\n");
#007    }
```

(6) loop6.c

```
#001    int i;
#002    for(i=1; i <=10; i++) {
#003        switch( i ){
#004            case 1:
#005                printf("the value of x is 1\n");
#006                break;
#007            case 4:
#008                printf("the value of x is 4\n");
#009                break;
#010            case 6:
#011                printf("the value of x is 6\n");
```

```
#012                break;
#013            default:
#014                printf("the value of x is neither 1,4 nor 6\n");
#015        }
#016    }
```

(7) loop7.c

```
#001    int x;
#002    for( x=1; x<=10; x++){
#003        if(x==7)  break;
#004        printf("%d\n",x);
#005    }
```

(8) loop8.c

```
#001    int x;
#002    for( x=1; x<=10; x++){
#003        if(x==3)  continue;
#004        printf("%d\n",x);
#005    }
```

思考题：

如果上述 loop7.c 和 loop8.c 中不使用 break 和 continue,能否得到相同的结果？

(9) loop9.c

```
#001 #include<stdio.h>
#003 int main(void)
#004 {
#005    int n=1,s;
#006    while ( n<=100 )        //求 100 以内的自然数和
#007        s+=n;
#008        n++;
#010    printf("%d\n", s);
#012    n=10;
#013    int p=0;
#014    while ( n>1 )           //求 10!
#015        p*=n;
#016
#018    printf("%d\n",p);
#020    return 0;
#021 }
```

程序编译运行后能出结果吗？如何修改才能得到下面的结果：

5050
3628800

(10) 下面的程序 loop10.c 能干什么

```
#001 #include<stdio.h>
#003 int main(void)
#004 {
#005     int n;
#006
#007     for(n=0;getchar()!=10;n++)    //注意回车符的ASCII码是10
#008         ;
#009
#010     printf("%d\n",n);
#012 }
```

注：程序 loop10.c 应该如何修改才能知道输入了多少个数字字符、多少个字母字符？这个程序的循环是如何控制的？

4.2.2 程序改错

下面的程序片段 loopErr1.c～loopErr4.c(省略了程序的头和尾)有一些隐藏的错误，发现它们并改正,或添加必要的语句。

(1) loopErr1.c 要实现从键盘输入 10 个整数求最小值。

```
#001    int i;
#002    int a,min;
#003    scanf("%d",&a);
#004    min=a;
#005    while(i<=9);
#006    {
#007       if(min>a)
#008          min=a;
#009    };
```

(2) loopErr2.c 要实现 100 以内的偶数之和。

```
#001    int i,s;
#002    for(i=100;i<1;i+=2);
#003       s+=i;
#004    printf("%d",s);
```

(3) loopErr3.c 要实现 $e=1+1/1!+1/2!+\cdots+1/n!$ 的近似值计算。

```
#006    double e=1;                    //初始值为第一项
#007    long i=1;                      //第2项的i为1
#008    long product=1;                //1!
#009    const double eps=.1e-7;        //小数后第8位
#011    //前i项之和与前i-1项之和的误差为i!的倒数
#012    while( fabs(1/product) <eps )
#013    {
#014       e +=1/product;              //前i项之和
#015       i++;                        //下一项的i
```

```
#016            product *=i;                       //下一项的 i!
#017        }
#018        printf("approximate of e: %.8f\n", e);  //最后输出符合精度的 e 值
#019
```

(4) loopErr4.c

要实现下面的结果

```
out  in  in  in  in
0    0   1   2   3
1    0   1   2   3
2    0   1   2   3
```

```
#004    int i,j;
#005    printf("out  in  in  in  in\n");
#006    for(i=0;i<3;i++)
#007        printf("%d  ",i);
#008        for(i=0;i<4;i++)
#009            printf("%d  ",i);
#010
```

4.2.3 问题求解

(1) 求一组正整数的最大值

问题描述：

用标记-1 控制的 while 循环，求一组正整数的最大值。

输入样例：	输出样例：
1 3 5 8 9 6 2 4 7 5 -1	9

(2) 求一组正整数的平均值

问题描述：

用 Ctrl-Z 控制 while 循环，求一组正整数的平均值。

输入样例：	输出样例：
1 3 5 8 9 6 2 4 7 5 ^Z	5.0

(3) 统计一组数据中的非负数

问题描述：

有一组数据，试统计它们当中有几个是非负数，有几个是负数。数据的总数由键盘输入，即第一个数是数据个数，然后输入实际数据。

输入样例：	输出样例：
10 3 5 -8 9 -6 0 4 -7 5 8	7 3

(4) 泰勒级数部分和

问题描述：

利用泰勒级数 $\sin(x) \approx x - x^3/3! + x^5/5! + \cdots$，计算 $\sin(x)$ 的值，其中 x 是角度，单位为弧度。要求计算 $\sin(x)$ 的结果精确到 0.00001，同时计算出达到那样的精度累加了多少项。

输入样例：

3

输出样例：

sin(x)=0.141120, count=9

(5) 列出所有满足勾股弦定理的 500 以内的正整数

问题描述：

直角三角形的三条边称为勾、股、弦。如果三条边满足了勾股定理，即两条直角边的平方和等于斜边的平方，它们才能构成一个直角三角形。写一个程序找出所有边长（分别为 side1、side2 和 hypotenuse）小于 500 的勾股弦。

提示：可以运用三重 for 循环穷举各种可能的情况，即采用"蛮力"手段进行计算。注意在计算过程中应把重复的勾股弦去掉，如 3 4 5 与 4 3 5 认为是重复的三角形。可以从循环的范围来考虑，当外层循环从 1 到 500 时，中层循环从当前的外层值到 500 即可，不必也从 1 开始，类似的内层循环从当前的中层值开始到 500 即可，这样就避免了重复计算。

另外运行结果将有几百行之多，会出现向回滚动 DOS 窗口也看不到最前面的一些结果的现象，怎样才能看到所有的运行结果呢？可以采用输入输出重定向，把输出结果写到一个文本文件中，再用编辑器查看，参考主教材 4.3.4 节。

输出格式：

```
side1   side2   hypotenuse
3       4       5
5       12      13
...
```

5 函数程序设计实验

5.1 实验目的

- 理解模块化程序设计的基本思想
- 掌握函数的定义、函数原型声明和函数调用的方法
- 理解函数调用执行的过程
- 理解局部自动变量、局部静态变量、全局变量的作用域和生命期基本意义
- 理解函数的递归思想和递归调用过程，掌握递归函数的定义方法

5.2 实验内容

5.2.1 程序基础练习

阅读下面的程序给出运行结果。

(1) func1.c

```
#001 /*
#002  * 函数定义与调用
#003  */
#005 #include<stdio.h>
#007 void f2(int x)          //函数定义
#008 {
#009     x += 5;
#010     printf("%d\n",x);
#011 }
#013 void f1(void)
#014 {
#015     int x=5;
#016     f2(x);              //函数调用
#017     printf("%d\n",x);
#018 }
#020 int main(void)
#021 {
#022     f1();               //函数调用
#023     return 0;
#024 }
```

(2) func2.c

```
#001 /*
```

```
#002  *  :函数定义、函数原型与函数调用
#003  */
#004  #include<stdio.h>
#005  int mystery(int x, int y, int z);
#007  int main(void)
#008  {
#009      printf("%d\n",mystery(3,2,1));
#010      printf("%d\n",mystery(1,2,3));
#011      return 0;
#012  }
#014  int mystery(int x, int y, int z)
#015  {
#016      int value=x;
#018      if( y >value)
#019          value=y;
#020      if( z >value)
#021          value=z;
#022      return value;
#023  }
```

(3) func3.c

```
#001  /*
#002  *  变量的作用域,全局变量,局部自动变量,静态变量
#003  */
#004  #include<stdio.h>
#006  void f(int);            //函数原型
#007  void g(void);
#008  void h(void);
#010  int i;                  //全局变量
#012  int main(void){
#014      printf("main:%d\n",i);
#015      i+=2;
#016      f(i);
#017      g(); h();   g();   g();
#021      return 0;
#022  }
#024  void f(int i)           //自动变量
#025  {
#026      printf("f:%d\n",i);
#027  }
#029  void g(void){
#031      static int i=2; //静态变量
#032      if(i>0){
#033          int i=1;       //局部自动变量
#034          printf("g:if:%d\n",i);
```

```
#035            i=33;
#036        }
#037        i++;
#038        printf("g:%d\n",i);
#039 }
#041 void h(void){
#043        i++;
#044        printf("h:%d\n",i);
#045 }
```

(4) func4.c

```
#001 /*
#002  * 局部自动变量
#003  */
#004 #include<stdio.h>
#006 void swap(int, int);
#008 int main(void){
#010     int x=1, y=2;
#011     swap(x,y);
#012     printf("x=%d, y=%d\n", x, y);
#013     return 0 ;
#014 }
#016 void swap(int a, int b){
#018     int tmp;
#019     tmp=a;
#020     a=b;
#021     b=tmp;
#022 }
```

5.2.2 程序改错

下列各个函数定义的代码中有一些错误,改正之。

(1) funcErr1.c

```
#001 float triangleArea(float base, height)
#002 float product;
#003 {
#004     product=base * height;
#005     return ( product/2);
#006 }
```

(2) funcErr2.c

```
#001 void g(void){
#003     printf("Inside function g\n");
#004     void h(void)
```

```
#005          {
#006              printf("Inside function h\n");
#007          }
#008 }
```

(3) funcErr3.c

```
#001 #include<stdio.h>
#002 int main(void){
#004     int b=10;
#005     f(int b);
#006     return 0;
#007 }
#008 int f(int a){
#010     printf("ok\n");
#011     return a;
#012 }
```

(4) funcErr4.c

```
#001 int sum( int x, int y){
#003     int result;
#004     result=x+y;
#005 }
```

(5) funcErr5.c

```
#001 void f(float a);{
#003     float a;
#004     printf("%f\n",a);
#005 }
```

(6) funcErr6.c

```
#002 int product(int n){
#004     if (n>=0)
#005         return 1;
#006     else
#007         return (n * product( int n));
#008 }
```

(7) funcErr7.c

首先看下面程序有什么错误,然后对product函数实施"减肥",让它的功能只有做乘法运算和返回计算结果。

```
#001 #include<stdio.h>
#002 void product(void) {
#004     int a,b,c;
#005     scanf("%d %d %d", &a, &b, &c);
```

```
#006        result=a * b * c;
#007        printf("result is %d\n",result);
#008        return result;
#009  }
#011  int main(void)
#012  {
#013        int a;
#014        a=product();
#015        printf("%d\n",a);
#016  }
```

5.2.3 问题求解

(1) 小学生加法练习程序

问题描述：

为小学生开发一个 10 以内(含 10)的正整数加法练习程序。程序首先让计算机想两个 10 以内的整数 a 和 b，屏幕显示"a+b="，等待小学生回答，如果小学生经过计算之后回答正确，屏幕显示"Right!"，否则，显示"Not correct!"，不给重做的机会。连续出 10 道题，每做对一道题给 10 分，10 道题满分 100 分。每做错一道记录做错一次，做错的次数累加，最多做错次数为 10。10 道题做完之后问继续练习吗？输入 Y/y 继续，否则练习结束。这里要求使用函数模块实现：

随机数产生函数，函数原型为"int rand10(void);"，函数的功能是产生一个 10 以内的随机整数。

两个数相加函数，函数原型为 "int add(int a, int b);"，函数的功能是显示加法算式，等待回答结果，如果正确返回 1，否则返回 0。

输出信息函数，函数原型为"void print(int answer);"，函数的功能是 answer 非 0 输出 "Right!"，answer 为 0 输出 "Not correct!"。

在 main 函数中调用这些函数，根据答对与否统计得分和错误的次数，输出最后得分和错误次数。

输入输出样例：

```
2+3=5                   Right!                  Right!
Right!                  3+5=8                   7+4=11
2+8=9                   Right!                  Right!
Not Correct!            9+3=11                  9+6=15
3+8=11                  Not Correct!            Right!
Right!                  2+5=7                   Score=80,
4+9=13                  Right!                  errorNumbers=2
                        8+8=16                  Continue ? (Y/N): N
```

(2) 可视化递归

问题描述：

写一个递归求阶乘的函数，不仅要得到最终计数的结果，还要打印出递归过程中每次递归调用的参数和局部变量的值，以及中间结果。具体要求是：每次递归调用时，单独用一行显示输出结果,并使输出结果缩进一级。尽量使输出结果清晰、有趣和有意义,目的就是帮助初学者更好地理解递归的过程。

输入样例

5

输出样例

5×4!
  4×3!
    3×2!
      2×1!
      2×1
    3×2
  4×6
5×24
120

6 数组程序设计实验

6.1 实验目的

- 理解数组存储数据的特点
- 掌握数组声明、初始化、数组元素引用的基本方法
- 理解数组作为函数的参数的特征
- 学会数组作为函数参数的定义和使用方法

6.2 实验内容

6.2.1 程序基础练习

分析下面的代码给出运行结果。
(1) array1.c

```
#000 // 一维数组的应用
#001 #include<stdio.h>
#002 int sum(const int a[], int size);          //函数原型
#003 int main(void) {
#005     int b[10]={3,4,5,6,3,7,6,8,5,8};
#006     printf("result is %d\n", sum(b,10) );  //数组作为函数的实参的函数调用
#007     return 0;
#008 }
#009 //求数组元素的和
#010 int sum(const int a[], int size){
#012     int i, s=0;
#013     for(i=0;i<size;i++)
#014         s +=a[i];                          //累加求和
#015     return s;
#016 }
```

(2) array2.c
首先分析程序的运行结果。

```
// 二维数组和一维数组的基本应用
#004 #include<stdio.h>
#005 #define M 5
#006 #define N 3
#008 //函数原型
#009 void average(const int a[][3], float ave[], int row, int col);
```

```
#010    int sumrow(const int av[], int col);
#012    int x;                                  //全局变量
#014    int main(void){
#016        int i;
#017        int a[M][N]={3,4,5,6,3,7,6,8,5,8,3,6,5,6,2};
#018        float ave[M];
#019        average(a,ave,M,N);                 //数组作为函数的实参的函数调用
#020        for(i=0;i<M;i++)                    //输出结果
#021            printf("%d : %.2f\n", i+1, ave[i]);
#025        return 0;
#026    }
#027    //求二维数组每行的平均值
#028    void average(const int a[][3], float ave[], int row, int col){
#030        int i,j;
#031        int sum;
#032        for(i=0;i<row;i++){
#033            sum=sumrow(a[i],col);           //每行求和
#034            ave[i]=(float)sum /col;
#035            if(ave[i]<=4)
#036                x++;                        //统计平均值不超过 4 的行数
#037        }
#038    }
#039    //每行元素求和
#040    int sumrow(const int av[], int col){
#042        int j,sum=0;
#043        for(j=0;j<col;j++)
#044            sum +=av[j];                    //累加
#045        return sum;
#046    }
```

然后建立一个工程,把 array2.c 拆分成 3 个文件,它们是 funcs.c、funcs.h、main.c,分别加入到所建的工程中,编译链接运行。

其中 funcs.c 中包含一些可以在其他程序中使用的函数定义以及只限于 funcs.c 中使用的工具函数,不包含主函数。

funcs.h 中包含宏定义、全局变量的定义、那些可以在各个程序中使用即外部函数的原型声明。

全局变量 x 本来是在 funcs.h 中定义声明的,但在 main.c 中用#include 嵌入之后,就相当于在 main.c 中定义了,但要在 funcs.c 中使用,该如何声明?

二维数组的行求和函数 int sumrow(int av[], int col) 是求平均值函数的工具函数(也叫私有函数),限定它只能在 funcs.c 中调用该怎么定义?

(3) array3.c

字符数组是一组字符放在一起构成的数组,例如,char s[ ]={'H','e','l','l','o'};有一个称为空字符或结束标记的特殊字符'\0',它是一个转义序列,它的 ASCII 码为 0,注意不要与

字符'0'混淆。如果在字符型数组末尾添加一个'\0',则这个字符数组就存放了一个字符串"Hello",也就是说字符串"Hello"隐含一个结束标记'\0'。

也可以直接用一个字符串初始化一个字符型数组例如 char s[ ]="choose a character chance is coming!",分析下面的代码,计算字符数组 s 包含多少个字符?

```
// 字符数组的应用
#001 #include<stdio.h>
#003 void squeeze(char str[], char c);          //函数原型
#004 void prints(char s[]);
#005 int main(void){
#007     char s[]="choose a character, chance is coming!";
#008     squeeze(s,'c');                         //调用函数 squeeze 压缩字符串 s
#009     prints(s);
#010     return 0;
#011 }
#012 //压缩字符串,把字符串中是参数变量 c 中的那些字符删除
#013 void squeeze(char str[], char c){
#015     int i,j=0;
#016     for(i=0;str[i]!='\0'; i++)              //到空字符循环结束
#017         if(str[i] !=c){
#018             str[j]=str[i];                  //把留下的字符逐个写到字符数组中
#019             j++;                            //留下来的字符计数
#020         }
#021     str[j]='\0';                            //让结果串结束
#022 }
#023 //打印字符数组
#024 void prints(char s[]){
#026     int i;
#027     for(i=0;s[i]!='\0';i++)
#028         printf("%c",s[i]);
#029     printf("\n");
#030 }
```

6.2.2 程序改错

下面的程序有一些隐藏的错误,有的是语法错误,有的是逻辑错误,找出错误并改正。

(1) arrayErr1.c

```
#001 #include<stdio.h>
#002 int func(int a[],int);          //函数原型声明
#003 int main(void){
#005     //10 个整数存储在数组 a 中,初始化为 0
#006     int i,a[10]={0};
#007     //修改每个元素的值为下标加 1
#008     for(i=0;i<=10;i++)
```

```
#009        a(i)=i+1;
#010     //打印函数 func 的返回结果
#011     printf("%d\n",func(a[10],10));
#012     //打印数组名 a 的值
#013     printf("%d\n",a);
#014     //打印数组 a 中所有元素的值
#015     printf("%d\n",a[10]);
#016     return 0;
#017 }
#019 //把数组 a 的元素求和,返回求和结果
#020 int func(int a[],int size){
#022     int i,b=0;
#023     for(i=1; i<=size; i++)
#024         b +=a[i];
#025     return b;
#026 }
```

(2) arrayErr2.c

```
#001 #include<stdio.h>
#002 int func(int a[][],int,int);           //函数原型声明
#003 int main(void){
#005     int i,j,s=0;
#006     //有 10 行 2 列的 20 个整数数据存储在数组 a 中
#007     int a[10][]={0,1,3,4,5,5,6,7,7,8,
#008                  8,9,9,3,4,6,3,3,5,3};
#010     //a 的所有元素求和
#011     for(i=0;i<=10;i++)
#012     for(j=0;j<2;j++)
#013         s +=a[i,j];
#014     //打印求和结果
#015     printf("%d \n",s);
#017     //调用函数 func
#018     func(a[10][],10,2);
#019     //把数组 a 按照 10 行 2 列的格式打印
#020     for(i=0;i<=10;i++)
#021     for(j=0;j<2;j++)
#022         printf("%d ",a(i,j));
#023     printf("\n");
#025     return 0;
#026 }
#027 //函数 func 把数组 a 中下标之和能被 2 整除的元素修改为 1
#028 void func(int a[][],int row, int col){
#030     int a[][2],row,col;
#031     for(i=0;i<=row;i++)
#032     for(j=0;j<col;j++)
```

```
#033          if((i+j)%2==0)
#034            a[i,j]=1;
#035 }
```

6.2.3 问题求解

(1) 验证矩阵是否是幻方矩阵

问题描述：

如果一个方阵的每一行、每一列、每条对角线上的元素之和都相等，则称该方阵是幻方阵。写一个程序把一个方阵中的数据保存到一个二维数组中，验证它是否满足幻方的条件，如果满足则输出 1，否则输出 0。假设方阵的大小不超过 10。

输入样例：

```
5              //方阵的行列数
17 24 1  8 15  //方阵数据
23  5 7 14 16
 4  6 13 20 22
10 12 19 21  3
11 18 25  2  9
```

输入样例：

```
3              //三行三列
1 2 3
4 5 6
1 2 4
```

输出样例：

0

输出样例：

1

(2) 学生成绩的平均值计算

问题描述：

设有一个成绩单包含三门课程(Math、English、Computer)的成绩，试写一个函数，计算每个人的平均分，精确到 1 位小数，计算每门课的平均分，精确到 1 位小数。再写一个函数把学生的编号列出，其顺序按每人的平均分排序(降序)。原始成绩和平均结果均保存到相应的数组中。假设学生数不超过 100。

输入样例：

```
3              //学生数
1 60 70 80     //学生编号+成绩
2 70 80 90
3 50 50 50
```

输出样例：

```
1 70.0
2 80.0
3 50.0
Sorting result: 2 1 3
Math: 60.0
English: 66.7
Computer: 73.3
```

7 指针程序设计实验

7.1 实验目的

- 理解指针的概念
- 掌握指针变量的定义和使用方法
- 掌握指针作为函数参数的意义和具体方法
- 掌握指针和数组、指针与字符串的关系以及指针数组

7.2 实验内容

7.2.1 程序基础练习

(1) 分别用一条语句完成下列任务

设有 float x, y; x = 10.1;

① 把变量 fPtr 声明为指向 float 类型变量的指针
② 让 fPtr 指向 x
③ 打印 fPtr 所指向的变量的值
④ 让 fPtr 指向 y
⑤ 打印 y 的值
⑥ 用占位符%p 打印 x 的地址(注意%p 是打印指针变量的值,%x 是打印 16 进制数,二者略有不同)
⑦ 打印存储在 fPtr 中的地址

(2) 回答下列问题,后一步可能要用前一步的结果

设有数组 int a[10] = {1,2,3,4,5,6,7,8,9,10};

① 声明一个指针 nPtr 指向 a;
② nPtr+=4 指向哪个元素?
③ 如果 a 的首地址是 6000,步骤②中的 nPtr 的值是多少?
④ a+2 是多少?
⑤ 步骤②中 nPtr-=2 指向了哪个元素?
⑥ 对于步骤①中的 nPtr,nPtr[1]是什么?

(3) pointer3.c

请用指针代替数组,用指针运算代替数组下标运算重写下面的函数(包括参数)

```
#001 int sum_array(int a[], int n){
#003     int i, sum;
#004     sum=0;
```

```
#005        for (i=0; i<n; i++)
#006            sum +=a[i];
#007        return sum;
#008  }
```

(4) pointer4.c

```
//用指针访问数组元素
#001 #define N 10
#002 int main(void){
#004        int   a[N]={1, 2, 3, 4, 5, 6, 7, 8, 9, 10};
#005        int * p=&a[0],   * q=&a[N-1],  temp;
#006        while ( p <q ){
#007            temp= * p;
#008            * p++= * q;
#009            * q--=temp;
#010        }
#011        for(int i=0;i<N;i++)
#012            printf("%d ",a[i]);
#013        printf("\n");
#014        return 0;
#015 }
```

(5) pointer5.c

```
#001 /*
#002 * 指针的++/--和间接引用
#003 */
#004 #include<stdio.h>
#005 int main(void){
#007        int a[]={1,2,3,4,5};
#008        int * p=NULL;
#009        p=a;
#010        printf("%d, %d\n", p-a,* p);
#011        printf("%d, %d\n", p-a,* (++p));
#012        printf("%d, %d\n", p-a,* ++p);
#013        printf("%d, %d\n", p-a,* (p--));
#014        printf("%d, %d\n", p-a,* p++);
#015        printf("%d, %d\n", p-a,* p);
#016        printf("%d, %d\n", p-a,(* p)++);
#017        printf("%d, %d\n", p-a,* p);
#018        printf("%d, %d\n", p-a,++(* p));
#019        printf("%d, %d\n", p-a,* p);
#020        return 0;
#021  }
```

(6) pointer6.c

```
#001 /*
#002  *  不同的指针访问数组元素：常指针、列指针、行指针、指针数组
#003  */
#004  #include<stdio.h>
#005  int main(void)   {
#007      int a[2][3]={1, 2, 3, 4, 5, 6};      //0. array name, const pointer
#008      int * p1= * a;                        //1. column pointer
#009      int ( * p2) [3]=a;                    //2. row pointer
#010      int * p3[2]={a[0], a[1]} ;            //3. pointer array,
#011      int i, j;
#012
#013      for(i=0; i<2; i++)                    //0. using const pointer
#014        for(j=0; j<3; j++)
#015           printf("%d ", a[i][j]);
#016      printf("\n");
#017      for(i=0; i<2; i++)                    //1. using column pointer
#018        for(j=0; j<3; j++)
#019           printf("%d ", * (p1+i * 3+j) );
#020      printf("\n");
#022      for(i=0; i<2; i++)                    //2. using row pointer
#023        for(j=0; j<3; j++){
#024           * ( * (p2+i)+j)=2 * a[i][j];
#025           printf("%d ", * ( * (p2+i)+j));
#026        }
#027      printf("\n");
#029      for(i=0; i<2; i++)                    //3. using pointer array
#030        for(j=0; j<3; j++)
#031           printf("%d ", ( * (p3[i]+j))++);
#032      printf("\n");
#034      return 0;
#035  }
```

7.2.2 程序改错

下面的程序片段(有些省略了含 main 的基本框架，如需编译运行，请自行添加)存在一些错误，找出错误并改正。

(1) ptrErr1.c

```
#001   int * number;
#002   printf("%d\n", * number);
```

(2) ptrErr2.c

```
#001   float x, * realPtr=&x;
#002   long n, * integerPtr=&n;
#003   integerPtr=realPtr;
```

(3) ptrErr3.c

```
#001    int *x, y=10;
#002    x=y;
```

(4) ptrErr4.c

```
#001    char s[]="this is a character array";
#002    int count;
#003    for(; *s!='\0'; s++)
#004        printf("%c", *s);
```

(5) ptrErr5.c

```
#001    short num=10, *numPtr=&num, result;
#002    void *genericPrt=numPtr;
#003    result=*genericPrt+7;
```

(6) ptrErr6.c

```
#001    float x=19.35;
#002    float xPtr=&x;
#003    printf("%f\n", xPrt);
```

(7) ptrErr7.c

```
#001    char *s;
#002    printf("%s\n", s);
```

(8) ptrErr8.c

```
#001    int sum(int *a, *b)  {
#003        return a+b;
#004    }
#005    int main(void){
#007        int x=5, y=7;
#008        printf("%d\n",sum(x,y);
#009        return 0;
#010    }
```

(9) ptrErr9.c

```
#001    int sum_array(int *a, int n)   {
#003        int i, sum;
#004        sum=0;
#005        for (i=0; i<n; i++)
#006            sum +=a[i];
#007        return sum;
#008    }
#009    int main(void)  {
#011        int a[]={1,2,3,4,5,6,7,8,9,10};
```

```
#012        printf("%d\n",sum_array(&a));
#013        return 0;
#014    }
```

(10) ptrErr10.c

```
#001    void swap(int * a, int * b){
#003        int temp;
#004        temp=a; a=b; b=temp;
#005    }
```

7.2.3 问题求解

数据的奇数偶数划分。

问题描述：

先定义一个含有 10 个元素的一维整型数组，每个元素都由键盘输入，其中包含奇数元素与偶数元素，然后定义一个函数，使用指针访问元素，用类似冒泡法的思想，把偶数"升"到右边，奇数留在左边，给出调整的过程。要求在原数组上实现。

输入样例 1：   输入样例 2：

0 1 2 3 4 5 6 7 8 9   1 2 4 6 9 3 5 8 0 7

输出样例 1：   输出样例 2：

1 0 3 2 5 4 7 6 9 8   1 2 4 9 3 5 6 8 7 0
1 3 0 5 2 7 4 9 6 8   1 2 9 3 5 4 6 7 8 0
1 3 5 0 7 2 9 4 6 8   1 9 3 5 2 4 7 6 8 0
1 3 5 7 0 9 2 4 6 8   1 9 3 5 2 7 4 6 8 0
1 3 5 7 9 0 2 4 6 8   1 9 3 5 7 2 4 6 8 0

8 结构程序设计实验

8.1 实验目的

- 加强对结构概念的理解
- 熟悉结构类型的定义、结构变量的定义与结构成员访问的基本方法
- 熟悉用结构指针引用结构成员的方法
- 熟悉结构变量或结构指针作为函数的参数用法

8.2 实验内容

8.2.1 程序基础练习

(1) 计时器模拟。

问题描述：在屏幕上模拟一个数字式计时器。时钟结构类型定义如下：

```
#001 struct clock
#002 {
#003       int hour;
#004       int minute;
#005       int second;
#006 };
#007 typedef struct clock CLOCK;
```

请将下面用时、分、秒独立的全局变量编写的时钟模拟显示程序修改成下面两个不同的版本：

- 用结构类型 CLOCK 的全局变量重新编写。
- 用结构类型 CLOCK 的指针变量作为函数参数重新编写。

时钟模拟显示程序如下（时分秒独立的全局变量版本）：

```
//clock.c
#001 #include   <stdio.h>
#002 #include   <stdio.h>
#004 void Update(void);
#005 void Display(void);
#006 void Delay(void);
#008 int hour, minute, second;              /* 全局变量声明 */
#010 int main(void){
#012       long i;
#013       hour=minute=second=0;             /* hour,minute,second 赋初值 0 */
```

```
#014        for (i=0; i<100000; i++){        /*利用循环结构,控制时钟运行的时间*/
#016            Update();                    /*时钟更新*/
#017            Display();                   /*时间显示*/
#018            Delay();                     /*模拟延时1秒*/
#019        }
#020        return 0;
#021 }
#022 /*
#023     函数功能:时、分、秒时间的更新
#024     函数参数:无
#025     函数返回值:无
#026 */
#027 void Update(void){
#029        second++;
#030        if (second==60) {     /*若second值为60,表示已过1分钟,则minute值加1*/
#032            second=0;
#033            minute++;
#034        }
#035        if (minute==60) {   /*若minute值为60,表示已过1小时,则hour值加1*/
#037            minute=0;
#038            hour++;
#039        }
#040        if (hour==24)        /*若hour值为24,则hour的值从0开始计时*/
#042            hour=0;
#044 }
#045 /*
#046     函数功能:时、分、秒时间的显示
#047     函数参数:无
#048     函数返回值:无
#049 */
#050 void Display(void) {       /*用回车符'\r'不换行,控制时、分、秒显示的位置*/
#052        printf("%2d:%2d:%2d\r", hour, minute, second);
#053 }
#054 /*
#055     函数功能:模拟延迟1秒的时间
#056     函数参数:无
#057     函数返回值:无
#058 */
#059 void Delay(void){
#061        long  t;
#062        for (t=0; t<500000000; t++) {  ;
#063        /*循环体为空语句的循环,起延时作用*/
#065        }
#066 }
```

思考题：
用结构指针作为函数参数与用结构变量作为函数参数有什么不同？本题可以用结构变量作为函数参数编程实现吗？

（2）请分析下面两段程序代码，并解释它们是如何实现时钟值更新操作的。

```
#001 void Update1(struct clock * t){
#003       static long m=1;
#005       t->hour=m / 3600;
#006       t->minute= (m- 3600 * t->hour) / 60;
#007       t->second=m %60;
#008       m++;
#009       if (t->hour==24)
#010       {
#011            m=1;
#012       }
#013 }
#001 void Update2(struct clock * t){
#003       static long m=1;
#005       t->second=m %60;
#006       t->minute= (m / 60) %60;
#007       t->hour= (m / 3600) %24;
#008       m++;
#009       if (t->hour==24)
#010       {
#011            m=1;
#012       }
#013 }
```

8.2.2 程序改错

下面的程序有一些隐藏的错误，有的是语法错误，有的是逻辑错误，找出错误并改正。

（1）structErr1.c

```
#001 typedef struct stud{
#002       char name[10];
#003       int age;
#004       char sex[4];
#005       int height;
#006 }STUD
#008 int main(void){
#010       STUD stud1={"aaaaaa",19,"man",176};
#011       STUD stud2=stud1;
#012       stud2.name="bbbbb";
#013       stud2.height=168;
#014       STUD * studPtr=&stud1;
```

```
#016    printf("%s %d %s %d\n", studPtr->name, * studPtr.age,
#017                            studPtr->sex, * studPtr.height);
#018    printf("%s %d %s %d\n", stud2.name,stud2->age,
#019                            stud2.sex, stud2->height);
#020 }
```

(2) structErr2.c

```
#002 typedef struct stud{
#003     char * name;
#004     int age;
#005     char sex[3];
#006     int height;
#007 }STUD;
#009 int main(void){
#011    STUD * studPtr=malloc(2 * sizeof(STUD));
#013    studPtr[0].name="heeelllo";
#014    studPtr[0].age=20;
#015    studPtr[0].sex="女";
#016    studPtr[0].height=160;
#018    scanf("%s", studPtr[1].name);
#019    scanf("%d", studPtr[1].age);
#020    scanf("%s", studPtr[1].sex);
#021    scanf("%d", studPtr[1].height);
#023    printf("%s %d %s %d\n", studPtr->name, * studPtr.age,
#024                            studPtr->sex, * studPtr.height);
#025    printf("%s %d %s %d\n", (studPtr+1).name,studPtr+1->age,
#026                            (studPtr+1).sex, studPtr+1->height);
#027    return 0;
#028 }
```

8.2.3 问题求解

通讯录管理。

问题描述：

建立一个简单的同学通讯录，要包括"姓名,学号,生日,电话号码,家庭住址"等信息,其中生日又包括"年,月,日"。

要求能输入、显示和简单的查询,每个功能都用函数实现,建立通讯录函数 createBook、按照学号升序的顺序显示通讯录函数 printBook 和查询某个学生的生日信息查询函数 queryBook。注意使用指向结构的指针作为函数的参数。

学生通讯录要用结构表示,可以命名为 addressBook,注意它的生日成员的类型是另一个结构生日 birthDay。注意用 typedef 关键字定义结构类型的别名。

输入样例：

aaa   106   2000 2 4 18623453333 adddddddd

```
bbb    103    1999 3 12    18645677788    bdddddd
ccc    101    2001 10 5    18634335656    cddddddd
ddd    105    2002 5 20    18632323435    dddddddd
eee    109    2000 6 16    18099993333    edddddd
```

输出样例：

```
ccc    101    2001 10 5    18634335656    cddddddd
bbb    103    1999 3 12    18645677788    bdddddd
ddd    105    2002 5 20    18632323435    dddddddd
aaa    106    2000 2 4     18623453333    adddddddd
eee    109    2000 6 16    18099993333    edddddd
```

欢迎查询，请输入学号
105
2002/5/20
Continue or No (y/Y or n/N) y
101
2001/10/5
n
结束执行

9 文件程序设计实验

9.1 实验目的

- 理解文件的概念和意义
- 理解文本文件和二进制文件的不同
- 理解顺序文件和随机文件的不同
- 掌握文件操作的常用函数

9.2 实验内容

9.2.1 程序基础练习

阅读下面几个关于文件读写的程序,编译运行,查看结果。
(1) file1.c

```
#002  // 文本文件的顺序读写
#004  #include<stdio.h>
#005  #include<stdlib.h>
#007  int main(void)   {
#009     FILE * infile, * outfile;
#010     int grade, number=0,i,sum=0;
#012     if( (infile=fopen("in.txt","r"))==NULL)
#013        exit(1);
#014     if( (outfile=fopen("out.txt","w"))==NULL)
#015        exit(1);
#016     while(fscanf(infile,"%d",&grade)!=EOF){
#017        printf( "%d ",grade);
#018        sum+=grade;
#019        number++;
#020     }
#021     printf("\n");
#023     if(number!=0)
#024        fprintf(outfile,"%.1f",(float)sum/number);
#026     fclose(infile);
#027     fclose(outfile);
#029     return 0;
#030  }
```

(2) file2.c

```
#002 //二进制文件的块读写
#004 #include<stdio.h>
#005 int main(void){
#007     FILE * infile,* outfile;
#008     int a[]={1,2,3,4,5,6,7,8,9,10},b[10]={0};
#010     outfile=fopen("data.dat","wb");      //注意输入/输出是同一个文件
#011     infile=fopen("data.dat","rb");
#013     fwrite(a, sizeof(int),10,outfile);
#014     fclose(outfile);                     //必须先关闭不然下面的fread读不到数据
#016     fread(b, sizeof(int),5,infile);
#017     fclose(infile);
#019     for(int i=0;i<5;i++)
#020         printf("%d ",b[i]);
#021     printf("\n");
#023     return 0;
#024 }
```

(3) file3.c

```
#002 //二进制文件随机读写
#004 #include<stdio.h>
#005 int main(void){
#007     FILE * file;
#008     int a[]={1,2,3,4,5,6,7,8,9,10},b[10]={0};
#010     file=fopen("data.dat","wb+");
#012     fwrite(a, sizeof(int),10,file);
#014     fseek(file,20,0);
#015     fread(b, sizeof(int),5,file);
#016     for(int i=0;i<5;i++)
#017         printf("%d ",b[i]);
#018     printf("\n");
#020     fseek(file,8,0);
#021     fread(b, sizeof(int),5,file);
#022     for(int i=0;i<5;i++)
#023         printf("%d ",b[i]);
#024     printf("\n");
#026     fclose(file);
#028     return 0;
#029 }
```

9.2.2 程序改错

下面的程序有一些隐藏的错误,有的是语法错误,有的是逻辑错误,找出错误并改正。

(1) fileErr1.c

```
#001 #include<stdio.h>
```

```
#002   int main(void){
#004       FILE * infile, * outfile;
#005       int a[]={11,22,33,44,56,66,77,88,99,108},b[10]={0};
#007       infile=fopen("data.dat","r");
#008       outfile=fopen("data.dat","w");
#010       for(int i=0;i<10;i++)
#011           fprintf("%d ",a[i],outfile);
#013       fseek(infile,20,0);
#014       fread(b, sizeof(int),5,infile);
#016       fclose(infile);
#017       fclose(outfile);
#019       for(int i=0;i<5;i++)
#020           printf("%d ",b[i]);
#021       printf("\n");
#023       return 0;
#024   }
```

(2) fileErr2.c

```
#001 #include<stdio.h>
#002 int main(void){
#004     FILE * infile, * outfile;
#005     int a[]={11,22,33,44,55,66,77,88,99,100},b[10]={0}, * pb;
#007     infile=fopen("data.dat","r");
#008     outfile=fopen("data.dat","w");
#010     fwrite(a,sizeof(int),10,outfile);
#012     fread(pb, sizeof(int),5,infile);
#014     fclose(outfile);
#015     fclose(infile);
#017     for(int i=0;i<5;i++)
#018         printf("%d ",pb[i]);
#019     printf("\n");
#021     return 0;
#022 }
```

9.2.3 问题求解

文件的读写操作不能用于在线评测。如果要在在线评测中使用文件,只能用输入输出重定向的方法,即

```
freopen("文件名","打开方式", stdin);
freopen("文件名","打开方式", stdout);
```

其中 stdin 是标准输入文件(即键盘),stdout 是标准输出文件(即屏幕),因此这时的输入输出语句仍然是 scanf 和 printf,但读写的数据却是"文件名"所代表的文件中的数据。虽然可以用输入输出重定向,但是只能用于测试,真正提交程序的时候要把 freopen 行注释掉。

以下程序可以使用两种方式实现:一是一般的文件操作,即非重定向,所操作的文件不

是标准输入输出文件;另一个是输入输出重定向。

(1) 学生成绩文件管理

问题描述:

写一个程序读一个成绩文件 score.dat 中的姓名、平时成绩、期中成绩、期末成绩等数据,计算它们的总评成绩,按照平时 20%,期中 30%,期末 50% 来计算,生成一个含有原始数据和总评成绩数据的文件 average.dat。

首先用编辑器建立原始文件 score.dat,每一行包括姓名、平时成绩、期中成绩、期末成绩,如:

```
score.dat
aaaa 66 78 98
bbbb 56 77 90
cccc 88 65 93
dddd 76 89 67
```

在程序中先读出原始数据查看一下,再给 score.dat 追加两个记录:

```
eeee 88 66 99
ffff 77 84 67
```

然后计算每个学生的总评成绩,并把含有总评成绩的数据写入 average.dat,格式如下:

```
aaaa 66 78 98 85.6
```

(2) 文件复制函数

问题描述:

写一个可以复制文件的函数 copyfile,其原型为

```
void copyfile( char * srcfilename, char * dstfilename);
```

测试之,要求用键盘输入要复制的源文件名字和复制结果的目标文件名作为实参,调用函数 copyfile 实现文件的复制。

(3) 有参数的文件复制命令

问题描述:

写一个程序,使其具有复制文件的功能,不是写成一个复制函数。当程序运行时,通过命令行参数提供源文件名和目标文件名。

10 低级程序设计实验

10.1 实验目的

- 熟悉位运算的基本规则和特点
- 掌握位运算的主要用途
- 了解位段的基本作用

10.2 实验内容

10.2.1 程序基础练习

给出下面程序片段的输出结果,请先不要用计算机运行。

(1) bit1.c

```
#001 unsigned int i,j;
#002 i=8; j=9;
#003 printf("%u\n",i << 1 +j <<1);
```

(2) bit2.c

```
#001 unsigned i;
#002 i=1;
#003 printf("%u ", ~i);
#004 printf("%u ", ~0);
#005 printf("%u", i & ~i);
```

(3) bit3.c

```
#001 unsigned i,j,k;
#002 i=2;j=1;k=0;
#003 printf("%u", ~i & j^k);
```

(4) bit4.c

```
#001 unsigned i,j,k;
#002 i=7;j=8;k=9;
#003 printf("%u", i ^ j & k);
```

(5) bit5.c

设有下面的函数

```
#001 unsigned int func(unsigned int i, int m, int n)
#002 {
```

```
#003    return (i >> (m+1-n) & ~(~0 <<n));
#004 }
```

问"~(~0 << n)"的结果是什么？函数 func 的作用是什么？

(6) bit6.c

```
#001 #include<stdio.h>
#002
#003 int mystery(unsigned);
#004
#005 int main(void)
#006 {
#007    unsigned x;
#008    int i;
#009    //for(i=0;i<10;i++){
#010    scanf("%u",&x);
#011    printf("the result is %d\n",mystery(x));
#012    // }
#014    return 0;
#015 }
#016 int mystery(unsigned bits){
#018    unsigned i, mask=1<<31, total=0;
#019    for(i=1;i<=32;i++,bits<<=1)
#020        if((bits&mask)==mask)
#021        {
#022            ++total;
#023            printf("ok ");
#024        }
#026    return total%2==0? 1:0;
#027 }
```

问函数 mystery 的功能是什么？例如用 255 和 254 测试的结果分别是 1 和 0，这说明什么？

10.2.2 程序改错

(1) bitErr1.c

下面程序中的函数 multple 想实现判断一个数是否是 1024 的倍数，但其中有错，改正之。

```
#001 #include<stdio.h>
#003 int multiple(int num);
#005 int main(void){
#007    int x;
#008    int i;
#009    scanf("%d",&x);
#010    if(multiple(x))
```

```
#011         printf("yes\n");
#012     else
#013         printf("no\n");
#014     return 0;
#015 }
#016 //判断 num 是否是 1024 的倍数
#017 int multiple(int num){
#019     int i, mask=1, mult=1;          //mask 是屏蔽字,mult 置 1 是判断的结果
#020     for(i=1;i<=10;i++,mask<<1)      //1024 是 2 的 10 次方,按位重复检查 num 的低 10 位
#021         if( num && mask !=0)        //如果有一位是 1,则 mult 为 0,退出循环
#022         {
#023             mult=0;
#024             break;
#025         }
#026     return mult;
#027 }
```

(2) bitErr2.c

下面的程序中有多条语句有错,改正之。

```
#001 #include<stdio.h>
#002 struct time{
#003     unsigned short int seconds:5      //只存储秒数的一半
#004     unsigned short int minutes:6
#005     unsigned short int hours:5
#006 };
#008 int main(void){
#010     unsigned i,j,k;
#012     scanf("%u%u",&i,&j);
#014     k=i<<2+j<<2;                      //把 i 和 j 分别左移 2 位再相加,赋值给 k
#015     i=~i^~j|k;                        //把 j 取反与 i 按位异或与再与 k 按位或,结果再取反
#017     if(i&j!=0)
#018         printf("ok\n");               //如果 i 和 j 按位与不等于 0,输出 ok
#020     printf("%u %u %u\n",i,j,k);
#022     struct time t1,t2;
#023     t1.hours=10;
#024     t1.minutes=30;
#025     t1.seconds=25;
#026     printf("%u %u %u\n",t1.hours,t1.minutes,t1.seconds * 2);
#028     t2=t1;
#029     scanf("%u",&t2.hours);
#030     printf("%u %u %u\n",t2.hours,t2.minutes,t2.seconds * 2);
#032     return 0;
#033 }
```

10.2.3 问题求解

(1) 颜色数据存储

问题描述：

在计算机图形处理中，颜色通常用 3 个数存储，即 r(红)g(绿)b(蓝)值。假定每个颜色的 rgb 分别用一个 8 位来存储，而且希望将 rgb 一起存放在一个 4 个字节的整型数据中。试编写一个名为 MK_COLOR 的宏，它带有 3 个参数，分别代表颜色的 rgb。宏的计算结果把颜色的 rgb 值存放在整型数的后 3 个字节中，r 在最后一个字节，rgb 从低位开始存储。测试之。测试时对给定的 rgb 存储在某一个整型变量之后，验证 rgb 是否已经存储到相应的位置，即取出每个字节的内容，输出每个字节的值。

输入样例：

255 192 192

输出样例：

uint: 12632319   //11000000 11000000 11111111 对应的无符号整数
r: 255
g: 192
b: 192

(2) float 浮点数存储

问题描述：

当按照 IEEE 浮点标准存储浮点数时，一个 float 类型的数据由 1 个符号位（最左边的位），8 个指数位以及 23 个小数位依次组成。请设计一个 32 位的结构类型，包含有符号位、指数位和小数位对应的位域成员，位域类型为 unsigned int，测试之。测试时对存储的浮点数，输出它的符号位、阶码和尾数的二进制序列。

输入样例：

100.25

输出样例：

0 10000101 10010001 00000000 00000000

第四部分
实验解答

  本部分给出本书第三部分的部分实验解答,包括程序基础练习和程序改错的参考答案,仅供读者学习时参考。

1 实验准备

这次实验是预备性实验,主要是熟悉实验环境,包括 moodle 课程网站、打字、文字编辑、dos 命令和编译命令等,这里就忽略了。

2 程序设计入门实验

2.1 程序基础练习

(1) 程序 b1.c 中的数据是在程序内部指定的,运行结果是

delt=1

如果要求 a、b、c 的值在运行程序时输入,程序修改为

```
#001 #include<stdio.h>
#002 int main(void){
#004     int a,b,c,delt;
#005     scanf("%d%d%d",&a,&b,&c);
#006     delt=b*b-4*a*c;
#007     printf("delt=%d\n",delt);
#009     return 0;
#010 }
```

(2) 程序 b2.c 中的数据是在程序内部指定的,运行结果是

-0.312500

如果要求 a、b 的值在运行程序时输入,则程序修改为

```
#001 #include<stdio.h>
#002 int main(void){
#004     int a,b;
#005     float result;
#006     scanf("%d,%d",&a,&b);
#007     result=-b/(2.0*a);
#008     printf("%f\n",result);
#009     return 0;
#010 }
```

2.2 程序改错

(1) 程序 basicErr1.c

```
#001 #include<stdio.h>
#002 int main(void)
#003 {
#004     int a,b,c;
```

```
#005      a=2,
#006      b=3
#007      a+b=c;
#008      printf(a+b=%d\n,c)
#009
#010  }
```

存在多处错误,具体要注意下面几点:

知识点 1:语句结束要用分号结尾,而且只能用分号结尾。因此♯005、♯006 行、♯008 行的结尾都是错误的,逗号应该改为分号,没有分号的要添加分号。

知识点 2:赋值语句左边不能用表达式。♯007 行应该改为"c=a+b;"。

知识点 3:输出函数的格式是双引号引起来的,所以♯008 行应该改为

```
#008  printf("a+b=%d\n",c);
```

知识点 4:一个程序从 main 函数的头开始,当遇到 main 中的 return 语句时结束。所以应该在♯009 行增加一条"return 0;"语句。

(2) 程序 basicErr2.c

```
#001 #include<stdio.h>
#002 int main(void){
#004     int a,b;
#005     float av2;
#007     av2=(a+b)/2;
#009     printf("%.1f /n", av2);
#011     return 0;
#012 }
```

有多处错误,具体要注意下面几点:

知识点 1:程序中的变量一定要提供数据才能参与运算,♯004 行和♯005 行声明了变量 a、b、av2,实际上是申请了计算机内存中的部分连续单元分别用 a、b、av2 表示,但它们都是没有提供数据的(实际上这些变量对应的内存单元存在一些我们不需要的垃圾数),所以♯007 行的 a+b 是没有意义的,因为在运算的时候 a 和 b 要从它们对应的内存单元读数据是读不到所需的数据的。因此这个程序在♯007 行之前必须添加能够给 a 和 b 提供数据的语句 scanf 即

```
#006  scanf("%d%d",&a,&b);
```

这是在程序运行时由用户通过键盘输入的。

或者在程序中为 a 和 b 提供数据,当然只能提供固定的两个整数,如 3 和 4。这又有两种方法:一是把 004 行改为

```
#004     int a=3,b=4;
```

二是增加

```
#006  a=3, b=4;      //其中的逗号为逗号运算,表示顺序进行两个赋值运算
```

知识点 2：C/C++ 的数据和变量是有类型的，只有同类型的变量才可以运算。因此♯007 行的运算值得讨论，其中有两种类型的数据和变量，有 3 次运算，按照顺序，首先是 a+b 运算，a 和 b 同为整型，所以自然可以运算，结果仍为整型，再与 2 做除法结果仍为整型，结果为 3。

当参与运算的操作数类型不同的时候，要先进行转换或提升，才能开始运算，因此当♯007 行赋值运算的右操作数赋值给左端的 av2 时，由于它们的类型不同，所以右操作数会先提升为 float 类型，再赋值给 av2，av2 得到的值是 3.0。如果要精确到 3.5，必须采取另外的措施，让除法运算的操作数有一个变为 float 类型，因此可以修改为

```
#007      av2=(float)(a+b)/2;//或
#007      av2=(a+b)/2.0;
```

知识点 3：\n 为转义字符，表示回车换行，♯009 行的 printf 中不能写成/n，斜线的方向要注意。

3 选择程序设计实验

3.1 程序基础练习

(1) 程序 if1.c 是两个嵌套结构,每个嵌套都含两个单分支选择结构。第一个嵌套是外层的 if 判断条件为假,所以内层的 if 结构就被跳过。第二个嵌套的外层 if 判断条件为真,因此进一步判断内层的 if 条件是否为真,结果为真,所以输出信息"Bye"。

(2) 程序 if2.c 是一个双分支选择结构,判断条件为假,执行 else 分支,所以输出信息"Passed"。

(3) 程序 if3.c 是一个双分支选择结构,判断条件为为真,执行 if 分支,输出"Passed"信息。

(4) 程序 if4.c 是两个简写的双分支选择结构,每个是由条件运算"？:"组成的表达式。第一个条件运算的条件为真执行第一个分支,输出"Passed"信息。第二个条件运算的条件为假,执行第二个分支输出"Failed"信息。

(5) 程序 if5.c 是双分支选择结构,但判断条件是一个"逻辑与 &&"连接起来的逻辑表达式,其值为假,所以执行 else 分支,输出"Failed"信息。

3.2 程序改错

(1) 程序 ifErr1.c

```
#001 #include<stdio.h>
#002 int main(void){
#004     int x=2, y=1;
#005     if( x=2 )
#006         x=x +2;
#007     else
#008         y=y +2;
#009     printf("x,y:%d, %d\n", x, y);
#010     x=2; y=10;
#011     if( x );
#012         y=y / x;
#013     printf("x,y:%f %f\n", x, y);
#014     return 0;
#015 }
```

存在多处错误,具体要注意下面几点。

知识点 1: 比较两个量的大小使用关系运算,关系运算的符号与数学上的比较符号有所不同。判断是否相等的关系运算是两个连续的等号"==",不能使用"=",一个等号在

C/C++ 中称为赋值运算。因此♯005 行的 if(x=2)要改为 if(x==2),当然这里不改在语法上也不错,但是判断条件就是 2 赋值给 x,将永远为真,与 x 是否等于 2 截然不同。

知识点 2：单分支的选择语句是由两部分构成的,一般分为两行

if(判断条件)
　　条件为真的时候要执行的语句(可能是复合语句)

第一行结尾不应该有语句结束符";",如果有分号,这两部分之间就没有直接联系了,表示条件为真时什么都不做。因此♯011 行结尾的分号应该删除。

知识点 3：printf 函数输出的格式占位符%f 只能输出实型的变量或数据,不能输出整型的变量或数据,因此♯013 行是不能输出整型变量 x 和 y 中的值的。

(2) 程序 ifErr2.c

```
#001 #include<stdio.h>
#002 int main(void){
#004     int x=5,y=9;
#006     if(y==8)
#007        if(x==5)
#008          printf("#####\n");
#009        else
#010          printf("$$$$$\n");
#011     printf("&&&&&\n");
#013     return 0;
#014
```

语法上没有错误,如果不做任何修改,输出结果是

&&&&&

但如果要实现输出的结果是

$$$$$
&&&&&

或

#####
&&&&&

或

#####
$$$$$

应该注意下面几点：

知识点 1：本程序是一个含有双分支选择结构的嵌套结构,这种结构比较典型的问题是 else 如何与 if 配对。C/C++规定"与 else 配对的 if 是最近的还未与其他 else 匹配的 if"。因此程序中的 else 在没进行修改之前应该与 if(x==5)配对,整个内层的 if-else 结构,即♯007 行到♯010 行是外层 if(y==8)条件为真时要执行的语句。条件"y==8"为假,执行

内层 if-else 下面的#011行，所以程序输出"&&&&&"。如果想让程序输出"$$$$$"和"&&&&&"，else 就应该与外层的 if 匹配，即要把#007行和#008行用{}扩起来，这样内层的 if 变成一个单分支的选择结构。这时条件"y==8"为真时执行的是#007和#008行。现在条件"y==8"为假，所以执行#009行的 esle，进而执行#010行输出"$$$$$"。#011行是整个 if 结构之后的，应该顺序执行它，从而继续输出"&&&&&"。修改后的 if 结构如下：

```
#006    if(y==8)
#007        {if(x==5)
#008         printf("#####\n");}
#009    else
#010        printf("$$$$\n");
```

知识点 2：现在因为"y==8"这个条件为假，所以不管 else 与哪个 if 匹配，都不会执行到#008行。如果想让程序输出"#####"，外层的 if 条件必须为真，因此把判断条件修改成"y==9"即可。这样两个 if 的条件都为真，所以就会输出"#####"。这时不管 else 与哪个 if 配对都可以实现输出"#####"。#011行是整个 if 结构之后的，应该顺序执行它，从而继续输出"&&&&&"。

知识点 3：如果想让程序输出"#####"和"$$$$"，要修改一下 else 的位置，并适当的增加{}，形成复合语句。下面是一种修改方法：

```
#006    if(y==9)
#007        {if(x==5)
#008         printf("#####\n"); printf("$$$$\n");}
#009    else
#010        printf("&&&&\n");
```

4 循环程序设计实验

4.1 程序基础练习

(1) loop1.c 是一个 while 循环,循环控制变量 x=1 到 x=9,在循环过程判断 x 是否能被 2 整除,把能被 2 整除的 x 打印出来。结果为

2 4 6 8

(2) loop2.c 是一个 while 循环,循环的次数未知,每次循环检查输入的数是否为-1,如果是-1 循环结束,否则继续循环。在循环过程中把输入的数累加起来。下面是循环 5 次之后输入了-1 的结果。

please input your grade:
3 4 5 6 7 -1
sum=25

(3) loop3.c 是一个 do-while 循环,循环控制变量为 n,它从 5 开始,每次把它累乘到 p 中,p 从 1 开始。每累乘一次,n 减 1,直到 n<=0 为止。即只要 n>0,循环继续。计算结果为:

p=120

(4) loop4.c 是一个双重循环,外层循环 i 从 1 到 5,步长为 1,内层循环的 j 从 1 到 i,步长为 1,每次循环输出一个星号。程序的运行结果如下:

*
**
***
****

(5) loop5.c 是一个双重循环,外层循环 i 从 0 到 4,步长为 1,内层循环的 j 从 0 到 4-i,步长为 1,每次循环输出一个星号。程序的运行结果如下:

*****
****
***
**
*

(6) loop6.c 是一个单重循环,循环体是一个多分支的选择结构,它根据循环控制变量 i 的值不同进入到不同的分支。但只有 4 个分支,i=1,4,6 时有对应的分支,其他属于默认分支。运行结果为:

```
the value of x is 1
the value of x is neither 1,4 nor 6
the value of x is neither 1,4 nor 6
the value of x is 4
the value of x is neither 1,4 nor 6
the value of x is 6
the value of x is neither 1,4 nor 6
the value of x is neither 1,4 nor 6
the value of x is neither 1,4 nor 6
the value of x is neither 1,4 nor 6
```

(7) loop7.c 是一个 for 循环,循环控制变量 x 从 1 到 10,每次循环输出 x 的值,但在循环过程中时刻在监控 x 是不是等于 7,如果 x==7 break,循环结束。因此运行结果为

```
1 2 3 4 5 6
```

break 操作强行地跳出循环,破坏了结构化单入口单出口的特征。因此不使用 break 也应该可以达到同样的效果。下面是一种替代的解决方案:

```
#001    int x;
#002    for( x=1; x <=10 && x!=7; x++){
#004        printf("%d\n",x);
#005    }
```

(8) loop8.c 是一个 for 循环,循环控制变量 x 从 1 到 10,每次循环输出 x 的值,但是 x 为 3 时跳过,执行下一次循环。因此运行结果为

```
1 2 4 5 6 7 8 9 10
```

continue 操作强行跳过一次循环,破坏了结构化单入口单出口的特征。因此不使用 continue 也应该可以达到同样的效果。下面是一种替代的解决方案:

```
#001    int x;
#002    for( x=1; x <=10 ; x++){
#003        if(x !=3)
#004            printf("%d\n",x);
#005    }
```

(9) loop9.c 编译是没有错误的,但运行却看不到结果,为什么呢?仔细查看第一个累加求和的循环♯006 行至♯009 行,发现 while 的循环条件 n<=100 永远为真,造成了死循环,所以运行时不能离开循环而看不到结果。为什么 n<=100 永远为真呢?因为累加求和 s+=n 与循环控制变量 n++ 没有用{}括起来的缘故。同样第二个计算 10!的循环也缺少{},并且还缺少 n--。两个循环一个是累加,另一个累乘,它们的初始值都存在问题。累加变量 s 没有初始化,累乘变量 p 的初始值是错误的。下面是完整的修改版。

```
#001 #include<stdio.h>
#003 int main(void){
#005     int n=1,s=0;
```

```
#006        while (n<=100){        //求 100 以内的自然数和
#007            s+=n;
#008            n++;
#009        }
#010        printf("%d\n",s);
#012        n=10;
#013        int p=1;
#014        while(n>1){             //求 10!
#015            p*=n;
#016            n--;
#017        }
#018        printf("%d\n",p);
#020        return 0;
#021    }
```

(10) loop10.c 编译运行之后可以看出输出的是输入的字符数。如果要判断输入的字符是什么字符,是数字字符还是字母字符需要使用判断函数 isdigit 和 isalpha,它们都需要一个字符参数,因此要把 getchar 获得的字符暂存到字符变量 c 中。修改版本如下:

```
#001 #include<stdio.h>
#002 #include<ctype.h>
#004 int main(void){
#006     int c,n,digitals=0,alphas=0;
#008     for(n=0;(c=getchar())!=10;n++)
#009     {
#010        if(isdigit(c)) digitals++;
#011        if(isalpha(c)) alphas++;
#012     }
#014     printf("characters:%d digitals:%d alphas:%d\n",n,digitals,alpha);
#016     return 0;
#017 }
```

从程序中可以看到,for 循环的循环条件是键盘输入的字符的 ascii 码不是 10,即不是回车符,当输入回车符时循环结束。

4.2 程序改错

(1) loopErr1.c

```
#001     int i;
#002     int a,min;
#003     scanf("%d",&a);
#004     min=a;
#005     while(i<=9);
#006     {
#007        if(min>a)
```

```
#008            min=a;
#010        };
```

要实现从键盘输入 10 个整数求最小值,但有错误,具体应该注意下面几点:

知识点 1:为了便于阅读,while 循环结构一般写成多行,第一行是 while(判断条件),但这行不是一条语句,它的结尾不能加分号。后面跟一个{ }括起来的复合结构,其中可以包含多条语句,在{ }末尾不用加分号,加上也不错。因此应该把♯005 行和♯009 行末尾的分号删除。

知识点 2:每个循环都有一个变化的量来控制循环是否应该结束,即循环控制变量。循环控制变量必须要初始化,即有个开始值,在一次循环做完之后循环控制变量还必须要变化,即更新,如果始终不变,循环就不会结束。因此程序中的循环控制变量 i 要初始化,应该把 001 行的 i 初始化为 1。♯009 行要添加 i++。

知识点 3:程序中要输入 10 个数据,在 003 行已经输入了一个,并用它作为最小值 min 的初始值。每次循环要做的事情是输入一个新的 a,然后把 a 和 min 做比较,如果 a<min 则用 a 作为 min,否则再循环下一次。因此程序中的循环内部缺少一条输入数据语句。应该在♯007 行之前插入一条与♯003 行相同的语句,输入新的 a 值。

(2) loopErr2.c

```
#001    int i,s;
#002    for(i=100;i<1;i+=2);
#003        s+=i;
#004    printf("%d",s);
```

要实现 100 以内的偶数之和,但有错误,具体应该注意下面几点:

知识点 1:为了便于阅读,for 循环的第一行是 for(循环变量初始化;判断条件;循环变量更新),但这一行不是一条语句,因此不能在末尾添加分号。如果在 for(;;)的末尾加了分号,则会造成一个空循环,会导致程序中的♯003 行不属于 for 循环结构了。

知识点 2:如果循环控制变量的值从大到小变化,循环变量的更新应该使循环变量的值逐渐减少。因此♯002 行的 i+=2 应该改成 i-=2。判断条件应该是循环变量大于某个比较小的终值,不应该小于终值。程序中♯002 行中的判断条件,一开始就不满足,因此一次循环体都不会执行。

知识点 3:累加某个量的累加器一定要初始化。程序中♯001 行的 s 应该初始化为 0。

(3) loopErr3.c

```
#001 #include<stdio.h>
#002 #include<math.h>              //for fabs()
#004 int main(void){
#006    double e=1;                //初始值为第一项
#007    long i=1;                  //第 2 项的 i 为 1
#008    long product=1;            //1!
#009    const double eps=.1e-7;    //小数后第 8 位
#011    //前 i 项之和与前 i-1 项之和的误差为 i!的倒数
#012    while( fabs(1/product) <eps)
```

```
#013        {
#014            e +=1/product;          //前 i 项之和
#015            i++;                    //下一项的 i
#016            product *=i;            //下一项的 i!
#017        }
#018        printf("approximate of e: %.8f\n", e); //最后输出符合精度的 e 值
#020        return 0;
#021   }
```

要实现 e＝ 1 ＋ 1/1！＋ 1/2！＋…＋ 1/n！的近似值计算，但有错误，具体应该注意下面几点。

知识点 1：两次相邻的计算结果之差比给定的误差精度大意味着还不符合误差精度的要求，还要继续进行计算，因此误差控制的循环的判断条件应该是相邻两次计算的结果之差大于给定的精度。程序中的♯012 行应该改为 while(相邻计算结果之差＞eps)。

知识点 2：本题是使用公式 1＋1/1！＋1/2！＋…，求数学常数 e 的近似值，最初 e 的值是第一项 1，每计算一次增加一项，两次相邻的结果之差刚好是 1/i！，在数学上这样写是没问题的，但现在要写成 1.0/i！，因为 1/i！在数学上是一个纯小数，但在程序设计中整数相除还得整数，结果会是零。因此♯012 行应该改为 while(fabs(1.0/product)＞eps)，♯014 行也应该改为 e＋＝1.0/product。

(4) loopErr4.c

```
#001 #include<stdio.h>
#002 int main(void){
#004       int i,j;
#005       printf("out  in  in  in  in\n");
#006       for(i=0;i<3;i++)
#007           printf("%d  ",i);
#008           for(i=0;i<4;i++)
#009               printf("%d  ",i);
#011       return 0;
#012 }
```

要实现输出下面的结果：

```
out   in   in   in   in
0     0    1    2    3
1     0    1    2    3
2     0    1    2    3
```

但程序有错误，具体应该注意下面几点：

知识点 1：程序中使用了 for 循环嵌套，内外层循环的控制变量不能用相同的名字，否则就会出现混乱。程序中的内外循环用了相同的 i，应该改为不同的变量名，如内循环用 j。

知识点 2：循环嵌套一定要清楚内循环做什么，循环体有哪些语句，外循环做什么，循环体包含什么。程序中的内循环体只有一条语句♯009 行，每次输出一个 i 值和一个空格，循环 4 次，会得到一行。按照要求的运行结果，外循环的循环体应该包含哪些呢？外循环应该

包含3件事：一是输出每行的第一个数，即 0、1、2 等；二是执行内循环输出一行的其他数字；三是输出一个回车换行。而且这3部分要用{ }括起来。对照一下程序可以发现，有两个地方不满足：一是缺少{ }；二是缺少输出回车换行。正确的程序如下：

```
#006      for(i=0;i<3;i++){
#007          printf("%d  ",i);         //输出行头
#008          for(j=0;j<4;j++)          //输出行的其他数字
#009              printf("%d  ",j);
#010          printf("\n");}            //输出换行
```

5 函数程序设计实验

5.1 程序基础练习

(1) func1.c

该程序中定义了两个函数,void f1(void)和 void f2(int),在 main 中调用 f1,在 f1 的执行过程中 x=5 作为实参传给 f2,再调用 f2,f2 把 x+5 输出,然后返回到 f1,再输出 x 的值 5。

程序执行的结果是：

10
5

(2) func2.c

该程序中定义了一个函数 int mystery(int x, int y, int z),在 main 中使用了两组不同的实参调用了它。调用 mystery 时,从三个数中找出了最大值并返回给 main,输出了调用的结果。

程序执行的结果是：

3
3

(3) func3.c

该程序中定义了三个函数,分别是 void f(int)、void g(void)和 void h(void)。还有一个全局变量 i 初始化为 0(默认的)。在函数 f 中有一个形参 i 为自动变量。在函数 g 中有一个局部的静态变量 i=2,在选择结构中还有一个局部自动变量 i,初始化为 1。在函数 h 中没有局部变量,但是仍有对 i++的操作,因此 h 中的 i 是访问全局的 i。本程序涉及变量的作用域,变量的生命期,包括全局变量,局部自动变量,静态变量等。

在函数 main 中先打印出全局变量 i 的值,应该是 0。再 i 增加 2,把 i 作为实参传给 f,在 f 中输出这个 i 的值是 2。再调用函数 g,在 g 中的静态变量 i 为 2,接着指行一个选择判断结构,其中 i 初始化 1,接着在选择结构之后给 i++,这个 i 应该是静态的 i。再调用 h,对全局的 i++,再重复调用两次 g,这时静态的 i 会在上一次调用基础上计算,而选择结构中的局部自动变量重新开始。

程序执行的结果是：

main:0
f:2
g:if:1
g:3
h:3

```
g:if:1
g:4
g:if:1
g:5
```

(4) func4.c

该程序定义了一个函数 void swap(int ,int)。在主函数中以 x＝1 和 y＝2 为实参调用了 swap，在 swap 中对传来的 1 和 2 进行交换，然后返回，由于函数的参数传递是单向的传值，所以交换的结果不能返回到 main 函数中。因此调用 swap 之后再次打印 x 和 y 的值仍然为 1 和 2，其值保持不变。

5.2 程序改错

(1) funcErr1.c

```
#001 float triangleArea(float base, height)
#002 float product;{
#004     product=base * height;
#005     return ( product/2);
#006 }
```

要计算三角形的面积，但其中有错，具体要注意下面几个问题：

知识点 1：函数定义由函数头和函数体组成。函数头又由三部分组成：返回类型、函数名和括号中的参数列表。参数列表中的每个参数要单独说明，因此函数 triangleArea 的参数列表应该改成(float base,float height)。

知识点 2：函数体中用到的局部变量不能在{ }之外，因此＃002 行与＃003 行应该互换一下。

(2) funcErr2.c

```
#001 void g(void){
#003     printf("Inside function g\n");
#004     void h(void)
#005     {
#006         printf("Inside function h\n");
#007     }
#008 }
```

的代码有错误，注意：

知识点：函数的定义不能嵌套，不同的函数应该独立定义。因此＃004 行到＃007 行的函数 h 应该位于＃008 行之后，当然也可以位于函数 g 之前。

(3) funcErr3.c

```
#001 #include<stdio.h>
#002 int main(void){
#004     int b=10;
```

```
#005        f(int b);
#006        return 0;
#007 }
#008 int f(int a){
#010        printf("ok\n");
#011        return a;
#012 }
```

代码有误,具体要注意下面几个问题:

知识点 1:函数要先定义后使用。函数 f 的定义位于♯008 行,而在♯005 行使用了它,这时编译器就会说函数 f 没有定义。修改的方法有两种:一种是把函数定义♯008 到♯011 放到 main 函数的前面;另一种方法是使用函数原型在 main 函数前面先声明要使用的函数。

知识点 2:函数调用的形式是函数名(实参),其中实参是已经存在的变量或常量,也可以是其他运算的结果。♯005 行的函数调用中 int b 不是实参的形式,不能在这里使用 int 来声明 b,应该在使用它之前定义好。另外函数 f 是有返回值的,在调用的时候一般也要有一个变量来接收函数调用的返回结果,或者直接使用输出函数 printf 输出调用结果。两个方面合起来,修改如下:

```
#002 int f(int);
#003 int main(void){
#004        int b=10,result;
#005        printf("%d\n",f(b));
#006        return 0;
#007 }
#008 //函数 f 的定义略
```

(4) funcErr4.c

```
#001 int sum( int x, int y){
#003        int result;
#004        result=x +y;
#005 }
```

返回两个整数的和,但代码有误,具体要注意下面的问题:

知识点:如果函数的返回值类型不是 void,函数体中至少要有一个 return 语句返回计算结果。因此上面的这个函数缺少 return 语句,即"return result;"。

(5) funcErr5.c

```
#001 void f(float a);{
#003        float a;
#004        printf("%f\n",a);
#005 }
```

是简单的函数定义,但有错误,具体要注意下面的问题:

知识点 1:函数定义的头不是一条语句,所以它的末尾不能加分号,但函数原型声明是一条声明语句,末尾是要加分号的。因此♯001 行末尾的分号应该去掉。

知识点 2：函数的形参当函数调用发生时也是一个变量，在函数体内部不能再定义与形参相同的局部变量。因此 #003 行的内容应该删除。

(6) funcErr6.c

```
#001 int product(int n){
#003     if (n>=0)
#004         return 1;
#005     else
#006         return (n * product( int n));
#007 }
```

是函数的递归定义，但代码有误，具体要注意：

知识点：递归函数有两种情况要表达：一是基本情况，是递归停止的条件；二是递归调用，把函数转换成一个同自身形式相同但规模变小的函数调用。#003 行是基本情况，但条件不对，因为任何自然数都会大于等于 0，应该改为 n==0。#005 行是递归调用，调用的参数是实参，要比现在的规模小，所以 #006 行的调用应该改为 product(n-1)。

(7) funcErr7.c

```
#001 #include<stdio.h>
#002 void product(void) {
#004     int a,b,c;
#005     scanf("%d %d %d", &a, &b, &c);
#006     result=a * b * c;
#007     printf("result is %d\n",result);
#008     return result;
#009 }
#011 int main(void)    {
#013     int a;
#014     a=product();
#015     printf("%d\n",a);
#016 }
```

这个程序没有什么语法错误，但函数 product 内容过多，具体要注意：

知识点：一个函数的功能应该尽可能单一、简单。程序中的函数 product 本来想实现三个数相乘的功能，但其中又包含了输入数据和输出结果的功能，使得 product 显得很臃肿。一般输入数据应该通过参数传递，输出结果应该放在调用者那里，product 只是求乘积，求得的结果返回给调用者即可。因此，可以修改成下面的形式

```
#001 #include<stdio.h>
#002 int product(int a,int b,int c) {
#004     return (a * b * c);
#009 }
#011 int main(void)    {
#013     int a,b,c;
#014     scanf("%d %d %d", &a, &b, &c);
```

```
#015        printf("%d\n",product(a,b,c));
#016        return 0;
#017   }
```

这样函数 product 的定义就名副其实了。

6 数组程序设计实验

6.1 程序基础练习

(1) array1.c

程序给出了一维数组的基本用法,包括一维数组的定义声明,一维数组元素的引用以及一维数组作为函数的参数。程序运行时把一维整型数组 b[10]={3,4,5,6,3,7,6,8,5,8}作为实参传给求和函数 sum,在这个函数中一维数组的元素被累加求和,结果返回给主函数然后输出。注意,程序中函数 sum 的数组参数仅供累加求和,不允许被修改,因此数组参数被 const 限定,以保证在函数中不被修改。

(2) array2.c

程序给出了二维数组(含一维数组)的基本用法,包括二维数组的定义声明,二维数组元素的引用以及二维数组作为函数的参数,还包括一维数组作为函数的参数,并且通过函数调用产生一维数组的数据。程序运行时把一个 M 行 N 列的二维整型数组 a[M][N]={3,4,5,6,3,7,6,8,5,8,3,6,5,6,2}和没有数据的实型的平均值数组 ave 作为实参传给求二维数组每行的平均值函数 average,在这个函数中二维数组的每一行又作为一个一维数组实参给求和函数 sumrow 累加求和,返回的结果求出行元素的平均值赋值给 ave 数组的一个元素,所有的行处理完毕之后返回到主函数输出平均值结果。

注意:这个练习中把二维数组传给求平均值函数,通过另一个一维数组带回平均值计算结果是数组作为函数的参数基本用法。

主教材程序中#012 行还包含一个全局变量 x,它用于简单的统计数组的函数。

程序的运行结果是

```
1 : 4.00
2 : 5.33
3 : 6.33
4 : 5.67
5 : 4.33
the number of ave<=4 : 1
```

这个练习还要求对 array2.c 进行分解,建立一个工程对它们进行管理。把 array2.c 分解为三个文件,它们是 funcs.c、funcs.h、main.c,分别加入到所建的工程 array2 中,编译链接运行,得到相同的运行结果。

其中 funcs.c 中包含一些可以在其他程序中使用的函数定义以及只限于 funcs.c 中使用的工具函数,不包含主函数。

funcs.h 中包含宏定义、全局变量的定义、那些可以在各个程序中使用即外部函数的原型声明。

全局变量 x 本来是在 funcs.h 中定义声明的,但在 main.c 中用#include 嵌入之后,就相当于在 main.c 中定义的了,但要在 funcs.c 中使用,应该在 funcs.c 声明为外部变量。

二维数组的行求和函数 int sumrow(int av[], int col) 是求平均值函数的工具函数(也叫私有函数),限定它只能在 funcs.c 中调用,应该定义为 static 函数。

工程 array2 的具体建立如下:

funcs.h

```
#001 #ifndef FUNCS_H
#002 #define FUNCS_H
#003 #define M 5
#004 #define N 3
#005 //函数原型
#006 void average(const int a[][3], float ave[], int row, int col);
#007 //int sumrow(const int av[], int col);
#008 int x;              //全局变量
#009 #endif              //FUNCS_H
```

funcs.c

```
#001 extern int x;
#002 //每行元素求和
#003 static int sumrow(const int av[], int col){
#004     int j,sum=0;
#005     for(j=0;j<col;j++)
#006         sum+=av[j];              //累加
#007     return sum;
#008 }
#009 //求二维数组每行的平均值
#010 void average(const int a[][3], float ave[], int row, int col)
#011 {
#012     int i;
#013     int sum;
#014     for(i=0;i<row;i++){
#015         sum=sumrow(a[i],col);//每行求和初始化
#016         ave[i]=(float)sum/col;
#017         if(ave[i]<=4)
#018             x++;                 //统计平均值不超过4的行数
#019     }
#020 }
```

main.c

```
#001 /*
#002  * array2.c:二维数组和一维数组的基本应用
#003  */
#004 #include<stdio.h>
#005 #include"funcs.h"
#007 int main(void){
```

```
#009        int i;
#010        int a[M][N]={3,4,5,6,3,7,6,8,5,8,3,6,5,6,2};
#011        float ave[M];
#012        average(a,ave,M,N);                        //数组作为函数的实参的函数调用
#013        for(i=0;i<M;i++)                           //输出结果
#014            printf("%d : %.2f\n", i+1, ave[i]);
#016        printf("the number of ave<=4 : %d \n",x);  //平均值不超过 4 的行数
#018        return 0;
#019    }
```

(3) array3.c

程序给出了字符数组和字符串的基本用法。程序运行时把一个用字符数组表示的字符串和一个特别的字符作为实参传给函数 squeeze,在这个函数中对字符串进行整理,遇到特别字符时跳过,结果还在字符数组中,函数调用之后字符数组中滤掉了特别字符,通过参数带回给主函数,在主函数中再调用 prints 函数把结果字符串打印出来。

程序中给定的字符串是"choose a character, chance is coming!",特别字符是'c',因此程序运行结果为:

hoose a harater, hane is oming!

6.2 程 序 改 错

(1) arrayErr1.c

```
#001    #include<stdio.h>
#002    int func(int a[], int);        //函数原型声明
#003    int main(void){
#005        //10 个整数存储在数组 a 中,初始化为 0
#006        int i,a[10]={0};
#007        //修改每个元素的值为下标加 1
#008        for(i=0;i<=10;i++)
#009            a(i)=i+1;
#010        //打印函数 func 的返回结果
#011        printf("%d\n",func(a[10],10));
#012        //打印数组名 a 的值
#013        printf("%d\n",a);
#014        //打印数组 a 中所有元素的值
#015        printf("%d\n",a[10]);
#016        return 0;
#017    }
#019    //把数组 a 的元素求和,返回求和结果
#020    int func(int a[],int size)
#021    {
#022        int i,b=0;
#023        for(i=1; i<=size; i++)
```

```
#024            b +=a[i];
#025            return b;
#026       }
```

该程序是关于一维数组的声明及应用的基本实例,但有误,具体要注意下面几点:

知识点1:一维数组是把一组同类型的数据连续的存储起来,因此访问(读写)它的元素可以使用下标运算。下标运算是一对方括号,不是圆括号,因此#009行的a(i)应该改成a[i]。

知识点2:一维数组可以作为函数的参数。一维数组的形参是只需使用数组名加[ ],方括号里不需要写数组的大小,编译器只需要知道它是数组,不关心它的大小。一维数组的实参只需使用数组名,即把一维数组的首地址传给形参。关于一维数组的大小应该使用另外的参数传递,正如程序中的函数func的第2个参数size所起的作用那样。因此,程序中#011行调用函数func的数组实参a[10]是错误的,应该改为a。

知识点3:一维数组中包含多个数据,用数组名代表这组数据在内存中的起始地址。如果要打印一个数组名的值,只能把它所代表的地址值打印出来。程序中#013行会打印出数组a的起始地址(注意这里是十进制的地址,如果想获得十六进制的地址应该用%p)。C/C++不支持一维数组的整体输出,必须使用一个循环把一维数组中的元素逐个输出。因此程序中的#015行不能实现输出数组a的所有元素,应该改为

```
for(i=0;i<10;i++)
    printf("%d ",a[i]);       //每个元素的值用空格隔开
printf("\n");                 //换行
```

知识点4:C/C++编译器对于一维数组的越界访问是不检查的,必须由程序员自己检查。程序中#008行的循环0到10越界了,元素a[10]不是一维数组a的元素,a数组的元素下标是从0到9。因此应该修改循环的条件为i<10。同样023行的循环也越界了,数组a的下标应该从0到9,应该把循环控制变量i的初始值改为0,循环条件改为i<size。

(2) arrayErr2.c

```
#001 #include<stdio.h>
#002 int func(int a[][],int,int);        //函数原型声明
#003 int main(void){
#005       int i,j,s=0;
#006       //有10行2列的20个整数数据存储在数组a中
#007       int a[10][]={0,1,3,4,5,5,6,7,7,8,
#008                    8,9,9,3,4,6,3,3,5,3};
#010       //a的所有元素求和
#011       for(i=0;i<=10;i++)
#012         for(j=0;j<2;j++)
#013            s +=a[i,j];
#014       //打印求和结果
#015       printf("%d \n",s);
#017       //调用函数func
#018       func(a[10][],10,2);
```

```
#019        //把数组 a 按照 10 行 2 列的格式打印
#020        for(i=0;i<=10;i++)
#021          for(j=0;j<2;j++)
#022            printf("%d ",a(i,j));
#023          printf("\n");
#025      return 0;
#026    }
#027 //函数 func 把数组 a 中下标之和能被 2 整除的元素修改为 1
#028 void func(int a[][],int row, int col){
#030      int a[][2],row,col;
#031      for(i=0;i<=row;i++)
#032        for(j=0;j<col;j++)
#033          if((i+j)%2==0)
#034            a[i,j]=1;
#035    }
```

程序是二维数组的声明及应用的基本实例,但有错误,具体要注意下面几点:

知识点 1：二维数组在逻辑上是几行几列,但在物理上仍然是线性存储的,为了把逻辑上的行列映射到线性的存储空间上,必须知道每行的列数。因此在二维数组的定义中行数可以省略,但列数不可以省略。行数会根据实际数据的多少计算。因此程序中♯007 行的二维数组 a 的定义应该改成 a[10][2] 或 a[ ][2]。

知识点 2：二维数组的所有元素的遍历需要一个二维循环,外层按行循环,内层按列循环,外层循环每走一行,内层循环要遍历所有各列。行下标和列下标均是从 0 开始,在遍历的时候同一维数组一样也容易越界。程序中的♯011 行、♯020 行和♯031 行越界了,循环条件应该改为 i<10 和 i<row。二维数组的元素用双下标来确定,要使用两个连续的方括号分别框住行下标和列下标,即 a[i][j],不能写成 a[i,j],也不能写成 a(i,j)。程序中的♯013 行、♯022 行和♯034 行的二维数组元素访问都是错误的写法。

知识点 3：二维数组作为函数的参数与一维数组不完全相同。二维数组作为函数的参数同样必须要明确数组的列数,列数不可以省略,行数可以忽略。♯028 行的函数的形参 int a[ ][ ] 应该改为 int a[ ][2],只有这样编译器才能知道这个二维数组在内存中是怎么存放的。二维数组作为函数的参数,函数调用时的实参仍然只需要用二维数组的名字,因此♯018 行的函数调用应该改为 func(a,10,2)。

7 指针程序设计实验

7.1 程序基础练习

(1) 设有"float x，y；x=10.1；"，下面的每条语句完成一个任务：
① float ∗fPtr；//把变量 fPtr 声明为指向 float 类型变量的指针
② fPtr=&x；//让 fPtr 指向 x
③ printf("%f"，∗fPtr)；//打印 fPtr 所指向的变量的值
④ fPtr=&y；//让 fPtr 指向 y
⑤ printf("%f"，∗fPtr)；//打印 y 的值
⑥ printf("%p"，&x)；//用占位符%p 打印 x 的地址
⑦ printf("%p"，fPtr)；//打印存储在 fPtr 中的地址

(2) 设有数组

int a[10]={1,2,3,4,5,6,7,8,9,10};

下列每条语句完成了一个任务，注意后一步可能用到了前一步的结果：
① int ∗nPtr=a；//声明一个指针 nPtr 指向 a
② nPtr+=4 指向 5 //nPtr+=4 指向哪个元素？
③ 上题 nPtr 的值是 6016 //如果 a 的首地址是 6000，步骤②中的 nPtr 的值是多少？
④ a+2 是 6008 //a + 2 是多少？
⑤ 步骤②中 nPtr-=2 指向 2 //步骤②中 nPtr-=2 指向了哪个元素？
⑥ 对于步骤①中的 nPtr，nPtr[1]是 2 //对于 a) 中的 nPtr，nPtr[1]是什么？

(3) pointer3.c

用指针代替数组之后函数定义如下：

```
#001  int sum_array(int * a, int n)
#002  {
#003      int i, sum;
#004      sum=0;
#005      for (i=0; i<n; i++)
#006          sum += * (a+i);
#007      return sum;
#008  }
```

(4) pointer4.c

该程序使用了指向数组的指针间接访问了数组中的元素。程序中分别用指针 p 和 q 指向数组 a 的第一个元素和最后一个元素，然后用它们间接访问该元素，进行交换。然后循环使指针 p++，q--，继续同样的操作，循环结束后使数组 a 的内容逆序。程序执行结果是：

10 9 8 7 6 5 4 3 2 1

(5) pointer5.c

程序中包含各种指针++或--与间接引用结合在一起的操作。要特别注意下面几行：

```
#008    printf("%d, %d\n", p-a, * (++p));    //p右移之后取出元素2
#009    printf("%d, %d\n", p-a, * ++p);      //由结合性，p右移之后取出元素3
#010    printf("%d, %d\n", p-a, * (p--));    //先取出p指向的元素3，再减1
#011    printf("%d, %d\n", p-a, * p++);      //先取出p指向的元素2，再加1
```

其中包含了指针++和--运算与间接引用运算*的混合运算，由于它们的优先级相同，所以要使用它们的结合性（自右向左）来判断执行的顺序。同时还要注意函数的参数从右向左处理。

整个程序的执行结果是：

```
0, 1                              2, 3
1, 2                              2, 3
2, 3                              2, 4
1, 3                              2, 5
2, 2                              2, 5
```

(6) pointer6.c

程序中包含了指针访问二维数组元素的各种方法：二维数组名常指针、列指针、行指针、指针数组等，要区分几种不同的指针的含义和使用方法。程序执行的结果是：

```
1 2 3 4 5 6
1 2 3 4 5 6
2 4 6 8 10 12
2 4 6 8 10 12
```

7.2 程序改错

(1) ptrErr1.c 是指针初始化问题。

```
#001    int * number;
#002    printf("%d\n", * number);
```

知识点：指针型变量必须初始化才有意义。整型指针 number 是一个指针变量，但它没有赋值任何存储空间的地址，所以#002行的 * number 属于非法操作。

(2) ptrErr2.c 是指针类型问题。

```
#001    float x, * realPtr=&x;
#002    long n, * integerPtr=&n;
#003    integerPtr=realPtr;
```

知识点：指针变量是有类型的。一个指针变量只能指向同类型的存储空间。因此

#003 行的赋值语句造成整型指针 integerPtr 指向 float 类型的 x,这是错误的。

(3) ptrErr3.c 指针赋值问题。

```
#001     int * x, y=10;
#002       x=y;
```

知识点：指针变量必须赋值某个同类型变量的地址值。#002 行应该改为 x=&y。

(4) ptrErr4.c 是指向字符数组的指针问题。

```
#001     char s[]="this is a character array";
#002     int count;
#003     for(; * s!='\0'; s++)
#004        printf("%c", * s);
```

知识点：一维数组名是数组存储空间的首地址,但它是一个常量,不可以被修改。因此直接进行 s++ 运算是错误的,可以再定义一个字符型指针变量 sPtr,让 sPtr 指向 s。对于 sPtr 就可以使用 sPtr++ 了。代码修改为

```
#001     char s[]="this is a character array";
#002     char sPtr=s;
#003     for(; * sPtr!='\0'; sPtr++)
#004        printf("%c", * sPtr);
```

(5) ptrErr5.c 是 void 指针问题。

```
#001     short num=10, * numPtr=&num, result;
#002     void * genericPrt=numPtr;
#003     result= * genericPrt +7;
```

知识点：void 类型的指针可以指向任何类型的变量,只是临时保存其他类型的指针,但不可以间接引用,#003 行的间接引用是错误的。

(6) ptrErr6.c 指针变量的引用问题。

```
#001     float x=19.35;
#002     float xPtr=&x;
#003     printf("%f\n", xPrt);
```

知识点：声明一个指针变量必须使用星号 *,#002 行应该改为 float * xPtr=&x。通过指针访问某个变量也必须使用星号,#003 行输出 xPtr 应该改为 * xPtr,它表示读出 xPtr 指向的变量的值。

(7) ptrErr7.c 是指向字符串的指针初始化问题。

```
#001     char * s;
#002     printf("%s\n", s);
```

知识点：指针必须初始化才能使用。#001 行的指针 s 没有指向任何空间,可以改为 char * s="hello",不然 #002 行输出 s 所指向的字符串没有意义。

(8) ptrErr8.c 是指针作为函数的参数问题,实参的形式问题。

```
#001    int sum(int * a, * b)
#002    {
#003        return a+b;
#004    }
#005    int main(void)
#006    {
#007        int x=5, y=7;
#008        printf("%d\n",sum(x,y);
#009        return 0;
#010    }
```

知识点：指针作为函数的形参，对应的实参必须是一个地址值。#008 行的 sum(x,y) 应该改为 sum(&x,&y)。

(9) ptrErr9.c 是指针作为函数的参数问题，实参可以是数组。

```
#001    int sum_array(int * a, int n)
#002    {
#003        int i, sum;
#004        sum=0;
#005        for (i=0; i<n; i++)
#006            sum +=a[i];
#007        return sum;
#008    }
#009    int main(void)
#010    {
#011        int a[]={1,2,3,4,5,6,7,8,9,10};
#012        printf("%d\n",sum_array(&a));
#013        return 0;
```

知识点：指针作为函数的参数，对应的实参可以直接是数组名，但数组名不能再取地址。#012 行的函数调用应该改为 sum_array(a,10)。

(10) ptrErr10.c 是指针作为函数的参数，指针变量的引用问题。

```
#001    void swap(int * a, int * b)
#002    {
#003        int temp;
#004        temp=a; a=b; b=temp;
#005    }
```

知识点：指针作为函数的参数，在函数中不能直接交换两个指针变量，应该交换它们所指向的内容。#004 行应该改为 "temp=*a;*a=*b;*b=temp;"。

8 结构程序设计实验

8.1 程序基础练习

本实验的基础训练计时器模拟程序 clock.c 中的时、分、秒是独立的整型变量声明的，而且是全局变量，这样在各个函数中它们就被共享了，使得一个地方修改了，另一个地方也会自然发生变化。本练习要求使用时分秒组成的结构 CLOCK，修改 clock.c，并要求修改成两个版本：一是全局变量版，即定义一个 CLOCK 全局变量；二是参数传递版，即把各个函数需要的 CLOCK 类型的数据通过参数传递给函数。

(1) 全局变量版

```
#001 #include  <stdio.h>
#003 struct clock{
#005     int hour;
#006     int minute;
#007     int second;
#008 };
#009 typedef struct clock CLOCK;
#011 void Update(void);
#012 void Display(void);
#013 void Delay(void);
#015 CLOCK myclock;                      /*全局变量声明*/
#017 int main(void){
#019     long i;
#020     myclock.hour=myclock.minute=myclock.second=0;
#021     for (i=0; i<100000; i++){        /*利用循环结构,控制时钟运行的时间*/
#023         Update();                    /*时钟更新*/
#024         Display();                   /*时间显示*/
#025         Delay();                     /*模拟延时1秒*/
#026     }
#027     return 0;
#028 }
#029 /*
#030    函数功能:时、分、秒时间的更新
#031    函数参数:无
#032    函数返回值:无
#033 */
#034 void Update(void){
#036     myclock.second++;
#037     if (myclock.second==60) {        //若myclock.second值为60,表示已过1分钟
```

```
#039         myclock.second=0;
#040           myclock.minute++;
#041       }
#042       if(myclock.minute==60) {    //若 myclock.minute 值为 60,表示已过 1 小时,
#043           myclock.minute=0;
#044           myclock.hour++;
#045       }
#046       if(myclock.hour==24)        //若 myclock.hour 值为 24,myclock.hour 从 0 开始计时
#048           myclock.hour=0;
#050   }
#051   /*
#052       函数功能:时、分、秒时间的显示
#053       函数参数:无
#054       函数返回值:无
#055   */
#056   void Display(void){              /* 用回车符'\r'不换行,控制时、分、秒显示的位置 */
#058       printf("%2d:%2d:%2d\r", myclock.hour, myclock.minute, myclock.second);
#059   }
#060   /*
#061       函数功能:模拟延迟 1 秒的时间
#062       函数参数:无
#063       函数返回值:无
#064   */
#065   void Delay(void){
#067       long   t;
#068       for (t=0; t<90000000; t++) {;
#069       /* 循环体为空语句的循环,起延时作用 */
#071       }
#072   }
```

(2) 参数传递版

```
#001 #include <stdio.h>
#003 struct clock{
#005     int hour;
#006     int minute;
#007     int second;
#008 };
#009 typedef struct clock CLOCK;
#011 void Update(CLOCK *);
#012 void Display(CLOCK *);
#013 void Delay(void);
#015 int main(void){
#017     long i;
#018     CLOCK myclock;                  /* 创建一个结构对象 */
#019     myclock.hour=myclock.minute=myclock.second=0;
```

```
#020      for(i=0; i<100000; i++){        /*利用循环结构,控制时钟运行的时间*/
#022          Update(&myclock);            /*时钟更新*/
#023          Display(&myclock);           /*时间显示*/
#024          Delay();                     /*模拟延时1秒*/
#025      }
#026      return 0;
#027  }
#028  /*
#029      函数功能:时、分、秒时间的更新
#030      函数参数:无
#031      函数返回值:无
#032  */
#033  void Update(CLOCK * clockPtr){
#035      clockPtr->second++;
#036      if(clockPtr->second==60) {       //若clockPtr->second值为60,表示已过1分钟
#038          clockPtr->second=0;
#039          clockPtr->minute++;
#040      }
#041      if (clockPtr->minute==60) {      //若clockPtr->minute值为60,表示已过1小时
#043          clockPtr->minute=0;
#044          clockPtr->hour++;
#045      }
#046      if (clockPtr->hour==24)          //若clockPtr->hour值为24,则从0开始
#048          clockPtr->hour=0;
#050  }
#051  /*
#052      函数功能:时、分、秒时间的显示
#053      函数参数:无
#054      函数返回值:无
#055  */
#056  void Display(CLOCK * clockPtr)  /*用回车符'\r'不换行,控制时、分、秒显示的位置*/
#057  {
#058      printf("%2d:%2d:%2d\r", clockPtr->hour, clockPtr->minute, clockPtr->second);
#059  }
#060  /*
#061      函数功能:模拟延迟1秒的时间
#062      函数参数:无
#063      函数返回值:无
#064  */
#065  void Delay(void){
#067      long t;
#068      for (t=0; t<90000000; t++) {
#069      /*循环体为空语句的循环,起延时作用*/
#070          ;
#071      }
#072  }
```

8.2 程序改错

下面的程序有一些隐藏的错误,有的是语法错误,有的是逻辑错误,找出错误并改正。
(1) structErr1.c

```
#001 #include<stdio.h>
#002 #include<string.h>
#003 typedef struct stud{
#004     char name[10];
#005     int age;
#006     char sex[4];
#007     int height;
#008 }STUD
#009 int main(void){
#010     STUD stud1={"aaaaaa",19,"man",176};
#011     STUD stud2=stud1;
#012     stud2.name="bbbbbbbbbbbb";
#013     stud2.height=168;
#014     STUD * studPtr=&stud1;
#016     printf("%s %d %s %d\n", studPtr->name, * studPtr.age,
#017                     studPtr->sex, * studPtr.height);
#018     printf("%s %d %s %d\n", stud2.name,stud2->age,
#019                     stud2.sex, stud2->height);
#020 }
```

该程序是结构类型的基本应用,但有些错误,具体注意下面几点:

知识点 1:结构类型定义了一种新的类型,在结尾处必须有一个分号。因此♯006 行的结尾应该添加一个分号。

知识点 2:结构类型的成员 name 和 sex 都是字符数组,均定义了字符数组的大小,初始化时用的字符串(含结束标记)的长度不能超过规定的大小。♯010 行的"man"是 4 个字符,超过了规定的 3 个字符,因此编译时出错。注意要使用汉字字符串"男",常常会出现一些编码相关的问题,如执行时会出现乱码,编译时汉字会按 3 个字节的长度来计算等,这跟字符集有关。是因为编译的时候输入文件的编码解释格式与生成的执行文件执行的时候显示用的编码格式不一致造成的。如果使用命令行编译,可以增加两个编译选项,使程序的编码统一,即

-finput-charset=GBK   //编译的时候输入文件的编码解释格式
-fexec-charset=GBK   //生成的执行文件执行的时候显示用的编码格式

如果使用集成环境,实验表明,对于新版本的 CodeBlocks(Release 13.12 rev 9501 (2013/12/25 19:25:45) gcc 4.7.1 Windows/unicode - 32 bit),如果应用程序以工程的形式建立,就可以避免汉字的乱码,即工程保证了输入编码和显示编码的统一。

知识点 3:对于字符数组成员不能使用赋值语句赋值,应该采用 strcpy 函数。因此

#012 行应该改为 strcpy(stud2.name,"bbbbbbbb"),虽然复制的字符串(含结束标记)的长度超过 10,编译不会出错,但运行时会发生不可预知的错误。

知识点 4:用指向结构变量的指针访问结构成员时,可以用指向运算符->,也可以用点运算符,但点运算符的优先级高于间接运算 *。因此使用点运算符指针的间接运算要括起来。#016 行的 *studPtr.age 要改为(*studPtr).age。还有(*studPtr).height。非指针变量不可以使用指向运算符->,故#018 行的 stud2->age 应该改为 stud2.age,还有 stud2.height。

(2) structErr2.c

```
#001 #include<stdio.h>
#002 #include<string.h>
#003 #include<malloc.h>
#005 typedef struct stud{
#006     char * name;
#007     int age;
#008     char sex[3];
#009     int height;
#010 }STUD;
#012 int main(void){
#014     STUD * studPtr=malloc(2 * sizeof(STUD));
#016     studPtr[0].name="heeelllo";
#017     studPtr[0].age=20;
#018     studPtr[0].sex="女";
#019     studPtr[0].height=160;
#022     scanf("%s", studPtr[1].name);
#023     scanf("%d", studPtr[1].age);
#024     scanf("%s", studPtr[1].sex);
#025     scanf("%d", studPtr[1].height);
#027     printf("%s %d %s %d\n", studPtr->name, * studPtr.age,
#028                    studPtr->sex, * studPtr.height);
#029     printf("%s %d %s %d\n", (studPtr+1).name,studPtr+1->age,
#030                    (studPtr+1).sex, studPtr+1->height);
#031     return 0;
#032 }
```

该程序使用了指向结构类型变量的指针,但有些错误,具体注意下面几点:

知识点 1:一个结构类型如果包含字符型指针成员,当创建结构变量或为结构动态申请空间时,字符型指针成员只有 4 个字节的可以存放某个地址的空间,但是该指针成员所指向的空间还未确定。所以#022 行向指针 studPtr[1].name 输入字符串是错误的,会导致系统异常。必须先给指针 studPtr[1].name 申请空间,可以先把字符串输入到一个临时字符数组中,再根据输入字符的多少申请空间,然后再把临时字符数组的内容复制给指针指向的空间。具体修改如下

```
#015     char tmp[20];
```

```
#020    scanf("%s", tmp);
#021    studPtr[1].name=(char *)malloc(strlen(tmp)+1);
#022    strcpy(studPtr[1].name,tmp);
```

而♯016行通过赋值语句给 studPtr[0].name 赋一个字符串是可以的,这时相当于取常量字符串的首地址赋值给 studPtr[0].name,但这时会有一个把常量转换为非常量的警告。如果把字符串转换为非常量的,然后再赋值给 studPtr[0].name 就没有警告了。即做如下修改

```
#016    studPtr[0].name= (char *)"heeelllo";
```

知识点 2:对于数值型结构成员,从键盘输入数据时同样要取地址。即

```
#023    scanf("%d", &studPtr[1].age);
#025    scanf("%d", &studPtr[1].height);
```

知识点 3:同点运算符的优先级高于间接引用运算 * 一样,指向运算符—>的优先级也高于加法运算+。所以♯027行到♯030行应该修改为

```
#027    printf("%s %d %s %d\n", studPtr->name,(*studPtr).age,
#028                             studPtr->sex,(*studPtr).height);
#029    printf("%s %d %s %d\n", (studPtr+1).name,(studPtr+1)->age,
#030                             (studPtr+1).sex, (studPtr+1)->height);
```

9 文件程序设计实验

9.1 程序基础练习

(1) 文件的顺序读写

本实验的 file1.c 是一个对文本文件顺序读写的程序。

为了让 file1.c 编译运行能够正确,要先准备一个文本文件 in.txt,把它保存在与将来生成的可执行程序相同的目录中,一般应该是源程序所在的目录。in.txt 中的数据应该符合格式"%d"的要求,即有若干个这样的空格隔开的数据。

该程序具体执行过程如下:

程序首先以只读的方式打开文本文件 in.txt 和以只写的方式打开文本文件 out.txt,如果打开不成功,则程序退出。

然后循环读出 in.txt 中的整数,并输出到屏幕上,再累加求和到 sum,用 number 计数。

接下来如果 number 不为 0,输出平均值到 out.txt 中。最后关闭文件。

(2) 文件的块读写

本实验的 file2.c 是一个对二进制文件的块读写程序。

程序以只写的方式打开二进制文件 data.dat,再以只读的方式打开同一个文件。

然后一次性把数组 a 中的 10 个整型数据写到 data.dat 中,关闭文件。如果不关闭,接下来再对它进行读操作的时候就读不出数据,因为文件的内部指针在写完数据之后已经位于文件末尾。因此如果不关闭,也可以使用 rewind 函数使文件内部指针初始化为文件的开始位置。

接下来一次性读出 5 个整型数据到数组 b 中。最后把读到的数据显示到屏幕上。

(3) 文件的随机读写

本实验的 file3.c 是一个对二进制文件的随机读写程序。

程序先以读写的方式打开二进制文件 data.dat。把数组 a 中的数据一次性写入文件中。

然后随机定位到从开始算起的第 20 个字节之后,读出 5 个整数,显示到屏幕上。

接下来再随机定位到从开始算起的第 8 个字节之后,读出 5 个整数,显示到屏幕上。

最后关闭文件。

9.2 程序改错

(1) fileErr1.c

```
#001 /*
#002  * fileErr1.c:错误的读写
#003  */
```

```
#004  #include<stdio.h>
#005  int main(void){
#007      FILE * infile, * outfile;
#008      int a[]={11,22,33,44,56,66,77,88,99,108},b[10]={0};
#010      infile=fopen("data.dat","r");
#011      outfile=fopen("data.dat","w");
#013      for(int i=0;i<10;i++)
#014          fprintf("%d ",a[i],outfile);
#016      fseek(infile,20,0);
#017      fread(b, sizeof(int),5,infile);
#019      fclose(infile);
#020      fclose(outfile);
#022      for(int i=0;i<5;i++)
#023          printf("%d ",b[i]);
#024      printf("\n");
#026      return 0;
#027  }
```

该程序是关于文件读写的基本实例,但有些错误,具体注意下面几点:

知识点1:fprintf 不能和 fread 混合使用。fprintf 按照格式写入数据,文件写入的经过转换之后的文本数据,如写入整数 11,文件中转换为 2 个"1"字符,11 在文件中只有 2 个字节。而 fread 是按照字节读出,读出一个整数就是 4 个字节,二者不能匹配。因此♯014 行的 fprintf 改成 fwrite 后,就与后面的 fread 匹配了。或者把 fread 改成 fscanf。

fprintf 函数和 fread 函数都有一个文件指针作为参数,但是它们的位置有所不同,前者是第一个参数,后者是最后一个参数,不要搞混。

知识点2:一般来说,fprintf 操作是针对文本文件,fread 操作是针对二进制文件,但 fread 操作对文本文件也可以。

知识点3:文件有两个指针:一个是 FILE 结构类型的指针,正常打开一个文件会得到这种类型的指针;另一个指针是看不到的,是文件内部指针,刚刚打开文件时,它指向第一个数据,每读一个数据指针移动一下,指向下一个数据,当它指向文件末尾时,EOF 为真。因此♯014 行的 fwrite 写操作执行之后,内部指针会指向文件末尾,这时再对同一文件进行读操作会读不到东西。如果关闭文件或用 rewind 把内部指针还原,♯016 行的定位和♯017 行读操作就正常了。因此可以把♯020 行移到♯015 行处或在♯015 行处添加一条 rewind(outfile)。不妨把原来的程序修改为下面的版本:

```
#001  /*
#002   * fileErr1.c: 修改之后
#003   */
#004  #include<stdio.h>
#005  int main(void){
#007      FILE * infile, * outfile;
#008      int a[]={11,22,33,44,56,66,77,88,99,108},b[10]={0};
#010      infile=fopen("data.dat","r");
#011      outfile=fopen("data.dat","w");
```

```
#013        for(int i=0;i<10;i++)
#014            fprintf(outfile,"%d ",a[i]);
#016        rewind(outfile);
#017        fseek(infile,6,0);         //跳过两个数据和两个空格
#019        for(int i=0;i<4;i++)
#020            fscanf(infile,"%d",&b[i]);
#021        fclose(infile);
#022        fclose(outfile);
#023        for(int i=0;i<5;i++)
#024            printf("%d ",b[i]);
#025        printf("\n");
#027        return 0;
#028 }
```

(2) fileErr2.c

```
#001 /*
#002  * fileErr2.c：逻辑错误
#003  */
#004 #include<stdio.h>
#005 int main(void){
#007        FILE * infile, * outfile;
#008        int a[]={11,22,33,44,55,66,77,88,99,100},b[10]={0}, * pb;
#010        infile=fopen("data.dat","r");
#011        outfile=fopen("data.dat","w");
#013        fwrite(a,sizeof(int),10,outfile);
#015        fread(pb, sizeof(int),5,infile);
#017        fclose(outfile);
#018        fclose(infile);
#020        for(int i=0;i<5;i++)
#021            printf("%d ",pb[i]);
#022        printf("\n");
#024        return 0;
#025 }
```

该程序包含对同一二进制文件读写的操作，如果编译一下这个程序，就会发现它并没有语法错误，但是运行时不会得到想要的结果。仔细检查发现至少有一个错误，那就是指针 pb 没有指向 b，应该修改把#008 行的 * pb 初始化为 b；同上一题类似，因为读写的是同一个文件，也存在内部指针恢复的问题。下面是一个修改后的版本。

```
#001 /*
#002  * fileErr2.c: 修改之后
#003  */
#004 #include<stdio.h>
#005 int main(void){
#007        FILE * infile, * outfile;
#008        int a[]={11,22,33,44,55,66,77,88,99,100},b[10]={0}, * pb=b;
```

```
#010      infile=fopen("data.dat","rb");            //二进制方式打开
#011      outfile=fopen("data.dat","wb");
#013      fwrite(a,sizeof(int),10,outfile);
#015      rewind(outfile);                          //或 fclose(outfile);提前
#017      fread(pb, sizeof(int),5,infile);
#019      fclose(outfile);
#020      fclose(infile);
#021      for(int i=0;i<5;i++)
#023         printf("%d ",pb[i]);
#024      printf("\n");
#026      return 0;
#027 }
```

10 低级程序设计实验

10.1 程序基础练习

(1) bit1.c

该程序片段对无符号整数 i=8,j=9 进行按位左移运算，i << 1 + j << 1，因为左移运算的优先级是低于算术运算的，所以要先 1+j，再从左向右按位左移，其结果是：

10 0000 0000 0000

(2) bit2.c

该程序片段对无符号整数 i=1 首先取反，又对 0 取反，最后进行 i & ~i，由于按位取反的优先级高于按位与运算，所以 i 要先取反，再与 i 按位与，其结果是：

4294967294 4294967295 0

(3) bit3.c

该程序片段对无符号整数 i,j,k 要进行按位取反、按位与、按位异或等运算，按位取反的优先级最高，其次是按位与，然后是按位异或。因此表达式 ~i & j^k 从左向右依次进行，其结果是：

1

(4) bit4.c

该程序片段对无符号整数 i,j,k 要进行按位异或、按位与等运算，由于按位与 & 的优先级高于按位异或^，所以表达式 i^j & k 要先进行 j&k，结果再与 i 按位异或。最后的结果为：

15

(5) bit5.c

该程序片段定义的一个函数，函数的功能是对于给定的参数 i、m、n，计算一个比较复杂的表达式 i >> (m+1-n) & ~(~0 << n)，首先要确定运算顺序，移位运算的优先级是比按位与运算高的，按位取反的优先级最高，所以先进行 ~(~0 << n) 运算，再右移，最后按位与运算。~(~0 << n) 运算是产生一个设置了低 n 位的屏蔽码。把 i 右移 m+1-n 位的结果按位与，当然就是保留低 n 位。

(6) bit6.c

该程序中定义了一个函数 mystery，它接收一个无符号整数 bits，函数中用一个最高位是 1 的屏蔽码，依次检查 bits 中的二进制位是不是 1，如果是 1 则计数，最后检查计数的结果是不是偶数，如果是返回 1，否则返回 0。对于 255 函数 mystery 返回 1，对于 254 函数 mystery 返回 0，说明函数 mystery 的功能是判断一个数的二进制序列中包含的 1 是否是偶数。

10.2 程序改错

下面的程序有一些错误，发现它们并改正。
(1) bitErr1.c

```
#016  //判断 num 是否是 1024 的倍数
#017  int multiple(int num)
#018  {
#019      int i, mask=1, mult=1;        //mask 是屏蔽字,mult 置 1 是判断的结果
#020      for(i=1;i<=10;i++,mask<<1)    //1024 是 2 的 10 次方,按位重复检查 num 的低 10 位
#021          if((num && mask!=0) {     //如果有一位是 1,则 mult 为 0,退出循环
#023              mult=0;
#024              break;
#025          }
#026      return mult;
#027  }
```

程序中的函数 multiple 想实现判断一个数是否是 1024 的倍数,但有几个逻辑错误。具体应该注意下面几点：

知识点 1：首先应该清楚具有 1024 的倍数的整数有什么特点,1024 是 2 的 10 次幂,它的二进制序列是

100 0000 0000

是它的倍数的整数低 10 位一定是 0,如果有一个 1 存在就不是,比 10 位高的位是什么都可以。

知识点 2：函数 multiple 中的循环是对低 10 位逐位检查是否是 0,检查的方法是：用一个最高位置 1 的屏蔽码跟要检查的数按位与。每次要左移一位,这样要判断的位就移到了最高位,但左移是不改变操作数的,因此 bits<<1 不会改变 bits,应该使用复合的移位赋值运算"<<=",这是第一个错误。

知识点 3：判断是否是零应该用按位与,不能跟逻辑与混淆,使用 bits&&mask 是第二个错误,应该改为 bits&mask。

知识点 4：按位与运算的优先级是低于关系运算"!="的,所以应该把按位与括起来,即 (bits&mask),以保证先进行按位与运算,再判断是否等于 0。

(2) bitErr2.c 程序中有多条语句有错,具体应该注意下面几点：

知识点 1：算术运算的优先级高于按位移位运算,因此 #014 行应该改为

k=(i<<2)+(j<<2);

知识点 2：按位取反的优先级高于按位异或,所以 #015 行应该改为

i=~(i^~j|k);

知识点 3：按位与的优先级低于关系运算!=，所以#017 行应该改为

    if((i&j)!=0)

知识点 4：位域成员是不能取地址的，因此#029 行是错误的，不能位域成员直接从键盘输入读数据。

关于实验报告

实验报告是实验教学的重要环节，它是实验过程的记录和总结。每个实验做完之后必须撰写实验报告。传统的实验报告有专门的实验报告用纸，大家按照格式和要求手工填写。随着计算机技术和互联网的发展和普及，提交电子版的实验报告成为可能，而且更加方便和高效。因此本书的实验报告建议建立相应的 Word 文档，通过配套的课程平台 cms.fjut.edu.cn 中的实验报告链接提交。

本课程的实验(第一个实验除外)都有三部分构成：程序基础练习、程序改错和问题求解。

对于程序基础练习部分，要求在实验课之前先做预习，每个题目先通过自己对程序的理解和掌握给出程序运行的初步结果，在预习时建议不用电脑运行，结果可能不完全正确，待实验课上进一步验证。

程序改错部分，每个题目有几处比较隐蔽的语法错误或逻辑错误，在预习阶段可以先观察识别一下，可能有些错误一下子就看出来了，但有些错误，特别是逻辑错误是比较难看出来的，实验时可以借助编译器或调试器发现语法错误或者逻辑错误，给出修改后的版本。

对于问题求解部分，每个问题的求解都需按照"问题分析、算法设计、代码实现、测试运行"几个步骤进行，大家可以模仿配套教材中问题求解的例题和本实验指导的习题参考解答。问题分析和算法设计部分可以在预习阶段完成，甚至代码实现部分在预习阶段也可以写出来，当然可能不是完全正确的。实验课中把代码编辑输入，测试运行、修改和调试，直到得到需要的结果。

每次实验的题目和相关素材(如需要改错的程序)都已事先在课程平台中准备好，大家登录平台，下载实验题目，实验完成之后，撰写实验报告并及时提交，注意每个实验报告的提交日期是有限制的。

实验报告×××.doc 的具体格式如下：

班级_____ 姓名_____ 学号_____

实验题目：
实验3 选择程序设计
实验目的：
- 理解可以作为逻辑判断的条件：常量、变量、表达式及其组合
- 理解逻辑真和逻辑假的含义
- 能够运用单分支选择结构、双分支选择结构、多分支选择结构解决实际问题
- 理解算法的流程图
- 掌握布尔型、复合语句、运算的优先级、条件运算等

实验内容：
（一）程序基础练习
（1）题目
答案（可能是一个运行结果，也可能是修改后的程序）
（2）题目
答案（可能是一个运行结果，也可能是修改后的程序）
……
（二）程序改错
（1）题目
发现错误，修改，编译运行，测试调试
给出正确的程序，修改或添加的地方用粗体显示
（2）题目
发现错误，修改，编译运行，测试调试
给出正确的程序，修改或添加的地方用粗体显示
……
（三）问题求解
（1）题目
问题分析：明确问题的输入和输出等
算法设计：（伪码表示或流程图）
代码实现：完整的程序实现
测试运行：设计多个测试用例，进行运行测试，给出运行结果的截图
（2）题目
问题分析：明确问题的输入和输出等
算法设计：（伪码表示或流程图）
代码实现：完整的程序实现
测试运行：设计多个测试用例，进行运行测试，给出运行结果的截图
……

实验总结：
本次实验遇到的问题是什么？本次实验有什么收获和体会

第五部分
课程设计

策正琦公

鼎好野果

1 课程设计的目的

"高级语言程序设计课程设计"是在学完"高级语言程序设计"课程之后开设的一门独立的实践性课程，是对高级语言程序设计的综合实践，其目的在于加深对高级语言程序设计的基本思想、基础知识和基本方法的理解，进一步锻炼分析问题、解决比较复杂问题的能力，提高学生独立编程的能力，为实际软件开发和后续课程的学习打下坚实的基础。

2 课程设计的基本要求

首先要认识到课程设计的目的和重要性。通过课程设计对"高级语言程序设计"课程所学的基础内容有一个全面的复习,同时通过课程设计的综合练习还要使自己有一个比较大的提高。为此课程设计的题目分为 A 和 B 两部分,A 部分属于复习性质的练习题,B 部分含有多个可选的综合题目。对于前者主要是针对那些程度处于中下的学生,希望通过课程设计使他们从中下的层次提高到中上。对于后者主要是针对那些学习成绩比较好的同学,希望他们通过完成一个比较综合的题目更上一层楼。

对于 A 组的同学,首先是逐个完成基本练习,然后再把它们综合成一个完整的题目,把各个单个的练习题集成到一个工程中。

对于 B 组的同学,首先也有两个基本练习题,然后有一个可以选择的综合题目,要求与人合作或独立有计划地完成。选题之后要按照软件工程的思想,在老师的指导下,对题目进行分析、设计和实现。一般来说,要经历下面几个阶段进行课程设计。

(1) 题目分析:弄清楚问题到底要干什么,明确设计目标,搜集和查阅相关资料。

(2) 系统设计:怎么做才能实现系统的目标。

首先确定问题中有哪些数据,该如何存储。是用简单变量的数组,还是用结构数组?是连续的数组存储,还是不一定连续的链式存储呢?数据是怎样输入的,是在运行时通过键盘输入,还是从文件读入?有哪些数据需要输出,输出格式如何,输出到屏幕上还是写到文件中?

然后确定解决该问题有哪些功能模块,每个功能的名字是什么,给出对应的函数原型,画出主函数的流程图和典型功能模块的流程图;对所有的功能模块,从主模块,到各个层次的子模块,画出各个功能模块之间的调用层次图。

其次设计一个系统操作界面,确定用户如何使用系统,是命令窗口界面还是图形界面,如何操作。

(3) 系统实现:建立一个工程文件,其中至少包含三个文件,第一个是主函数所在的源文件,第二个是各个功能子模块对应的函数所在的源文件,第三个是各个功能子模块的函数原型所在的头文件。

(4) 调试程序:上机调试。未必要等把所有的代码都写好才进行编译调试。可以先实现主模块,只调试主函数,所有的子模块函数均使用所谓的树桩函数进行测试。然后逐个实现各个模块,一个一个添加,实现一个调试一个。

(5) 系统测试:通过精心准备的测试数据,对系统进行测试,如果发现错误要查找原因,改正错误。检查系统是否真正实现了系统的设计目标,操作界面是否方便使用。测试数据最好是通过文件加载,这样可以避免重复输入。

(6) 撰写报告:按照给定的格式写出完整、规范的报告并打印。其中模块图、流程图要

画得清楚、规范,尽量避免错别字。(另附报告模板)

(7) 答辩:告知指导教师设计任务已经完成,进入考核阶段。首先展示和讲解设计报告然后运行系统,演示系统功能和运行结果,准备回答指导教师提出的问题。

无论是 A 组还是 B 组的同学,最终都要按照给定的格式形成课程设计报告并打印,同时在课程平台上提交电子版。

3 课程设计的基本内容

3.1 A组题目

题目1：写一个函数计算下列函数的值 $f(0), f(3), f(-3)$，测试之。
$$f(x) = \begin{cases} 3x^2 - 4, & x > 0 \\ 2, & x = 0 \\ 0, & x < 0 \end{cases}$$

题目2：写一个函数 void maxMinAver(int * data, int * max, int * min, float * ave, int size)，求一组数据的最大值、最小值和平均值，测试之。其中 data 指向给定数据的数组的指针，max，min，ave 分别指向最大值、最小值和平均值，size 是数组的大小。

要求第一个实参是数组，第 2~4 个实参都是对普通的简单变量的某种操作，最后一个实参是数组的大小，测试之。

题目3：写一个函数用指针型字符串实现两个字符串比较，int mystrcmp(const char * str1, const char * str2)，如果大于返回 1，等于返回 0，小于返回 -1，测试之。

题目4：定义一个学生结构，并取别名 STU，包含学号、姓名、数学、语文、计算机、英语等课程成绩，还有总分和平均分，写一个函数实现求一组学生每个学生各门课程的平均值，函数原型为 float ave(STU stu[], int size)，测试之。

题目5：写一个函数能够从文件读入一组学生 STU 的信息，保存到一个结构数组中。

题目6：写一个函数能够输出某一学生结构数组 STU stu[10]的信息和每个人的总分、平均分到某一文本文件中，测试之。输出格式是："%s %s %d %d %d %d %5.2f"。

题目7：写一个函数能够打印输出学生结构数组 STU stu[10]的信息到屏幕上，测试之。

题目8：写一个函数能够把一组学生成绩信息按总分进行排序，测试之。

题目9：写一个函数能够查找给定学号的学生成绩信息，如果找到打印成绩信息，如果没有则显示"not found!"，测试之。

题目10：设计一个界面函数，包含上述 9 个题目的函数调用，即

  请选择
调用第一个函数(具体的函数名)
调用第二个函数(具体的函数名)
...
调用第九个函数(具体的函数名)
  继续吗？输入 y 继续下一次选择，输入 n 结束

题目11：创建一个工程文件，包含三个文件：第一个是主函数所在的源文件，含有显示界面，选择 0~9，0 退出，1~9 对应 9 个函数模块调用不同的函数；第二个是各个函数所在的

源文件;第三个是各个函数原型所在的头文件。

3.2 B 组 题 目

必做题：

题目1：几种排序方法进行比较

编一程序对几种排序方法进行比较：交换法、选择法、插入法、冒泡法。具体比较方法是：随机生成一组(≥300个)100以内的整数数据,用几种排序方法分别进行排序,纪录排序过程中数据比较和交换的次数,输出比较结果。

题目2：指针作为函数的参数

写一个函数 void maxMinAver(int * data, int * max, int * min, float * ave, int size),求一组数据的最大值、最小值和平均值,测试之。其中 data 指向给定数据的数组的指针, max、min、ave 分别指向最大值、最小值和平均值的指针, size 是数组的大小。

要求第一个实参是数组,第2~4个实参都是对普通的简单变量的某种操作,最后一个实参是数组的大小。测试之。

下列题目必选其一

题目1：基于结构数组的学生成绩管理系统的设计与实现

具体要求：

(1) 学生结构,取别名 STU,可以包含学号、姓名、数学、语文、计算机、英语等课程成绩,还有总分和平均分。

(2) 系统具有打开已有数据文件、添加一条学生记录(即一条学生成绩信息)、删除一条学生记录、修改一条学生记录,查看所有的成绩信息、按照学号查找学生成绩信息、按照总分降序排序学生成绩信息、按照平均值查询平均值大于 90 的学生信息、按照平均值查询平均值小于 60 的学生信息等功能。注意添加、修改、删除学生记录之后要把修改后的数据输出到相应的文件中。

(3) 程序应该能进行简单的异常处理。如检查用户输入数据的有效性,在用户输入数据有错误(如类型错误)或无效时,不应中断程序的执行,应该给出提示。打开文件时检查文件是否存在。除数是否为零的检测。

(4) 从文件中读入的数据保存在一个结构数组中,对数组的操作可以用指针,也可以只用下标,最好有用指针的函数模块,如通过文件加载数据到数组。

题目2：基于链表的学生成绩管理系统的设计与实现

具体要求：

(1)、(2)、(3)与题目1相同。

(4)从文件中读入的数据要保存在一个结构链表中,对数据的访问是遍历已经建好的链表。

题目3：通讯录管理系统

问题描述：

写一个通讯录管理程序,使其具有录入、增加(插入)、删除、排序输出、查询功能。

具体要求：

(1) 要建立一个通讯录结构,包括姓名、电话等信息。
(2) 要求使用文件存储通讯录数据。
(3) 数据从文件加载到内存后,可以使用结构数组,也可以使用链表。

题目4:学生考勤系统

问题描述:

写一个程序,实现学生考勤管理,使其具有录入、修改、增加(插入)、删除、排序输出、查询功能,以及简单的统计功能,统计某段时间旷课学生姓名及次数等。

具体要求:

(1) 要建立一个学生考勤信息结构,包括姓名、缺课日期、第几节课、课程名称、缺课类型(迟到、早退、请假、病假)信息。
(2) 要求使用文件存储考勤信息数据。
(3) 数据从文件加载到内存后,可以使用结构数组,也可以使用链表。

其他选做题:

题目5:模拟简单的计算器

问题描述:

设计一个程序来模拟一个简单的手持计算器。程序支持算术运算+、-、*、/、=以及C(清除)、A(全清除)操作。

具体要求:

程序运行时,显示一个窗口或菜单界面,等待用户选择运算类型,并输入数据,回车后输出计算结果(不用考虑运算符的优先级)。

题目6:写一个日历显示程序

问题描述:

写一个程序,用户输入任一年份,显示该年的所有月份日期,对应的星期,要考虑闰年的情况。其显示格式要求如下:

(1) 月份:中英文都可以。
(2) 下一行显示星期,从周日到周六,中英文都可以。
(3) 下一行开始显示日期从 1 号开始,并按其是周几实际情况与上面的星期数垂直对齐。

例如:

```
Input the year:2004
Input the file name:a
The calendar of the year 2004.
 Januray 1                   February 2
 Sun Mon Tue Wed Thu Fri Sat    Sun Mon Tue Wed Thu Fri Sat
              1   2   3         1   2   3   4   5   6   7
  4   5   6   7   8   9  10     8   9  10  11  12  13  14
 11  12  13  14  15  16  17    15  16  17  18  19  20  21
 18  19  20  21  22  23  24    22  23  24  25  26  27  28
 25  26  27  28  29  30  31    29
==========================    ==========================
```

```
    March 3                              April 4
Sun Mon Tue Wed Thu Fri Sat      Sun Mon Tue Wed Thu Fri Sat
         1   2   3   4   5   6                1   2   3
 7   8   9  10  11  12  13       4   5   6   7   8   9  10
14  15  16  17  18  19  20      11  12  13  14  15  16  17
21  22  23  24  25  26  27      18  19  20  21  22  23  24
28  29  30  31                  25  26  27  28  29  30
=============================   =============================
```
...

题目 7：钟表显示程序

问题描述：

写一个程序模拟机械钟表的行走，还要准确地利用数字显示日期和时间，在屏幕上显示一个活动时钟，按任意键时程序退出。可以使用 Turbo C 或 GRX 图形库设计钟表。

题目 8：五子棋游戏

问题描述：

五子棋是起源于中国古代的传统黑白棋之一，在一块类似围棋的棋盘上，你和对手轮流放下黑白棋子，无论是横、竖还是斜。只要有五颗相同颜色的棋子连成一线即可获得胜利。现在五子棋有"连珠"、"连五子"、"五子连珠"、"串珠"、"五目"、"五目碰"、"五格"等多种称谓。五子棋的棋盘可以是 15 行 15 列或 19 行 19 列。模拟这个游戏，对手为计算机。提示：可以使用 Turbo C 或 GRX 图形库设计棋盘。

4 课程设计报告格式

(1) 封面

课程设计的报告要有统一的封面如下：

《高级语言程序设计》课程设计报告

姓名 _____

班级 _____

学号 _____

年　　月　　日

(2) 报告正文

A 组和 B 组必做题

写出每个题的题目

给出每个题目的完整实现代码

对每个题目做一个简短的评论，指出解决该问题的关键所在

B 组必选题

题目　**********

(1) 系统分析

系统要做什么？什么样的数据需要处理？数据要求怎么输入怎么输出？有哪些基本功能？

(2) 系统设计

数据结构设计：即怎么表示数据？如何存储数据？用数组还是链表？数据结构怎么定义的？

功能设计：有哪些功能,画出总体功能结构图

画出流程图：

　　主函数流程图

　　每个功能模块对应的函数原型和该功能对应的流程图

系统界面设计：给出用户操作的菜单界面或图形界面

（3）系统实现

写出每个函数和主函数的实现代码，按照下列顺序分别写出

头文件：函数原型构成的头文件

主文件：主函数所在的文件代码

函数文件：各个函数模块对应的文件代码

（4）运行测试

设计测试数据，给出测试运行的结果

（5）心得体会

（6）参考文献

其他可选做题完成情况附在最后

包括算法设计和实现代码

5　学时安排

课程设计的时间是一周,28 学时,其中 2 学时集中辅导,24～26 学时上机实验,在最后的 4 学时内,陆续逐个进行考核,每个大约 10～15 分钟,演示、回答问题。其他时间自由利用。

6　考核方式与评分标准

考核方式：
演示和口试相结合
评分标准：

基本功能是否实现	60%
数据结构是静态还是动态	10%
是否包含文件操作（游戏类除外）	5%
是否考虑异常处理	5%
文档和代码书写是否规范	5%
回答问题是否清晰	5%
是否使用了多文件建立工程	5%
是否有旷课	5%

最终的成绩按五分制评定：优、良、中、及格和不及格

附 录

Online Judge 简介

Online Judge(简称 OJ)系统是一个在线判题系统。用户可以在线提交程序源代码,系统对源代码进行编译和执行,并通过预先设计的一组测试数据来检验程序源代码的正确性。

一个用户提交的程序在 Online Judge 系统下执行时将受到比较严格的限制,包括运行时间限制,内存使用限制和安全限制等。用户程序执行的结果将被 Online Judge 系统捕捉并保存,然后再转交给一个裁判程序。该裁判程序或者比较用户程序的输出数据和标准输出样例的差别,或者检验用户程序的输出数据是否满足一定的逻辑条件。最后系统返回给用户一个状态:

系统忙 Pending
因为数据更新或其他原因系统将重新评判你的答案 Pending Rejudge
正在编译 Compiling
正在运行和评判 Running & Judging:.
通过 (Accepted,简称 AC)
答案错误 (Wrong Answer,简称 WA)
超时 (Time Limit Exceed,简称 TLE)
超过输出限制 (Output Limit Exceed,简称 OLE)
超内存 (Memory Limit Exceed,简称 MLE)
运行时错误 (Runtime Error,简称 RE)
格式错误 (Presentation Error,简称 PE)
无法编译 (Compile Error,简称 CE)

并返回程序使用的内存、运行时间等信息。

Online Judge 系统主要是用于 ACM-ICPC 国际大学生程序设计竞赛和 OI 信息学奥林匹克竞赛中的自动判题和排名。现在有很多著名的 OJ 网站。

国内的 Online Judge:

浙江大学 http://acm.zju.edu.cn
北京大学 http://poj.org
杭州电子科技大学 http://acm.hdu.edu.cn
哈尔滨工业大学 http://acm.hit.edu.cn
南开大学 http://acm.nankai.edu.cn
吉林大学 http://acm.jlu.edu.cn/joj
福州大学 http://acm.fzu.edu.cn

国外的 Online Judge:

Saratov State University http://acm.sgu.ru
University of Valladolid http://uva.onlinejudge.org

Ural State University http://acm.timus.ru
Sphere Research Labs http://www.spoj.pl

OJ 现广泛应用于世界各地高校学生程序设计的训练、参赛队员的训练和选拔、各种程序设计竞赛以及数据结构和算法的学习和作业的自动提交判断中。

Moodle 简介

Moodle(modular object-oriented dynamic learning environment)是一个开源课程管理系统(CMS)(在 GNU 公共许可协议下)，也被称为学习管理系统(LMS)或虚拟学习环境(VLE)。它已成为深受世界各地教育工作者喜爱的课程管理平台。Moodle 的官网是 http://moodle.org/。该网站提供 moodle 系统的下载和帮助文档，目前最新版本是 2.7.2+。

Moodle 平台界面简单、精巧。使用者可以根据需要随时调整界面，增减内容。课程列表显示了服务器上每门课程的描述，包括是否允许访客使用，访问者可以对课程进行分类和搜索，按自己的需要学习课程。

Moodle 平台还具有兼容和易用性。可以几乎在任何支持 PHP 的平台上安装，安装过程简单。只需要一个数据库(并且可以共享)。它具有全面的数据库抽象层，几乎支持所有的主流数据库(除了初始表定义)。利用 Moodle，现今主要的媒体文件都可以进行传送，这使可以利用的资源极为丰富。在对媒体资源进行编辑时，利用的是用所见即所得的编辑器，这使得使用者无需经过专业培训，就能掌握 Moodle 的基本操作与编辑。Moodle 注重全面的安全性，所有表单都被检查，数据都被校验，cookie 是被加密的。用户注册时，通过电子邮件进行首次登录，且同一个邮件地址不能在同一门课程中进行重复注册，所有这些，都使得 Moodle 的安全性得到了加强。目前，Moodle 项目仍然在不断的开发与完善中。

像许多著名的学习管理系统一样，Moodle 可以管理内容元件，但其更针对教育训练而设计，另外，更加强了学习者的历程纪录，让老师们更能深入分析学生的学习历程。具体的讲，作为创设虚拟学习环境的软件包，Moodle 系统的主要功能如下。

1. 课程管理

教师可以全面控制课程的所有设置，包括限制其他教师；可以选择课程的格式为星期、主题或社区讨论；课程活动——论坛、测验、资源、投票、问卷调查、作业、聊天、专题讨论等配置灵活；课程自上次登录以来的变化可以显示在课程主页上，便于成员了解当前动态；绝大部分的文本(资源、论坛帖子等)可以用所见即所得的编辑器编辑；所有在论坛、测验和作业评定的分数都可以在同一页面查看(并且可以下载为电子表格文件)；全面的用户日志和跟踪——在同一页面内统计每个学生的活动，显示图形报告，包括每个模块的细节(最后访问时间、阅读次数)，还有参与的讨论等，汇编为每个学生的详细"故事"；邮件集成——把讨论区帖子和教师反馈等以 HTML 或纯文本格式的邮件发送；自定义评分等级——教师可以定义自己的评分等级，并用来在论坛和作业打分；使用备份功能可以把课程打包为一个 zip 文件，此文件可以在任何 Moodle 服务器恢复。

2. 作业模块

可以指定作业的截止日期和最高分。学生可以上传作业（文件格式不限）到服务器——上传时间也被记录。也可以允许迟交作业，但教师可以清晰地看到迟交了多久。可以在一个页面一个表单内为整个班级的每份作业评分（打分和评价）。教师的反馈会显示在每个学生的作业页面，并且有 E-mail 通知。教师可以选择打分后是否可以重新提交作业，以便重新打分。

3. 聊天模块

支持平滑的、同步的文本交互。聊天窗口里包含个人图片。支持 URL、笑脸、嵌入 HTML 和图片等。所有的谈话都记录下来供日后查看，并且也可以允许学生查看。

4. 投票模块

有点像选举投票。可以用来为某件事表决，或从每名学生得到反馈（例如支持率调查）。教师可以在直观的表格里看到谁选择了什么，可以选择是否允许学生看到更新的结果图。

5. 论坛模块

有多种类型的论坛供选择，例如教师专用、课程新闻、全面开放和每用户一话题。每个帖子都带有作者的照片，图片附件内嵌显示。可以以嵌套、列表和树状方式浏览话题，也可以让旧帖在前或新帖在前。每个人都可以订阅指定论坛，这样帖子会以 E-mail 方式发送。教师也可以强迫每人订阅。教师可以设定论坛为不可回复（例如只用来发公告的论坛）。教师可以轻松地在论坛间移动话题。如果论坛允许评级，那么可以限制有效时间段。

6. 测验模块

教师可以定义题库，在不同的测验里复用。题目可以分门别类地保存，易于使用，并且可以"公布"这些分类，供同一网站的其他课程使用。题目自动评分，并且如果题目更改，可以重新评分。可以为测验指定开放时间，根据教师的设置，测验可以被尝试多次，并能显示反馈和/或正确答案。题目和答案可以乱序（随机）显示，减少作弊。题目可以包含 HTML 和图片。题目可以从外部文本文件导入。如果愿意，可以分多次完成试答，每次的结果被自动累积。选择题支持一个或多个答案，包括填空题（词或短语）、判断题、匹配题、随机题、计算题（带数值允许范围）、嵌入答案题（完型填空风格），在题目描述中填写答案、嵌入图片和文字描述。在 Moodle 中设计的各类题目可以备份，并导出，可以在任何支持国际标准的学习管理系统中导入。

7. 资源模块

支持显示任何电子文档、Word、Powerpoint、Flash、视频和声音等。可以上传文件并在服务器进行管理，或者使用 web 表单动态建立（文本或 HTML）。可以连接到 Web 上的外部资源，也可以无缝地将其包含到课程界面里，可以用链接将数据传递给外部的 Web 应用。

8. 问卷调查模块

内置的问卷调查(COLLES、ATTLS)作为分析在线课程的工具已经被证明有效随时可以查看在线问卷的报告，包括很多图形。数据可以以 Excel 电子表格或 CSV 文本文件的格式下载。问卷界面防止未完成的调查。学生的回答和班级的平均情况相比较，作为反馈提供给学生。

9. 互动评价(Workshop)

学生可以对教师给定的范例作品文档进行公平的评价，教师对学生的评价进行管理并打分。支持各种可用的评分级别，教师可以提供示例文档供学生练习打分，有很多非常灵活的选项。

10. 在线评测(Online Judge)

福建工程学院信息科学与工程学院搭建的 Moodle 课程管理平台 http://cms.fjut.edu.cn/配置了 Online Judge 插件，因此它不仅仅具有 Moodle 课程管理的功能，还具备在线评判程序的功能，提供程序设计作业的在线评测。

11. 抄袭检测(Moss)

福建工程学院信息科学与工程学院搭建的 Moodle 课程管理平台还安装了斯坦福大学的软件抄袭检测模块 Moss(http://theory.stanford.edu/~aiken/moss/)，用以检测学生的作业是否存在抄袭现象。

8. 问卷调查模块

通过问卷调查(COLLES, ATTLS)的方式对在线课程以工具已经成熟的设计课程问卷的方式并获得问卷报告。问卷生成图表、数据可以以Excel 电子表格或 CSV 文本文件的格式下载。问卷模拟正本纸张的问卷，学生的回答和建议都可匿名相互比较，作为反馈信息给予老师。

9. 正规讲坊(Workshop)

学生可以对老师发布的作品文件进行在线评分与反馈。教师允许学生进行自评等事项打分。文档将可用协作方式进行，教师可以根据设置对文档和学生作业打分。评估标准都是发布者。

10. 在线评测(Online Judge)

清华工程学院高性能学习工程学院搭建的 Moodle 课程管理平台 http://oms.fun.edu.cn 增加了 Online Judge 插件，可以在不改变Moodle课程管理的前提下，其具备在线判题的功能，给师生提供更方便、有趣、可靠的在线评测平台。

11. 防抄袭模块(Moss)

清华工程学院在信息学与工程实验区搭建的Moodle课程管理学台还安装了斯坦福大学反剽窃模块检测软件 Moss(http://theory.stanford.edu/~aiken/moss/)，用以防止学生的作业是否由他人代劳完成。